武陵挽歌

人類學田野筆記

田阡 編著

目錄　武陵縱歌：人類學田野筆記

- i　序：永遠不結束的故事 —— 關於團體式田野工作的知識論／潘英海
- xv　序：田野一個月，發現心中最美的人類學／張文義
- xxxvii　前言：風從西南來
- 1　第 1 天・7 月 31 日　出發前的憧憬
- 5　第 2 天・8 月 1 日　漫遊橋頭國
- 15　第 3 天・8 月 2 日　「掛」在懸崖上
- 27　第 4 天・8 月 3 日　「他們要來吃飯」！
- 49　第 5 天・8 月 4 日　「大寨坎」，又來了？！
- 65　第 6 天・8 月 5 日　神仙牌
- 75　第 7 天・8 月 6 日　靈堂旁的歌舞團
- 81　第 8 天・8 月 7 日　塵歸塵，土歸土
- 91　第 9 天・8 月 8 日　文化變遷

107	第 10 天・8 月 9 日　打酸糟
117	第 11 天・8 月 10 日　男婚女嫁
119	第 12 天・8 月 11 日　信仰
123	第 13 天・8 月 12 日　消費
129	第 14 天・8 月 13 日　成家與分家
133	第 15 天・8 月 14 日　歷史的記憶
137	第 16 天・8 月 15 日　說吉利話
149	第 17 天・8 月 16 日　黃金系列
157	第 18 天・8 月 17 日　天方夜譚
175	第 19 天・8 月 18 日　算命
181	第 20 天・8 月 19 日　壽比南山
191	第 21 天・8 月 20 日　敢問路在何方
197	第 22 天・8 月 21 日　修生基
205	第 23 天・8 月 22 日　贈送布鞋
215	第 24 天・8 月 23 日　離別
351	後記
358	特別致謝

序：永不結束的故事
——關於團體式田野工作的知識論

潘英海[1]

《武陵縱歌》是幾位老師帶著一群學生，在暑期的烈日下，在武陵山區針對土家族進行田野調查所做的紀錄。對於人類學與民族學專業而言，這是一個極為尋常的工作。但，也因為這是平常的事，本書的出版就顯得不平常。

眾所公認，田野工作（或說田野調查）一直被人類學與民族學專業視為入門的「成年禮儀」，但有關中文的專業出版還是很少。近十年來，田野工作已經跨越學科的邊界，成為所有人文、社會學科邁入質性研究的主要途徑。將田野工作的過程與紀錄毫髮畢露地呈現的可說是非常少有的。因此，田野工作也常被視為一種「神秘」的旅程，充滿了浪漫與想像。而，本書的出版「揭露」了這層神秘面紗。

確實，田野工作自從人類學者 B. Malinowski 於 1922 年出版《西太平洋上的航海者》（*Argonauts of the Western Pacific*）以來，長期的「蹲點」研究，成為人類學與民族學專業知識養成的必備條件之一。然而，隨著當代社會的「忙碌」束縛以及「效率」要求，長期駐點成為遙不可及的奢

---

[1] 三亞學院法學與社會學分院教授。

求。在學校教學的老師，為了兼顧教學與研究，不得不帶著學生，並整合自身的研究，來到「田野地點」。原來是「單兵作戰」的田野工作，成為「集體演練」的社會實踐。田野工作，本來是造就個人專業的「成人禮儀」，也轉化成「集體記憶」的社會儀式。

更有進者，當代社會的快速變遷，人文社會科學面臨解決社會問題的「應用壓力」，也讓原本「慢慢浸潤」的田野工作，在面臨急迫的時間壓力下，只能一再調整在田野浸泡的時間。此外，縱橫人文社會科學百多年來的「量性研究」，也開始接納「質性研究」的可能性。跨學科領域對質性研究的需求，不約而同地都看向人類學的田野工作。「田野工作」的研究方法，已經不再專屬與人類學與民族學專業，它成為人文社會科學所共有的研究方法，我想這也是本書主要編者的另一個意圖吧！

不論如何，短期的田野工作以及老雞帶小雞的模式將成為（或說已成為）人文社會科學研究的普遍現象，那麼，我們如何思考這種田野工作的知識論與方法論？這是本文關注的主要問題。接下來，本文分別從「田野數術」、「集體記憶」以及「文本－作者－讀者「闡釋圈的概念論述之」。

一、田野數術

田野工作成為「長期蹲點」的研究方式，是一種偶然，也是一種必然。之所以說是偶然，是因為首位為田野工作提出科學的、知識論的論述者，B. Malinowski，是在第一次世界大戰時，面臨交通的阻隔，「只好」深入部落。從他的「日

記」看來，他在田野工作的過程並不愉快。他面對物質的匱乏，討厭研究的物件，口出惡言（潘英海 1991）。他焦慮、徬徨、想家，但是，他還是從中領悟出田野工作在研究方法上的「科學」論述。儘管田野工作的歷史很長，我們不可否認田野工作成為人類學的「科學」研究方法是奠基於在 1922 年出版的《西太平洋上的航海者》的緒論（潘英海 1999）。

想像一下。當年 Malinowski 準備到英國最權威的英國皇家人類學會報告他的研究成果。他所面臨的聽眾都是科學家，而且他自己在取得人類學博士學位之前也已經取得物理學與數學的雙科博士。那麼，他會如何為他的研究方法與所收集的田野資料答辯？他如何為「主觀」收集的質性資料給予「客觀」的實證基礎？

在實證主義、科學方法的思路下，當時 Malinowski（1992）以他的科學訓練背景，從研究課題、研究目的、研究範圍、研究方法說明了田野工作是符合科學實證的要求，並以生物學的「骨骼」、「血肉」、「精神」三個層面生動地比喻人類學田野工作是怎麼進行的。

Malinowski 在〈緒論〉中田野工作的說明，不僅只是一種科學方法的敘述，更是賦予田野工作一個堅實的「知識論」論述。自 Malinowski 之後，長期「蹲點」成為田野工作的必然，「參與觀察」成為田野工作的不二法門，「土著觀點」（from native point of view）成為田野工作的最高指導原則（同上引）。

Malinowski 的「土著觀點」在往後的人類學知識論上引起了廣泛的討論，特別是對於田野工作解釋的「主位」

（emic）與「客位」（etic）觀點的爭論。1966年，人類學者 Clifford Geertz 從 W. Dilthey 的闡釋學觀點提出了「貼近經驗」(experience-near)與「遠離經驗」(experience-distant)的論述，平息了一場近三十年對 Malinowski「土著觀點」的爭議（Geertz 1983）。

往後，雖然有關田野工作方面出版的專書不少，但一直都是屬於「方法」或「方法論」上的討論，而鮮有知識論層面的論述。一直到 2000 年，法國人類學者 P. Bourdieu 受邀至英國皇家人類學會的一場演講，田野工作的知識論才又有了新的論點。[2]

P. Bourdieu 在英國皇家人類學會的演講以「Participant Objectivation」為題。如眾所周知，「參與觀察」(participant observation)是人類學田野工作的核心。談到「田野工作」常被化約成「參與觀察」，雖然「參與觀察」並不是「田野工作」的全部。Bourdieu 的「Participant Objectivation」就是針對人類學田野工作在「參與觀察」的批判。怎麼說呢？

讓我們先將「objectivation」拆解成「objectification」以及「activation」兩個英文單字。「Objectification」是「客觀化、客體化」的意思，是當代科學研究的重要準則之一。「Activation」是「啟動化、激化」的意思。在英文的字義中，「-tion」結尾的字母隱含了兩個意思：「過程」以及「過程後的結果」，簡單地說，就是一種「過程化」後的「狀態」。那麼，「objectivation」就是客觀被啟動後得到的資料，而

---

[2] Paul Boudieur (2000). Participant Objectivation. Lecture given to Association of Royal Anthropology.

序：永不結束的故事

「participant objectivation」就是「參與觀察客觀化被啟動後的結果」。如果轉移成通俗的漢語，那就是，「參與觀察所得到的結果是在怎樣的場域中取得的」。換言之，Bourdieu視人類學的田野工作為一種權力運作的「場域」（field），提醒我們在「參與觀察」的過程中，研究者與被研究者之間的關係是一種權力場域運作下所獲取的科學資料。

確實，人類學源起於西方的殖民擴張過程中，對於「異己」瞭解的需求。這種瞭解異己的過程，歷經數百年的歷程，從歧視到尊重、從主觀認知到客觀研究，而田野工作在披上「科學」的外衣之後，在田野資料搜集的過程中隱藏了許多研究者與被研究者之間不對等的關係，即，一種權力場域。我們常假借研究之名，行資料剝削之實。我們常自覺或不自覺地以許多不同的方式「回饋」被研究的物件，來隱藏我們的內在愧疚。Bourdieu從批判的角度提醒我們反思人類學田野工作的「參與觀察」。

上述Malinowski、Geertz、Bourdieu三人對田野工作的說明與論述恰好代表了人文社會科學三個知識論的觀點：實證理論、闡釋理論以及批判理論，也完備了人類學的田野工作在知識論上的論述。換個角度來說，人類學的田野工作提供了人文社會科學最早、最完整的知識論體系。但，仔細想想，人類學的田野工作從1922年到2016年的今日，才90多年。依此，我們不得不承認人文社會的科學在知識論與方法論上的歷史還很年輕，一定還有許多知識論、方法論、方法上的議題值得我們深入探究。如果我們以中文「數術」的概念等同英文「technology」的概念，那麼，我

們可以稱「田野工作」為「田野數術」,一種包含方法技術、方法論以及知識論的「知識體系」,一種「人文與社會科學的思考體系」。

二、從「成人禮儀」到「集體記憶」

前述 Malinowski、Geertz、Bourdieu 三人對田野工作的知識論建構雖然有一定的貢獻,但仍然還有許多可以繼續討論的空間。如前所言,當代人類學的田野工作來自與西方殖民主義的擴張,如果在不同文化背景下、不同歷史條件下進行田野工作,那麼是否有不同知識論的考量?這方面的答案是肯定的。例如:原來在遙遠國度的田野工作在二次大戰之後因為現代國家的興起,越來越多的人類學者在自己的國家進行田野工作;在有文字社會的研究需要考量文獻的運用,因而開展歷史人類學的視野;人類學面對快速變遷的社會,促使應用人類學自 1990 年代之後成為人類學的第五分支(相對與文化、語言、生物、考古)等等。換句話說,田野工作長時段駐村蹲點的必要性早已面臨著考驗。

以上,有關田野工作的討論相當多。而,比較少被大家注意的田野工作知識論問題是:當人類學者在自己熟悉的文化背景下進行田野工作時所發生的知識論問題,以及當田野工作不是一個人、而是一群人的時候所面臨的田野工作知識論問題又是什麼?前者,筆者曾在 1997 年的一篇論文〈文化糾結與文化識盲:本土田野工作者的「文化」問題〉討論過,於此不再重複(潘英海 1997)。在本文,筆者將專注于探討田野工作以「群體」的形式介入研究地點的知識論問題。

另外一個問題，如眾所周知，前述 Malinowski、Geertz、Bourdieu 三人對田野工作的知識論建構，基本上都是針對「單人」的田野工作。我們很少探討：社會或文化人類學的田野工作在「團隊」的方式進行下的知識論與方法論問題。一談到社會或文化人類學的田野工作，我們理所當然地認為「應該」是「一個人」單獨去完成的任務，而田野工作也成為社會或文化人類學的「入門儀式」或「成年禮儀」。

事實上，從田野工作發展的歷史來看，田野工作以「群體」的形式介入研究地點，對人類學而言並不陌生，例如：在十九世紀現代科學人類學形塑的過程中，所謂的「田野工作」常常是一群學者捧著英國皇家人類學會的「Notes and Queries」前往遙遠的地方採集民族志資料，並以之建構一個民族的社會與文化。在這樣的採集過程中，「異族」的文化被視為「標本」，而「標本」與「標本」之間的關係，常是探索人類社會與文化的演化過程。

Malinowski 長期駐村蹲點式的田野工作摒棄了這樣的觀點，而以每一個研究的人群為獨立單位，給予對等的存在價值。他從人群的需求探索人群存在的社會功能與結構。在田野工作上，他也改變了「團隊」的形式，開展「單人」的長期蹲點方式。自此，人類學的田野工作都摒棄「群體」的形式，而以「個人」的形式進行田野工作。田野工作也從「採集」資料，轉換成對異族文化的體驗之旅。[3]

---

[3] 不過，這裡所談的田野工作並不包括考古學的田野工作，後者一向是以「團隊」的形式進行田野工作。

團隊式的田野工作，筆者在臺灣也曾多次利用暑期，帶著學生在不同地點進行學生的田野工作訓練，而且每次都長達六星期（不包括資料整理與寫作）。所不同的是，當時筆者在田野地點單純地只是教學目的，而無研究上的企圖。另外，基於田野工作訓練的目的，進行研究的是學生，而非老師；老師只是處於諮詢與指導的角色。

　　這樣的思路與做法源於筆者在美國學習人類學的訓練。當時筆者修習田野工作的課程時，同班十餘人，有博士生，也有碩士生。我們以美國一個社區的鄰里 (neighborhood) 為研究物件，學生分組、分工，按部就班地依據課程規劃，學習的田野技術，從收集資料（畫地圖、親屬圖、深度訪談、問卷調查、意義分析、面向分析等等）到撰寫民族志報告。而，老師只是居於諮詢與指導的角色。

　　筆者在成為獨立的研究者之後，也曾經利用「團隊」的形式採集民族志資料。1990 年代，筆者針對同一族群的同一儀式現象進行區域性普查，利用田野調查的方法，同步收集同一族群在四個不同地點、同時間舉行的儀式過程。為了採集同一族群發生在同一時間的年度儀式，筆者召集了一個八人小組，兩人一組，分成四組。這八人（包括筆者）中有兩人是經驗豐富的研究者，其他六人都是經過筆者訓練過的碩士畢業生，為了四組人員在不同的田野地點所收集到的資料具有同樣的品質與內容結構，事前開會討論溝通。然後，在整個區域進行同步田野調查。結束後，四組人員再聚集一起進行彙報與討論。這種同步多點的田野調查在人類學的歷史也發生過。1970 年代，美國人類

學者 John Whiting, Mayhew Whiting and Richard Longabaugh（1975），組了一個團隊分別在肯亞、沖繩、印度、菲律賓、墨西哥以及美國等國進行兒童文化的研究，包括養育方式、依賴性、社會性、支配性、攻擊性等 12 類別的行為，以瞭解社會文化的環境如何影響兒童的行為。

前述的說明，筆者主要想要說明「田野工作是單獨進行或團體進行、是教學與研究整合或是教學與研究分離」這方面的議題在學術界的討論還是少見，但對此日益普及的現象確是值得我們深入探討的。

《武陵縱歌》是西南大學 2009 級民族學專業的 12 名本科生和 8 名研究生，在以田阡為首的幾位老師帶領下，於 2011 年在八月間暑期的烈日下，進行的田野調查及其所做的紀錄，其田野工作不僅只是教學的目的，同時具有研究的目的。那麼其知識論的基礎何在？

「團隊」式的田野工作，一方面有團隊內部的社會面向，另方面也有團隊與研究對象之間的社會面向。從團隊內部的社會面向而言，整個團隊是一體，團隊的整體形構（formation and configuration）是一種團體動力（group dynamics）的過程。團隊中的每個個人在團體動力的牽引下，開展每個人各自的成長歷程。就此而言，我們不可否認即使在團隊形式的田野工作中，田野工作仍然是每個參與的個人的「通過儀式」（rites of passage），雖然對於其中每個個人所經歷的成長與轉化都有不同的速率與不同的意義。那麼，個人形式的田野工作與團體形式的田野工作，在「通過儀式」上有何知識論的不同？

首先，團體形式的田野工作既然以團體的形式存在，我們就必需注意到團體動力的影響。借用人類學者Victor Tuner的「儀式過程」之理論，「團隊」式的田野工作可視為一種「儀式過程」（Turner 1969）。在此過程中，團體中的個人處於「臨若」的狀態（liminality）。「臨若」的狀態是一種什麼都不是，也可以什麼都是的狀態。用中文的概念來理解，那就是一種「混沌」的狀態。在「混沌」的狀態之中，個人處於一種「非結構」的狀態。這種「非結構」若以Tuner的「anti-structure」來理解，它可以是「反結構」或「對立結構」，或說，個人是被解構的。此種個人的臨若狀態在一個團隊的社會互動過程中，彼此相互牽引過程中，形成Tuner所謂的「共達」狀態（communita），並再度形成社會性的結構與對立結構（同上引）。就此而言，處於「團隊」式的田野工作中的個人，也如同「單一」個人處於田野工作中，正在完成或完成其田野工作中的「生命禮儀」。就此而言，「團隊」式的田野工作仍然是人類學知識的「入門禮儀」，或說是，「成年儀式」。但，不僅止於此。

根據筆者對《武陵縱歌》研究團隊的觀察，團隊的資料收集不僅只是採集資訊而已，每日晚間的團體討論過程中，每個個體除了輪流報告個人所觀察或訪問的重點之外，還要聆聽其他個體的意見與點評，當然，也包括老師們的。在那個團體動力的過程中，每個人的瞭解都超出自身原來的理解。而，整體的瞭解，從完形理論的角度而言，也超出部分相加的瞭解。同時，在團體討論中的「氛圍」讓個

體處於「臨若」之中，不僅開啟了互動學習的可能性，同時也創造了「集體記憶」的社會空間。換言之，團體性的田野工作，不僅只是收集了資料，更提供個體彼此之間分享性、共用性的同儕團體學習。這和傳統是以個人為主的田野工作是不一樣的。

要之，田野工作中的「團隊」同時也是一個小小「社會」。在此社會化過程中，田野工作提供了個人創造「集體記憶」的空間。依據第二代塗爾幹學派的法國社會學者 Maurice Halbwachs（1980）關於「集體記憶」的理論，社會中的個人會依據自己「現在」的記憶重新建構了集體的「過去」。依此，在團隊式的田野工作過程中，每個人都有著各自的集體記憶，而這個因田野工作而組成的「社會」也顯得多元而動態。

另外，依據 Maurice Halbwachs 集體記憶的理論，集體記憶的產生是由人生歷程中，不同階段所經驗的「地方」（location），或說「社會空間」所建構，例如：家庭、工作場合、教會等等。就此而言，田野工作，也是在一個特定的時間、特定的空間、由一群特定的人所建構的「地方」。其間的每個行動者在社會行動中相互建構了自身的集體記憶。那麼，田野工作也可以說是形成集體記憶的一個「地方」。這個「地方」賦予每個個體在「自我」成長歷程中的集體記憶，並完成個體在人類學知識成長過程中的「成人禮儀」。換言之，這個成人禮儀的「地方」是在一個特殊的「時間－空間－意義」架構下所完成的。

三、永不結束的故事

　　田野工作，是一個連續動態的過程。在此過程中，隨著每一個時空轉移，場景變換了，故事也不同了。即使我們在同一地點、面對同一群人，在社會快速變遷之下，當我們重返故地，常面臨物是人非之感。我們又重新收集新的故事。在田野工作的故事永遠說不完！

　　換言之，就田野工作而言，不論我們浸泡時間的長短，都只是一種「假設性的歷史穩定狀態」進行的社會行動。我們所收集的資料，訪談也好、觀察也好，都只是某個「時空片段」的截取，就如同某個實驗室的某個時間所做的某個實驗結果，也如同我們在某個時空閱讀某本書或某本書的某個片段所得到的理解。

　　借用法國闡釋學者Paul Ricoeur（1991）的文本理論言之，研究地點的種種社會文化現象就是一種「有意義的行動」，而這種「有意義的行動」就是文本。田野工作的收集者是讀者，我們研究的物件是作者（因為他們創作了當地的社會文化）。而，每次田野工作的紀錄都是一種文本，記錄田野現象的我們是作者，閱讀文本的任何人是讀者。這是一種田野工作與民族志書寫的雙重詮釋圈（double hermeneutical circle），雙層文本，雙重作者，雙重讀者（圖1）。

　　田野地的社會文化現象是我們在田野工作中的文本，田野工作者的記錄與書寫是一種解讀後的文本。當我們在田野地點進行研究工作或是資料收集時，我們是讀者，田野地點被研究的物件是作者；當我們將所見所聞所感寫成文字或以影像視頻呈現，我們是作者，而看見我們的紀錄

與報告的人(包括田野地點被研究的物件),就是讀者。從闡釋學的理論而言,文本、作者、讀者之間的關係,是一種生生不息的互動與流動。就此而言,田野工作與民族誌書寫,是一個永遠聽不完的故事,也是永遠說不完的故事。

如同 Maurice Halbwachs 所言,集體記憶是具有選擇性的(selective)(同上引)。不同的時間、不同的人群來到同一個田野空間,所產生的是不同的集體記憶。同時,同一個田野空間,在不同的「時間−空間−意義」架構下,所提供的也是不同的文本。那麼,田野工作是一個生生不息、永不結束的故事!

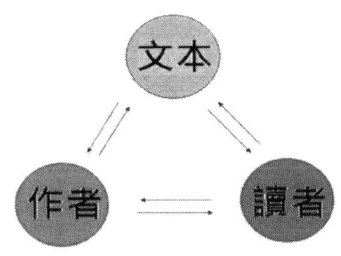

圖 1　Ricoeur 詮釋圈示意圖

資料來源:作者繪製。

參考文獻

潘英海
　　1991　田野工作中的「自我」:從馬凌諾斯基的日記談起。中央研究院臺灣史田野研究通訊 17:26-35。

1997 文化糾結與文化識盲：本土田野工作者的「文化」問題。本土心理學刊 8:37-71。

1999 關於人類學的田野工作——從馬淩諾斯基談起。刊於《教育學研究方法論文集》，國立中正大學教育學研究所主編，頁 77-98。高雄：麗文。

Geertz, Clifford
　　1983　Local Knowledge: Further Essays in Interpretive Anthropology. New York: Basic Books.

Halbwachs, Maurice
　　1980　The Collective Memory. New York: Harper & Row Colophon Books.

Malinowski, B.
　　1922　Argonauts of the Western Pacific. New York: E. P.

Ricoeur, Paul
　　1991　From Text to Action, Kathleen Blamey, trans. Evanston: Northwestern University Press.

Turner, Victor W.
　　1969　The Ritual Process: Structure and Anti-Structure. Chicago: Aldine Publishing Company.

Whiting, Beatrice Blyth, Whiting, John Wesley Mayhew, and Richard Longabaugh
　　1975　Children of Six Cultures: A Psycho-Cultural Analysis. . Cambridge: Harvard University Press.

序：田野一個月，
發現心中最美的人類學

張文義[1]

一、田野：兩個文本，一個反思，兩個地

　　學人類學多年，我學會了框架，把故事寫成解說詞，看不見人樣，聽不到聲音，或條分縷析，編了個地方生活手冊。每年帶實習，讀學生報告，看到同樣的趨勢，心裡難過。

　　我們開篇寫物產和人口分布，講好多個案，人卻不見了，整個人類學也隨之消失，那變遷背後的不變，生命經驗的不可言說與確定無疑，心智的創造與僵硬，田野的豐富細節，只剩三言兩語。教育組拍回的孩子作業，滿頁飛舞的字跡和花飾，變成「孩子們作業很認真」；飲食組的味覺和蹭飯，變成了菜譜羅列；宗教組聽聞信鬼的公婆托夢讓兒媳入基督教，卻努力分析信教背後的社會力量……。

　　我要求學生寫一個故事文本，材料文本，和反思。故事文本記錄動心、震撼、痛苦、迷茫的瞬間，材料文本分門別類記錄當地社會事實和歷史，反思連接二者，求完整

---

[1] 廣州中山大學人類學系副教授。

理解，都要求細節豐富、充滿質感。材料文本需要邏輯，避免單純分類式的紀錄。場景描寫需要視覺的顏色、形狀、大小，聽覺的音色、音量，氣味，動作（手勢、姿態、表情），刻畫人物性格的細節（避免臉譜化），語言（對話、語氣語調、情態手勢）等。情境需要感性，展現鮮活的人物和情境。記錄第一周對環境和人群的最初印象，這些在田野後期會變麻木，卻對理解當地至關重要。記錄突發的，當地人眼中意味深長的，或讓自己感動的事件。不時調整自己在當地的身分：如做旅遊，既做遊客，也做研究者，更參與當地基層旅遊管理。

　　特別地，在材料文本中，先帶著我們的分類標準，如研究宗教，按神職人員、鬼神系統、儀式活動等整理材料。這標準普適，也臨時，因我們尚未知當地。彙集大量資料後，需重新編輯，總結當地分類原則和思考方式。研究景頗信仰時，我按獻鬼傳統、基督教、漢族民間宗教、共產黨等大類分，獻鬼又包括儀式、神職人員、鬼神體系、當地時間觀等，鬼神體系再細分野鬼、家鬼、英雄祖先鬼、創世時先於人類出現的鬼……田野進行一年多後，我發現當地算命表格可統籌一切：時間決定一切。以五天為一單位，每天24小時分十小段，對應特定鬼神，攜帶不同運氣。人一出生就帶上該時段的運氣。人生大事小事，因時因地，遭遇不同鬼神，改變天命。儀式配合各時段展開，與鬼神協商，希望加強好運、消除厄運。

　　寫完兩個文本，花十來分鐘反思：
（一）區分自己的詮釋和當地的視角，既不以自己的價值

和觀念為中心，也不困在當地視野中。

（二）每天建立對材料的整體理解，以之尋找新細節，或用新細節重建整體。材料的意義在於化細節入整體的方式。

（三）對比別組材料，反思自己是否有意無意地選擇性觀察、記錄和理解，帶上太多自己的視角、興趣、情感和體驗（尤其是隱性的認同，如對弱勢群體先入為主的同情），是否預設了潛在讀者（未來的自己、老師、小組成員、親友……），所用的視角（第一還是第三人稱）。

　　充分融入當地後，反思讓研究者對當地保持陌生。守住熟悉與陌生的節點，需當天完成紀錄，至少是綱要和速記，再不濟也通過錄音說「田野」。田野第一個月的精細筆記，第 12 個月再看，會發現新的敏感性。

　　在故事文本中，我們親歷當地，感同身受；在材料文本中，推演當地的邏輯體系。田野回來，借助反思，整合兩個文本，書寫波瀾壯闊歷史中的迴腸盪氣。這是人類學最需想像力的地方。結合故事和當地邏輯的內部視角，與宏大區域和歷史的外部視角，需要一條線索，從生活場景的短鏡頭，切入個人命運與社會歷史的長鏡頭。而實際情況是，田野材料龐雜，故事文本和材料文本分離。為避免此，整個田野過程畫兩個地圖：當地的空間地圖和社會地圖。空間地圖包括社區分布、房屋構成、山川地貌；社會地圖包括所有家戶成員間的親屬關係、經濟方式、宗教信仰等。把每天的材料與兩地圖關聯起來，找到人與事、人

與物之間的事與理，盡可能把所有材料串起來。聯繫兩地圖的方式，聯繫了兩文本，銜接故事與結構、情境與體系、人性與社會。

如景頗族的房屋，聯繫著社會結構和歷史：從側面進屋，分內外兩部分，分別供鬼神／男人或女人／客人居住，或分上中下三部，下住鬼神和動物，中間樓板屬人，上面屬神。家中火塘體現親屬結構：逢年過節，「烤姑爺」（讓姑爺出資犒勞丈人方，如烤肉出油）時，親屬按關係遠近圍坐。房屋內外，人的生、老、病、死，大事小事一一展開：出生時，胎盤埋在院場竹叢下，婚前婚後，人在家中住不同位置，操持不同事務；死亡時，靈魂進入房屋的異次空間……人事與房屋結構，時而吻合，時而偏離，既見情境變通，又見創造想像。

或者，身體銜接了進化、意義、社會結構及靈魂。這是本體論轉向和協同進化論以來人類學的重點。身體經驗的諸多層面均可作為組織材料的線索。如味覺系統，可牽出社會和人生的所有層面：對食物的感覺、製作、分配、食用，既是信仰和倫理，也是社會等級，更是社會和生態變遷。人生的快樂痛苦，也滲透其中每一個環節。

有故事和情境，民族誌充滿感性與細膩，找到線索，民族誌呈現出整體感。讓讀者在細節中感悟，在結構上理解，是民族誌寫作的要求。情境讓個案成為故事，體系讓故事穿越時空。人類學的田野，看人，做事，摸情境，建體系。

二、在田野中接納新一代的精神世界和思考方式

　　帶實習幾年，最難的是讓學生感受到自己十多年形成的田野感和節奏，結合學生的性情和當地生活，找到他們的田野方式。十來個人，一個月，多元性格、習慣和心態，在風景秀麗的雲南，每個人都在尋找和體驗自己的人類學。

　　我努力接納和學習新一代的氣質和思維，除紀律外，凡事多和學生商量，放手讓他們做。生活中，很多事我不擅長，他們人多，有各種技能。讓新一代的精神世界和思考方式影響田野，也拓展我眼中的人類學。我的定位是：後勤大隊長，急救中心和紀檢委員。

　　我給學生定了兩個目標。原則上，觸摸人類學內外交織的方法論，聯繫體系和故事、社會與人性，及接納可能出現的問題。理想的人類學家，平衡投入與抽離，經驗著每個人的人樣。你是什麼人，就做出什麼樣的人類學。操作上，發現有價值的主題，制定計畫，系統探索，把現象置入當地社會文化、政治經濟和人生起伏的廣闊脈絡中，在瑣碎材料中整合出對當地社會和人的整體理解，用田野說明什麼是人類學。找到田野的節奏和狀態，學會不動聲色從閒聊轉到關鍵論題，也感受田野的微妙、尷尬、無奈、被婉拒、被無視，及無論怎麼努力都揮之不去的絕望感。田野結束，回答為什麼沒到過該地的人有興趣看你的報告。田野最後一周，閱讀整個田野組的材料，立論、論證、推翻、重來，講好一個故事，做好一個論證，看見別人的世界，觸摸到自己的階層和地域，更直接地，明白過往幾年學人類學的得失。當然，我還期待學生身體力行，離開前每人

學會一道雲南菜。這目標從未實現過,雖然成功培養了大廣東人民吃辣。

三、田野的節奏:從碎片走向整體

一個月實習中,我們不斷調整節奏,適應著當地人、學生和我的做事風格,磕磕碰碰中,找彼此和諧的狀態。

第一周:借助帶隊老師的人際關係,拜訪村公所、小學、活動中心等關鍵場所和報導人。學生分組探訪、觀察、聊天,熟悉地方,感受地方生活,尋找當地重要社會事實和生活關切,接觸各類人:資訊庫、八卦庫、知識庫、人際關係庫……刷存在感,克服臉盲和姓名盲,讓當地人接受、理解、和消除偏見,不再以陌生目光看我們。每天晚飯後交流所得。第一周結束,確定各組主題。結合學生特長,如音樂、繪畫、手藝等,找契合自己、在當地舉足輕重的論題,既有興趣也有能力做好。

第二至三周:各小組根據主題,設計方案,系統展開調查。分組後,學生既跟組員一起,也不時散入其他組,關注自己主題,也不忘社會其他層面,看到隱秘的聯繫。當代人類學的調查,除跟村民、傳統文化精英、政府官員、商人等打交道外,還需接觸地方文化名流,感受和理解他們民族中心主義的建構。我邀請他們來做一兩次講座,讓學生感受另一層面的內部視角,體會不同學科觀點和立場的碰撞。

此階段最難是訪談。找到人們的興趣和熱情,打開一個世界,順勢引到主題。人類學的訪談,在參與中帶出故

事,凸顯細節,順藤摸瓜,走向體系。既不把自己當錄音筆,也不淪為提綱奴隸。訪談是微妙的。該在多大程度上相信資料人?如儀式的時間安排,既相信人們所說,也警惕其問題。關係未熟,缺乏足夠背景知識,沒法討論,人們多按想像中的漢族思維方式回答我們,聽來既熟悉又陌生。質疑熟悉的,追問陌生的,慢慢導向當地的知識精英。

田野進行到一半多,學生再難跟人聊。每家都被不同組多遍轟炸,彼此疲憊。此時,拓展到附近村子,瞭解地區情況;拜訪當地文化宣傳部,獲取統計資料,再回村,同樣的現象有了不同意味;建立本村的親密關係,以期深入。人類學研究人,把自己當人,把資料人當人,參與和觀察重於正式訪談。對不做學術的學生,資料最終沒什麼意義;與陌生人建立關聯,是走向社會的關鍵技能。

帶隊老師加入各小組田野,並檢查筆記,貫徹一個原則——當把調查資料告訴非人類學專業的、或從未來過該地的人,能否讓人覺得這不僅是雞毛蒜皮,更能引發思考自己和時代。為此,每天督促學生做兩個工作:(一)從細節到體系,尋找細節間的關聯,尤其社會各領域間的關聯。以每天的新材料檢驗、重建這種關聯,直至錯綜複雜卻清晰可見,帶出當地社會體系。(二)從民族誌到人類學,這體系意味著什麼。

第四周:撰寫報告綱要,反思材料;各組交換閱讀材料,補足各自缺漏。半天寫提綱,半天田野,相互講述提綱,修改,與帶隊老師討論。結束前兩天,向關鍵報導人簡述成果,看到自己的一廂情願,及盲人摸象,體會內外視角

的差異。結束當晚,總結討論,確定暑假任務——發掘田野的意義:

(一)向親友講田野中一件最有心得的事;
(二)向親友講述田野資料,能否引起興趣,接受批評和回饋;
(三)寫田野反思,從自己的材料中看到人類學;
(四)立足田野,反思自己:人類學與人生及職業規劃,田野後再讀人類學的感觸。

四、田野的感覺:充實與閒散,痛苦與快樂

實習中,我希望能接納和學習新一代的精神氣質和思考方式,卻跟不上他們的節奏。每天保證至少六小時田野。早上 7 點起床,8 點 30 分出門,中午 12 點回。午睡至下午 2 點 30 起,3 點出門,6 點回。為安全考慮,原則上不允許晚上外出活動;必須參加活動或訪談的,十點前返回。晚上,保證至少兩小時的筆記整理,完成日誌(貼牆上),反思田野材料,確定第二天的計畫。

隊伍中我年紀最大,可能需要的睡眠最少。每天,總有我單調漫長的「起床啦!」、「出發啦!」一陣忙亂後,每個人睡眼惺忪往外走。聽習慣後,一下子沒有了,神經反受不了。田野結束回家,不論清晨還是中午,到點腦中總回蕩著文義式的「起床啦!」、「出發啦!」就再也睡不著。補睡眠計畫泡湯。

白天開啟暴走模式,身體疲憊;晚上暴寫,找線索、寫故事、找感覺,熬到凌晨一兩點。透支了體力和精神,

還矛盾分裂。學生感覺被掏空了。村裡人看在眼裡，心疼學生：「你們每晚都被老師關在宿舍，上課，寫作業，像蹲監獄，被軟禁了。」現任隊長跟學生玩得好，評論說：「我覺得你們老師不活潑！」我請做飯的大姐，好吃好喝準備著，讓他們長膘，默默履行著帶隊老師的職責：體力和思路的壓榨機，和養豬專業戶。想起小時候，為不讓到處跑，大人說有壞人專門搶小孩，餵肥，然後丟到鱷魚池，讓鱷魚咬出油脂。奄奄一息撈上來，再養肥……。我想得毛骨悚然，希望學生不知道這故事。

　　田野最後一周，學生整合材料，結合故事與體系，完成報告大綱。這很摧殘智力，面對零零碎碎的材料，學生明白，前些天在村裡茫然尋找資料人、熱切期待有事發生的時光多麼幸福：老師，求你放我去做田野吧！最後一天，當地人和學生之間曾經的審美疲勞和尷尬嫌棄釀出點點不捨。八月初，每天小雨飄飄，空氣微涼。我遠遠看人們臨別告白，心中迴旋著那句「人生若只如初見。」年輕的心，在田野中肯定發生過很多事：你真的要走了嗎？那一天也下著小雨，雨中的你是那樣讓人心碎，我問你是否留下來，你笑著不語。那一天，這世界是多麼美麗，我心中充滿甜蜜的悲哀……。

　　為沖淡這氣氛，我給了暑假任務：（一）報告初稿（每人2~3萬字）；（二）田野反思（3~4頁）；（三）給別人講述田野過程和感悟（最少3頁）；（四）講述一件田野中讓你最有心得的事（5~7頁）；（五）每組20多個訪談問題，每人30~40張照片。有一年帶實習，同事朋友的

女兒聽說去大理深度旅遊，一定帶去。同事反覆重申田野的艱苦，女孩意志堅決。我默默發了這份要求。沒多久，女孩回信：她需要慎重考慮，以後有機會再參加。同事發來好多表情，深表佩服，我感覺自己形象全毀。

田野結束半年，系裡組織田野展示。不知怎的，田野中的所有苦和累，展示時全變成吃喝玩樂。系主任指示：我對雲南組抱有很大期待，覺得大家很優秀，但展示沒做好，避重就輕。後面，還有老師找我：不要在最後關頭掉鏈子，讓人覺得很水。吃好，玩好，做好研究，還要展示好，人們看到的只是展示。我也懷疑，我到底自帶了什麼氣質，讓學生做事總出我意料。明明很兇殘，每個人都很努力，結果變成了玩樂。

五、第一周：選題，規劃，調整

田野一周左右，彙集所有材料，選題，設計田野方案，並根據新材料及時調整。系統觀察、訪談和實驗，結合隨性感知與體味，構成人類學田野的日常。

選題要求 interesting, significant, and actionable。發現新題目，或在傳統題目中發現新層面。如鄉村城鎮化，從物質和社會結構層面的研究多，但從精神、倫理、思維方式變化等方面少，這些都是變遷的元素。田野第七天，用半天時間，每個小組說服其他所有人：（一）為什麼所選論題重要（是否為當地重要社會事實，與全球資訊時代下的中國甚至東亞如何相關，如何凸顯人類的當代生活狀況）？（二）實際操作方案（一個月能完成多少，所需語言和其

他技能，所需田野材料及相應方法，與自己興趣和性情的契合度，小組成員的優勢和不足，可能遭遇的困難等）；（三）如何形成一個好的敘事，即選擇一個視角，聯繫所有材料；（四）這敘事有什麼意義（跳出現象、從民族誌走向人類學）。

在中緬邊境德昂－景頗村寨帶實習時，23人的隊伍，分五組，從不同方面探討：（一）邊境地區「跨越」的各種意味，（二）茶與雷貢山，德昂的物質和精神名片。教育組關注扶貧政策和市場轉型下的鄉村教育；醫療組研究現代醫院、中醫、景頗獻鬼、基督教祈禱、和德昂佛教儀式等多元醫療體系的交織；儀式組理解當地三個宗教（獻鬼，基督教，小乘佛教）與鄉村行政體系下，人與世界的關聯及命運；想像組追尋境內外人們對黨、國家（緬甸和中原文化）、市場的想像和由之而來的行為模式；感覺組感知當地飲食風味變遷如何牽連著邊境貿易和扶貧政策帶來的地理景觀變化。這些選題出現兩個極端，要麼意義自明但方法要求極高（想像組、飲食組、和宗教組），要麼意義模糊但方法明確直白（教育組和儀式組）。而形成一個好的敘事，找到視角，是所有人的難題。我敦促他們，每獲得一則新材料，都思考這些問題。

確定主題和研究計畫，只建立了一個臨時腳手架，切忌訪談和觀察都只圍繞主題。田野中一切相關，當時意識不到而已。做田野，常在無心之處，柳暗花明。我要求：（一）各主題小組經常打散重組，但每晚一起整理材料，匯總資料和照片；（二）訪談時主題應若隱若現，跟隨當

地人的思路和事件；（三）跟其他小組交流，讀他們的日誌和筆記；（四）培養理解自己的翻譯和讚賞自己的他者，每組得到至少一家人的熱情支援，同時，進入其他村寨；（五）每天抽查學生筆記。

確定主題後，最困難的是如何從每天的碎片中看到體系，找到線索。這要求學生理解世界是複雜的，不能只看一個側面，一部分人，也不能只聽。把不同人、不同時空下的事件、言語、行為、情境、互動，儀式／日常結合起來，尋找事件間的因果或相關，導向當地的信仰、社會結構和思維方式。最後，每個小組遞交一個報告。小組成員書寫各自田野材料，尋找聯繫所有材料的線索和論點，完成一個完整的敘事和論證。這是歷年田野最難的一關。學生很糾結，自己的材料串不起來，更談不上彼此間的連接。

每年，除紀律外，任何事都可商量，唯獨每組交一個統一報告這點，我從不讓步：不能依據當地社會的邏輯和地區政治經濟過程把碎片化入整體，就沒學過人類學。

我看到學生的迷茫與混亂。發現問題和現象，設計方案，查缺補漏，推翻重來，邊寫邊調查。一切是自己的，為自己負責，這是田野之外的能力。給學生題目，他們更自在、順利，但離開田野，也就沒了意義。經歷振奮、迷茫和豁然開朗，田野才上身。我很想幫學生，卻總無能為力。豁然開朗沒法教。迷茫中，學生明白，田野中很多關鍵資料是經歷到的，看到的，參加得來的，不是問出來的。生活必有不能說、說不出，但無比重要的部分。也只有這時候，學生才明白，雲南組的深度旅遊名附其實：我不時

讓他們四處遊蕩，毫無目的，體會當地人生活在這山水和社會中的心情和感覺。這是理解的前提，既理性，也感性。田野的深度取決於調查者的生命經驗，人生閱歷和對人心的體會，而人心不可測度。

有時，學生讓我驚喜。想像組曾迷惑了很久，畫地圖、做譜系、訪談、講故事……得到當地對自己、緬甸、中原的各種想像，但無法連起來，多次討論無效。有一天，他們突然看到了主線，跟我說：所有方法都是在有限資源和時間下的選擇，帶來優勢的同時也遮罩很多東西。

六、記錄每天的田野材料

要求學生邊做田野邊讀《如何做田野筆記》，但這書繁雜瑣碎，學者的理論牢騷不時遊逸，操作性不強。結合自己的經驗，我要求每天寫兩個文本和一個反思：材料文本紀錄和尋找材料間的邏輯關聯，故事文本刻劃和傳達事件和生活感悟，反思連接二者。每晚，學生習慣了按時間順序整理材料。回憶讓人精疲力盡，到關鍵材料或高潮故事時，夜已深，就草草了事。我建議從高潮寫起，情感宣洩後，讓邏輯接管。完成紀錄前不要跟人細緻講述，避免提前宣洩，讓資料走味。

田野中，我給學生細緻介紹了我的三個步驟：

（一）花半小時把所有材料用一兩句記下，再細緻書寫和評論。資訊部分完整記錄觀察、訪談和實驗結果，日記記錄場景，感受和理解。

（二）從日記開始，每記錄完一個場景，書寫資訊並評論，

帶來諸多新理解。

（三）反思：建立 catalog（給 word 文檔中各標題插入超連結書籤），整理文字資料、照片、視頻、錄音、文獻材料間的對應，旁注和評論。

每天，我完成七個 word 文檔（當日觀察訪談結果；日記；catolog；日誌；plan and schedule；問題系；田野經驗與方法），一個 excel 文檔（花費紀錄），和四個資料夾（田野資料、照片、視頻、文獻）。

田野中，每天檢查學生筆記。從材料文本看速記方式：當面速記，「退出」場合的速記，借學語言速記，所記細節，總體印象，偏重自己認知方式中最易忘的。從情境文本看寫作節奏：從高潮開始，依時間順序，或遵守材料邏輯。一月檢查三次：第一次：注重材料文本的體系性和情境的鮮活性，是否有反思；第二次：是否開始在材料文本中整合譜系－地圖等硬性材料，尋求整體理解；第三次：考慮結合兩個文本的方式。分開故事和材料文本，是操作需要，凸顯人性（情境）與社會（資訊）的交織，民族誌整合二者。

學生的筆記往往缺乏整體感，且在研究主題和主體色彩上，易偏入一端。整體感是均衡的。找到自己在筆記三部分——資訊 ＋ 情境／故事 ＋ 理解和反思——上的節奏。材料類型要完備，包括對話、畫面、場景、高潮事件、總體印象、分析和反思、空間地圖、社會譜系等，讓所寫人物和事件在社會和地方上落腳。研究主題需要一個平衡，既不過分依照自己的主題和興趣選擇材料，忽視社會的整體，也不失去主題特色，如教育組需體現孩子特色（情緒、

物質、感知，而非邏輯和語言），宗教組需體現當地的時空認知模式，引入宇宙觀和儀式。研究者的主體色彩也需要平衡。忌一味歸納概括，帶著上帝視角，純第三人稱敘述，無觸動人心的場景。也忌個體色彩太濃，如擅長記錄語言的同學有太多瑣碎對話，無情境和畫面。人類學生學會講一個故事，透視社會文化的體系。

七、最後一周，嘗試觸摸整體

　　田野前緊後鬆，一開始每天都很辛苦，後期，學生和當地人都出現審美疲勞，有「熟人以上，朋友未滿」的尷尬，學生就慢慢懈怠了。此時，高壓要求，只適得其反，於是開啟反思模式，寫作報告大綱。把碎片化為整體，思考整體的意味，人類學才開始。最後一周，半天田野，半天討論寫作。一張一弛，既投入也抽離。

　　放半天假讓學生閱讀討論各自筆記，在對方眼中看到自己材料中的整體。田野前期，我不主張學生閱讀當地民族誌。切身體會之前，一切不過是概念和文字演繹。最後一周，要求每人閱讀一本所調查區域的民族誌，或從當地圖書館帶回的材料，對比自己的，反思田野，既查缺補漏，也結合田野中當時當地的材料，看到社會歷史的變遷。

　　讓學生把看到的整體講給當地人，結果匪夷所思。絞盡腦汁得到的結果，對當地人竟如天方夜譚。此時，學生明白內部視角是多麼艱難。終於得出一個被認可的結果，人們一臉鄙夷，強烈懷疑我們的智商：搞了這麼久，弄出個我早知道的東西？內部視角對當地人，不過是日常生活。

每到這時候，我不時有莫名寒顫：我帶出的學生，做這麼多無用功？

也只有在這時，我們才深刻體會到每次田野的不足。在瑞麗景頗－德昂村寨中，我們探討當地對邊境的想像，宗教儀式的變遷，飲食結構的變化，教育的現狀，卻謎之排斥經濟方式的變遷，雖然每天都經歷這種變遷。把各組材料放一起，發現這變遷牽起所有組的材料，我們卻從未集中關注。更匪夷所思的是，德昂與傣相似，德昂總說什麼都來自傣，我們卻從來沒有真正進入傣族社區。整理材料時，有關係說不清，才想起為什麼不去傣族社區。我們陷在當地生活中了。傣族和德昂，信仰和精神關聯，卻缺乏社會組織和親屬關聯。德昂與景頗，信仰和親屬組織相異，但社會生活緊密關聯。或者，我們一開始就告訴自己，來的是德昂－景頗村寨，把自己封死了。

人類學的田野，觀察中蘊含著觀察者，看見他人世界的同時，看到自己的偏見和執著。人類學的原則，往往在田野最後關頭，經由痛苦和迷茫浮現。

八、田野結束一周，不要淹死在細節裡，不要沉溺在情緒中

每年帶實習都擔心選點，相信對地方和人的第一感覺。有身體的歸屬感，才能觸摸神奇。世代有人居住的地方，人與地相互適應，形成天人氣質。沐浴其中一月後，我問學生，是否有過觸動自己的人和事。學生歷來跟我不在一個頻道，給我甩個大問題，讓我重新思考以前不想、或自

然而然的事：一個月得到如此多碎片材料，怎麼辦？或者，那動情的人和事，一旦成文，就人氣全無，受不了這落差。

我做田野時，每天，每個細節都被納入一個社會文化整體，每個故事都進入當地生活的感覺和風格。細節可能被順暢歸類，或消解了我的體系。田野後期，我參與、觀察、訪談的時間減少，更多在打碎重建：一個細節，事件中一點情緒，或某人輕描淡寫一句話，可能牽出大量未知關聯。花幾天時間重讀材料，尋找容納盡可能多材料、情感和事件的線索。田野結束，博士論文格局就定了，只等寫出來。田野早期，是個體力活，每天花四五小時整理材料。後期，是劇烈的精神體操，隨時遭遇崩潰的沮喪和重建的喜悅。

帶實習時，我仔細觀察學生，一起設計、實踐可能為他們接受的處理方式，化碎片為整體：

（一）從觸動自己的事件開始，置入其所處社會文化大背景，再找事件間的關聯，看到社會文化的體系。

（二）變換分類原則重新整理材料（包括筆記、圖片，實物、文獻、視頻等）：從時間序列轉到主題分類，從對同一事件的不同立場或地方關鍵概念入手。每次轉換，總碰到某些材料，在所有分類中很關鍵。它們是整個民族誌的線索。

（三）田野回來兩周，不讀書，寫 1,000 字，試圖聯繫所有材料。之後，壓縮成 500 字，再到 300 字。每次壓縮，為邏輯清晰，總能看到材料間的新關聯。

（四）用自己的田野經歷串材料，發現事物間的新關聯，或自己的先入為主。它們是寫作的明線，或暗線（需

要避免的）。

整理材料時最忌用下田野前的題目和計畫框死自己，應從現有材料發現最觸動的部分，發展完善它，既不陷入材料的細節，也不沉溺於對人對事的情緒。

九、從碎片材料到民族誌報告

一個月田野，訓練最充分的是搜集碎片材料的方法，而從碎片到整體，才剛開始，從田野筆記到報告或論文，完成從民族誌到人類學的跨越，只能在田野結束後著手。後兩步歷時長久，既宏大也細膩，需要細緻討論、閱讀、和重寫。因此，田野回來第一個學期，必修民族誌寫作課。

希望學生用自己的材料書寫心中最美的人類學。材料源於日常細節，帶著生活的質感、韻味和情感。寫作始於個體獨特的體驗，帶讀者進入情境，並跳脫出來，引入人類學的議題和追求。無論以後是否做學術，學會在報告或論文中，講好一個故事，做好一個論證，與他人有效交流。報告或論文本身並非至關重要，寫作的根本是他者。寫作時，拋開田野第一周確定的主題，根據實際所得討論材料間的關聯，理解這關聯有什麼意味。

一開始，學生糾結於筆記、報告和論文的差異。筆記、報告、論文一脈相承，而論文最精緻，也最難。筆記是雞毛蒜皮的材料和斷裂的情節故事，是條分縷析的邏輯單元，缺乏整體感，無理論關照或主題。報告把雞毛蒜皮（筆記中的資訊和場景）整合為一個社會文化體系，把細節放入合適位置，明確片段故事與整體的銜接。拒絕分類式、或地方生活手冊式的報告，也避免流水帳式的案例堆積。報

告實踐了人類學把一個現象放入社會文化和政治經濟脈絡的過程。文化脈絡包括信仰、儀式、宇宙觀和語言傳統等，社會網路指個體在社會結構中的地位、身分、見識、經歷、社會聯繫、資源等，政治經濟脈絡把社區置入全球市場和國家體系中。前兩個是內部視角，第三個是外部視角。論文完成從民族誌到人類學的跳躍，討論事件／現象的意味，引發對別人、對人類學、對當代世界、對人類整體和個體生活的一種理解。田野不是蹲點，而是通過一個點，發散出去。如在瑞麗德昂村，需看到村子、口岸、邊貿……。

　　田野結束後一個月，要求學生完成田野報告。田野過程占 40 分，報告文本占 60 分。報告的最低要求是內容和形式完整。具體如下：

（一）資料詳實全面：個案＋整體情況；體驗＋社會機制；現象＋大背景。既有傳統民族誌各大板塊（社會結構，親屬關係，經濟方式，宗教信仰）中與主題相關的內容，也有個體生命體驗與區域政治經濟過程的交織。嚴忌論文持單一視角，需展示社會事實中多立場的整體。

（二）多樣的材料：圖片、文字、語言，事件和情境的描述、檔案、統計資料等。

（三）描述＋分析（描述而非總結，展示而非羅列，分析而非直接陳述）。

（四）體現學生心中的人類學，並設計表述策略，把讀者帶入情境，心甘情願跟著作者思路走。

　　上交報告前，學生依據要求自查，同時，各小組相互

閱讀初稿。每個小組看到社會的一個層面，各自在對方的材料得到呼應，都是更大體系的一個側面，從而看到各自的不足。

讀學生報告，總感慨科學神教的頭腦，對教外所有現象竟只剩濃濃的價值預設：西醫是科學，是最先進的；教育就是引導人生觀⋯⋯當科學變成神教，人不再明白需要首先看到存在。問題最多的是第一章。開篇兩個任務：引出問題，界定視角，提出方案；展現所研究現象的邏輯，找到線索連接所有材料。兩個任務匯於篇章安排，以視角－論點和現象邏輯確定從什麼開始，為什麼，各章關係如何，怎樣各自指向論點，構成一個整體。個案也常讓讀得人揪心而惋惜：（一）主體不見了；看見人，才看見延續，見到變遷背後的不變，感受人身上不可化約的生命質感，觸摸人性與社會的創造與生衍。（二）人物和事件脫離了情境和所由來的地方和歷史，個案需要豐富材料類型，如語言、行為、情感、體驗、譜系、歷史文獻等。（三）過分關注自己的主題，看不到社會的一個完整畫面，錯失不同立場下事件的豐富面向。

最後，學生寫鬱悶了，總起一個萬能標題：宗教組田野報告，教育組田野報告⋯⋯展示出從事政府文書寫作的潛質。好的標題，抓住讀者，傳達自己。建議使用正副標題，一個展示核心民族誌材料，另一個透露理論和研究視角。

十、結語：發現自己心中最美的人類學

　　一個月，我們練習選題和深入，體驗田野的快樂與尷尬、迷茫和不知所措，感受關係的建立和破滅。都正常，不要太在意。人類學家帶著自己的世界，適應、吸收、改變著與己不同的時代、社會和人群，在匪夷所思中穩住腳步。世界多彩而燦爛，人類學家理解別人，終變不成別人，混著二、三十歲生命的燦爛激情與六、七十歲的沉澱漂泊，從生活的平淡理解寂寥的永恆。

　　田野，是人類學的成年禮。離開自己熟悉的世界，我們希望學生發現自己生命中最大的熱情和天賦，尋找激發想像，牽動神經，和煽動情感的東西，然後用學科的精神打磨它們。現代大學體系的創始人紅衣主教紐曼曾說，為什麼你可以自己讀書，還要來大學學習？因為學科精神綻放在老師身上。你看到活著的學科，於是，你去發現有東西也可以在你生命中流淌。今天是一個不相信童話和寓言的時代，我們因此被現實綁架，按社會規定的路線過完一生。在此，請允許我講一個寓言。它說老師是礦工，從地表層層挖下去，找到炫目奇珍。新學生站在地表，老師在地底大呼：「大家都下來吧，這裡的寶貝實在太迷人了！」看著幽深的隧道，學生沉吟不語。未知充滿太多陷阱，過程太長。於是，老師走出地表，與學生一起重新發現當初讓老師著迷的地表，以及激發他一直往下挖掘的想像。學生跟了進去，直到看見珍寶。

　　我常問自己，什麼是人類學的精神，體現出活潑人性、跳蕩經驗與社會結構、歷史進程之間的混融感？讀自己的

文章，能覺出作者是個可愛的靈魂嗎？在田野中，每一個真誠的人類學家都實踐著對世界的癡迷，展現可愛的靈魂。這種癡迷契合他們的天性，讓他們如魚得水，也讓長久艱苦的努力成為快樂。在艱苦中發現樂趣，在樂趣中培養想像，做自己心中最美的人類學。

哲學家說，一個無法持續激發年輕人想像的學科是沒有生命力的。我們不需要把所有人培養成人類學家，那會成為社會的災難，但讓盡可能多的人有點人類學的感覺和想像，社會將更有生氣。

前言：風從西南來

　　一葉扁舟輕帆卷。英國人類學家馬林諾夫斯基對特羅布裡恩島民的描寫，不僅塑造了人類學民族誌的典型，也塑造了印地安納·瓊斯般孤身英雄的人類學家形象。百餘年前，朝氣勃勃的黎光明先生騎一匹白馬行走在羌區彝地，記錄下猓猓夷的文化面貌。年輕的費孝通先生在阡陌縱橫的江南水鄉探究機杼雲錦的脈絡。時隔百年，我們帶著學生走在西南的山間小路上，某些傳承，某些創新。

一、何處是田野

　　20 世紀 70 年代初，美國天文學家、康奈爾大學行星研究中心主任、NASA 顧問卡爾·薩根教授在《The Tonight Show》節目中充滿激情地面向公眾宣傳探索宇宙的好處，將生命起源的奧秘介紹給公眾。人類對宇宙的探索，源於對知識的追求，源於對他者的好奇，源於無法克服的自身孤獨感。漫漫宇宙，人類若是唯一的智識生物，將會何其孤獨寂寞。人類學亦始於對他者的好奇，彌補自身的孤獨。在《人類學：人及其文化研究》這本奠定人類學學科基石的經典著作中，愛德華·泰勒（Edward Tylor）指出，欲瞭解人類的歷史，需對人類不同種族的現狀有一番大略的認

識，才能有助於對「人及其生活方式進行全面分析」（Tylor 2004[1881]）。這是人類學的研究旨趣所在，亦是為了解答「我們從哪裡來？我們是誰？我們到哪裡去？」這類更高式的提問。

人類學的田野範式始於一次探險。1898 年開始，英國劍橋大學的哈登（A. C. Haddon）率領福斯（W. H. R. Rivers）、賽裡格曼（C. G. Seligman）等人在托雷斯海峽周圍對土著的體質、語言、藝術與工藝、宗教信仰等方面進行考察，探險隊成員包括醫生、地理學家、民族學家、心理學家，試圖結合各個學科的力量整體，全面地瞭解「野蠻人」的世界，開創了研究者親自實地調查的先例，並在 1901 年至 1935 年間出版了哈登主編、多人撰寫的 6 卷本《劍橋托雷斯海峽人類學探險報告》。通過這次田野調查，哈登把獲得的田野資料作為研究對象，把陶器、織物、建築等藝術作品的元素進行拆分，研究藝術式樣的分布和流傳，以及裝飾物品所傳遞的文化經濟、宗教、文化資訊（Haddon 2010[1985]）。在這之前，扶手椅上的人類學家們收集來自世界各地的傳教士報告、書信、箚記，隻言片語中拼湊出人類文化的地圖和心智結構的歷史。英國古典人類學家、文化人類學奠基人愛德華·泰勒通過傳教士們的材料，在 1871 年出版的《原始文化》中將世界各地的文化分門別類地排列，通過遺留、迷信、禮儀、神話等等討論文化的發展程度與文明的進程，認為「文明中有廣泛的共同性」，探究人類歷史的支配規律（Tylor 2005[1871]）。受到泰勒的影響，弗雷澤（James George Frazer）的《金枝》，洋洋灑

灑數百萬字的背後，是關聯了若干時空、地域和文化的嘗試。從古羅馬史詩《埃涅阿斯記》所講述的「金枝」故事到狄安娜女神崇拜，弗雷澤援引大量文獻資料，比較世界各地有類似結構的民族習俗後，提出了交感巫術的兩個重要原則：接觸律和相似律，以及這些巫術信仰背後的萬物有靈和靈魂重生的觀念（Frazer 1998[1890]）。縱然第一代民族誌顯得隨意而業餘，畢竟密涅瓦的貓頭鷹要到黃昏才起飛。

2004 年的印尼爆發海嘯後，布朗（Radcliffe-Brown）對安達曼島人的調查成為了永恆。這間接地提示了我們，人類學的田野調查，不僅源於人類學家自身的好奇心和職業規範，更重要的是良善的召喚。這份職業規範來自馬林諾夫斯基，來自英國皇家學會的《人類學的詢問與記錄》手冊，來自第二代人類學家親自進入他者的文化，感知貝殼臂鐲（mwali）的神奇力量，觸摸東非大裂谷的文明曙光。《人類學的詢問與記錄》手冊系統指導了人類學者們在漫無邊際的田野中有的放矢，成為人類學從業餘走向專業化的標誌之一。該手冊將調查內容分為四大塊：體質人類學、社會人類學、物質文化和野外古遺存（British Association for the Advancement of Science 2009[1874]）。其分類標準囊括了古往今來文化的歷史、物質存在和上層建築，也難怪會成為人手一份的田野指南，而田野調查則成為人類學研究的基本要求。英國人類學家塞利格曼（Charles Gabriel Seligman）在 1930 年出版的《非洲的種族》一書開篇直言其遺憾在於沒有足夠的田野調查：「在非洲任何地

方，都沒有進行過任何以研究這種特徵（指體質特徵）為基礎的人類學調查⋯⋯在文化方面，我們雖然還不至於全然無知，但即使在這個領域內仍有大片地區沒有進行過調查⋯⋯」（Seligman 1982[1930]）。馬林諾夫斯基（Bronislaw Malinowski）帶著《人類學的詢問與記錄》手冊在滯留特羅布裡恩島時直接用當地語言與研究對象交流，理解、記錄、分析島民的故事和生活。他在開創性的著作《西太平洋的航海者》的開篇對自己的科學方法進行了總結。馬林諾夫斯基的實地調查經驗確立了人類學田野作業的新標杆，他的這部代表作以及其中對於方法論的陳述確定了民族誌的新規範。馬氏認為，民族誌的首要條件就是「把該社區中社會的、文化的和心理的所有方面作為一個整體來處理」，民族誌材料中「可以分辨出那些是直接觀察與土著人的陳述和解說得來的」，作者「既是史料家，又是史學家」（Malinowski 2002[1922]）。田野工作的三大基石是「科學的目標，明瞭現代民族誌的價值與準則；良好的工作條件；特殊的方法搜集、處理和核實其證據」。人類學民族誌發展有一個演進的主線，這就是對這一規範的遵守、拓展、反思。田野調查也因此成為人類學的傳統，人類學的奠基石，亦是人類學者的成人禮。

　　完整地在田野地點待上一個生產年，參與到村落的生產生活之中，這是馬林諾夫斯基認為的田野作業基本標準。但是，為何要做田野調查？田野調查的意義在哪裡？無論對於研究者還是研究對象而言，付出的遠不止一年的時間和精力，所積累的是什麼？收集的方志、檔案、碑刻、口述、

史詩、個人故事、身體展演、彩繪等等到底又有什麼用？鄉土的意義是什麼？要回答這些問題之前，有一個最基本的問題是：歷史的意義是什麼？英國人類學家伊文斯普理查認為，一切人類學都是歷史學。正如魯迅所言，曾經的正史是為「帝王將相作家譜」，而維蘇威火山灰所掩埋的那些普通人並沒有留下任何痕跡。走在羅馬鬥獸場的臺階上，想像兩千年前的武士們是懷著怎樣的心情加入格鬥之中。物轉星移，普通人的日常生活逐漸進入史學家的視野，亦成為人類文化頻譜的一部分。我們精心保存下來的文化，是想讓後代瞭解更多，是想讓人類在這漫漫宇宙中不要迷失方向。

　　由於田野調查將調查者的心血和精力傾注於某一個田野點，顯得過於零碎，曾有人類學家戲稱這種方法是收集蝴蝶的收藏家愛好。耶魯大學默多克人類學區位文化檔案更是將這種「收集蝴蝶」推向了極致。可是，人類學的民族誌不僅是人類知識和智慧的累積，更重要的是對於後代而言，可以跨越時空觸摸到祖先的片言隻語。臺灣原住民族委員會主任委員孫大川先生坦言看到鳥居龍藏所拍攝的、百年前的卑南族照片時，百感交集的複雜心情。若沒有當時殖民者的紀錄，對於祖先的記憶或許又將缺失不少。安達曼島已成絕唱。跨越時空的凝視，追尋的不僅僅是故土家園的思念，還有對死亡的超越。

　　二戰後的東西歐，在十字路口上各奔前程。二戰後的人類學，亦在田野調查與理論建構的鋼絲繩上爭吵不休。無論是指責人類學是殖民者的幫兇，還是思考人類學

對土著、原住民的傷害,都促使了民族誌書寫和田野作業的範式轉變。民族誌研究被置於反思性的審視維度之中,在 1977 年產生了影響深遠的《摩洛哥田野作業的反思》。民族誌此前一直是通過田野作業單方面地記敘研究群體的故事,而拉比諾（Paul Rabinow）的《摩洛哥田野作業的反思》把田野作業過程本身作為記敘的對象（Rabinow 2008[1977]）。越來越多的田野作業以合作民族誌的成果出現,民間藝人成為書寫者,《格薩爾王》、《江格爾》史詩的整理都是集體智慧的結晶。二十世紀末,自我民族誌（self-enthnography）出現,也拓寬了民族誌寫作的邊界。作為質性研究的一種研究方法,田野調查已為諸多學科所接受,越來越多的政治學家、社會學家、心理學家採用田野調查方法收集資料,夯實研究基礎。

中國人類學田野調查模式經歷了從一人到團隊的發展過程。美國人類學家顧定國（Guldin）引用薩爾茨曼（Philip Salzman）的評論,評價中國的人類學是「團體作戰」模式（顧定國 2011）,原因一是中國地域廣大,二是當下多點民族志（multi-field ethnography）的需求,第三還在於人類學的科學性檢驗。田野調查固然可以使用「三角檢驗法」進行事後檢驗,但團隊式的田野優勢在於可以在田野作業過程中即時檢驗。早在二三十年代,《江村經濟》、《一個中國村莊:山東台頭》等一批田野志將中國廣袤的農村土地上人們的經濟生產、社會生活得描寫得生動形象。當代人類學家們對這一批世紀初的田野調查進行了重訪,也就有了《鳳凰村的變遷》、《地域的等級:一個大理村鎮

的儀式與文化》等「重訪」系列的鄉土志。這一批田野志在對比的基礎上，描述了變遷視角下的中國鄉村社會。中山大學、雲南大學、廈門大學等高校人類學系所做的田野調查也都反映出中國農村社會在現代化轉型時期所受到的外界影響。廣西凌雲縣的瑤寨一直在深山之中，封閉且與世隔絕，現在不僅通車通電，外出務工的村民越來越多，村寨的居住條件、經濟生活、資源配置等等都發生巨大變化，從草屋到木架瓦房，蓄水櫃滿足生活和農業用水，鄉村公路聯結大部分村寨。與 20 世紀 20～30 年代的調查報告對比，令人難以相信它們是同一個地方。

當今中國的人類學家們越來越多的以一個團隊的形式下田野，這樣不僅可以使所獲資料客觀充分，而且隊員之間的相互鼓勵促進作用可以使田野開展得更加順利。當然一個團隊下田野對帶頭人的要求非常高，這對我們來說更是一種難得的鍛煉。中山大學人類學系、雲南大學民族研究院、廈門大學人類學系等高校帶領學生深入鄉村進行田野調查，陸續出版了《龍脊雙寨：廣西龍勝各族自治縣大寨和古壯寨調查與研究》、《雲海梯田裡的寨子：雲南省元陽縣箐口村調查》、《閩西庵壩人的社會與文化》等調查報告。社會科學文獻出版社、民族出版社、雲南人民出版社等陸續推出了田野人文叢書、人文田野叢書、西南邊疆民族研究書系少數民族變遷叢書、田野報告叢書、當代中國人類學民族學文庫等書系和叢書，全面系統地展現了當代中國人類學田野調查和理論構建的成果。

人類學研究，旨在為人類提供往後看、往前看、左右

互看的視角，人類從何而來，去往何處，今時今日之作為於他時他日有何影響。每個人都不是一座孤島，每個文化亦不是煢煢孑立，是人類拼圖的一部分。2016 年是英國文學家莫爾發表《烏托邦》500 周年，人類學這門學科亦如建構烏托邦一樣，嘗試將人類文明的火炬傳遞下去。我們繼承了人類學的田野傳統，也接過了人類學的強烈使命感。

二、作為方法的西南

　　人類學傳入中國的時代背景，註定了這門學科在中國將背負更多沉重的代價和責任。炮火紛飛、硝煙彌漫之中，一代知識分子乘坐跨越太平洋的郵輪，求知若渴，期望改變中國積貧積弱的面貌。從東方走向西方，再走回東方，這一條曲折的求經路，與千年前的西遊相反，志在強國，志在富民。西南邊疆不僅成為抗戰的大後方，也成為中國人類學田野調查的濫觴之地。祿村、玉村與易村，白家、擺夷和俅俅，跨境、跨界與跨國，西南地區所提供的不僅僅是田野調查的地點，更是人類學理論本土化實踐的努力。

　　1928 年，楊成志先生受中山大學和中央研究院指派，赴雲南調查少數民族情況。楊成志先生深入四川大涼山彞族地區，調查研究奴隸社會結構及彞族生活情況、風俗習慣、語言文字、宗教信仰、文化特徵，寫出《雲南民族調查報告》、《羅羅族巫師及其經典》、《羅羅太上消災經對譯》等專著。這是中國較早的民族學田野考察著作。楊成志先生有言在先：「我們的研究路線，要有『腳』爬山開踏出來，卻不要由『手』抄錄轉販出去。」帶著這樣堅

定的信念，楊成志先生以滿腔的熱情單騎走彝區，幾番生死線上掙扎，險些成了酋長駙馬，歷經艱險終究滿載而歸。通過對西南地區的田野調查，楊成志先生指出，西南民族有各種部族，退可供「各種科學做研究的對象」，進可實現「中國境內各民族平等」，所以要「振刷精神，到民間去」（楊成志 2003）！1956 年，受周總理的委託，社會學家、民族學家潘光旦先生不顧旅途勞頓，親自進入武陵山區，瞭解五溪蠻中的「板楯蠻」與土家人的親緣關係。西南地區的民族識別工作更是在解放後就啟動了，雲南的少數民族同胞紛紛填報自己認同的民族身分。西南地區所提供的是民主、自由與平等的追求與努力。

　　無論現代性是否讓「一切堅固的東西都煙消雲散」，現代性滲透下的日常生活已然包裹著不同層次的工業化、都市化、城市化、公民社會、官僚體制等等充滿了矛盾與衝突的存在。改革開放以後，西南地區的勞動適齡人口向東南沿海地區流動，帶動了社會學、人類學對流動人口、勞工關係的研究，西南地區所提供的是展望和想像。在新媒體嵌入人們日常生活的當下，西南地區更是為藝術地生活和自由的存在提供了一種可能性。我們所提倡的流域人類學，從人類學的整體觀出發，強調區域文化的共用性，亦強調時間的流動性和社會變遷的特性，將時間與空間結合，不僅關注某一類人群，更關注人群之間的互動和交往。

　　在今天，學科之間相互的借鑒和影響日趨增強，甚至學科之間的邊界也開始模糊。人類學在中國就發生著這樣的變化：過去通常認為人類學只招收本專業的研究生，但在招生

的過程中，有越來越多跨學科的學生參加到人類學田野調查中來，為人類學學科注入新的血脈。而我們如何指導跨專業而來的學生？以什麼樣的方法經驗指導他們開展田野調查？如何使他們發揮出不同學科的優勢從而使人類學本身得到飛躍式發展？這些都成為我們需要考慮並實踐的新問題。

　　人類學從西方走進東方，又從東方走近西方。作為方法的中國，又為世界人類學貢獻了什麼？作了怎樣的努力？在這個本土實踐的努力過程中，作為地域的西南和作為方法的西南又貢獻了什麼？這要回到作為方法的中國和作為方法的華南上。與本土人類學家所不同的是，西方人類學家長期將中國作為概念和理論的試驗田，將非洲的宗族（Lineage）概念套用在華南漢人社會，將西伯利亞的薩滿（Shamanism）概念討論在西南少數民族頭上，並引發學者進一步討論「華北有無宗族」、「畢摩是薩滿嗎？」等偽問題。日本歷史學家溝口雄三在〈考察「中國近代」的視角〉一文中認為，以民權思想在中國的傳播為例，可以發現中國的近代從一開始走的就是一條和歐洲、日本不同的、獨自的歷史道路，一直到今天。外來思想終究不過是來自外部的刺激，是加速中國社會變革的契機。之所以出現把歐洲與非歐洲並列比較的情況，源自於將歐洲作為一個判斷標準。但是，是否存在一個亞洲與非亞洲的比較呢？溝口雄三的答案是不存在，因為近代以降的一元化視角都是「以歐洲為中心來把握世界史」（溝口雄三 2011[1989]）。而且，這樣的視角已然被亞洲學者所內化，也採用了歐洲中心主義的視角來審視亞洲內部的文化習俗。作為方法的華南，

並不僅僅是試驗田,而是「中心與周邊的時空轉換」,提供互動、遷徙、離散的研究,並將中國與東南亞勾連起來(麻國慶 2006)。

認識中國,從認識中國的鄉村開始。誠然,微觀的村落形態是基本功,但是只有放在更大的視野下才能看出時間的痕跡、歷史的存在、空間的意義。這也是跨村落研究方法的緣起。無論是「作為方法的亞洲」,還是「作為方法的世界」,立場不同,觀察的角度亦發生變化。英國人類學家利奇批評費孝通對江村經濟的研究無法擴展到更廣闊的中國農村範圍。但實際上利奇誤讀了「江村」,《江村經濟》並不只停留在一個村落地理界限內部,而是網路狀,這本是江南村落的特點,水域四通八達,絲綢銷售靠的就是水道運輸。從村到網路,已然存在於江村經濟之中。費老晚年判斷的藏彝走廊,亦是空間與時間的交錯點。

作為地域的西南,所提供的是歷史、記憶、傳承的田野,作為方法的西南所提供的是時間和空間的流域,所提供的是情感、美學的價值所在。流動,意味著跨界和超越,每一分鐘都是全新的,過去即未來。界限即突破。作為方法的西南,西南地區的地理特徵,從平原到丘陵到高原,將人群流動納入到更大的視野和範圍中審視,這也是流域人類學所強調的重點所在。作為世界的西南,可以為多層民族志提供更多可能性。

三、集體田野的邏輯與西南實踐

人類學學科是用兩條腿走出來的。誠如周大鳴(2011)

所言,「作為以異文化研究起家的文化人類學來說,不深入實地進行調查無異於紙上談兵。」對於田野工作,北京大學高丙中(2006)教授也談到,「學術並非都是繃著臉講大道理,研究也不限於泡圖書館。有這樣一種學術研究,研究者對一個地方、一群人感興趣,懷著浪漫的想像跑到那裡生活,在與人親密接觸的過程中獲得他們生活的故事,最後又回到自己原先的日常生活,開始有條有理地敘述那裡的所見所聞。」在田野工作中,研究者與被研究者生活在一起,學習講當地語言,研究當地文化,通過這種介入式的經歷以及與不同社會人們的深入交往直觀地觀察人類行為,獲取詳實的民族志資料。

早期人類學家往往單槍匹馬地進行田野工作,1898年英國人類學家哈登(A. C. Haddon)率領考察隊到托雷斯海峽一帶進行調查研究,其團隊田野考察的形式實踐了「集體田野」的一種方式與協作。在中國,自中山大學1981年人類學復辦,成為第一個具有本科、碩士、博士的教學科研單位之後,高等院校歷經三十年的學科發展,目前全國高校科研機構和教學單位逐漸增多,人類學民族學的學生招生規模逐漸擴大,田野調查的訓練是必修課程,在這個背景下使「集體田野」的訓練方式成為一種學術訓練與推廣的新方式。美國人類學家顧定國(Gregory E. Guldin)講到,「在中國做田野有一個好處就是集體性的共用」(顧定國 2000)。集體田野不是「一加一」的簡單化集合,而是團隊成員之間的優勢互補。正如周大鳴教授(2008),「調查的整體設計正是基於這種團隊合作的互補性優勢」。

為適應專業人才培養的需求，集體田野已經成為人類學學術訓練和實踐育人不可或缺的方式方法。在集體田野中，團隊學員和學習小組既有自己的研究問題方向，在獨立開展以問題為導向的田野調查時，既有生活與安全的關照，又有田野點的基於充分有效的溝通，得以更好地以整體觀視野對村落問題乃至社會問題進行深入的思考。在具體教學層面，學生在集體田野中與指導老師一同入戶訪談，在這個過程中得以學習鍛煉，回到集中駐地或者在不間斷的小組見面時充分討論交流田野現場的發現，學員們有明確分工又有協作，在既定的田野調查的時段中文化自覺度、學術能力與實踐能力都能得到極大提升。集體田野更是一種寶貴的集體記憶，青年學子從中能夠更好理解學術情懷，培養對多樣性世界的情感。於此看來集體田野的模式更是對早期孤身一人開展田野作業訓練方式的一種深化與發展，在高等院校培養人類學新生力量和更好地踐行「實踐育人」的教育理念作用顯著。

　　作為人類學的專任老師，需要在集體田野方式的田野調查中不斷探索、思考、改進與提升訓練方法，總結訓練與培養田野調查的能力和經驗。特別是對於人類學本科學生的田野調查必修實訓來說，一個月的田野調查訓練週期按四周具體分配進展——第一周的前半段時間主要是讓學員們熟悉田野環境，能夠試探的融入場鎮，進入家庭，建立一種熟悉的感覺和狀態；後半段的時間主要是讓學員開始針對學習訪談和專題訪談。第二周安排入戶的深度訪談，每天安排好入戶和訪談人數量，逐步找到自己所要開展研

究的問題的田野材料，每天通過整理筆記，集體指導的方式來清晰參與觀察的經驗與深度訪談中的問題。第三周開展根據自己思考和老師導引形成的專項、針對性的研究，既有人類學傳統意義上關注的婚姻、家庭、宗教信仰、生計方式等問題，也有非物質文化遺產，人口流動，精准扶貧等相關問題。伴隨著這種深度專項的田野調查的開展，會通過集體指導和個體輔導的方式讓學員逐步清晰和隨時調整自己的入戶深度訪談的提綱，同時強調學員們在基本的資訊上分享，這也是基於田野點的行政區劃和地理位置決定的，在集體分組和專題設置上要考慮田野點的總體人數和分步，避免出現研究的人口和戶數不夠或者出現學員們集體紮堆的訪談幾戶的情況，達不到田野訓練和調查的目的。第四周則要開始列出大致的專題調查提綱，通過以集體會議的方式與大家分享問題和材料，來明確和聚焦自己的研究問題與田野材料，也更能精准的對前三周收集的所有資料進行整理、歸納，並及時進行針對性回訪調查，更好的理解深度訪談的田野調查方式，資料上得以查漏補缺，便於後期返回校園後撰寫調查報告。

　　集體田野的方式對指導教師是有著精力和學術上的雙重挑戰性的。面對大多數從沒有到過一個異文化的鄉村、島嶼，只是對田野調查憧憬著的學員們，田野調查工作的實施或者說集體田野的開展首要的是實現安全的導引和行動框架。一方面作為指導教師每天都要帶一個小組（兩三個組員）不同的家庭入戶做訪談，既有與老鄉們聯絡感情的主觀意願，更要通過自己的參與觀察和深度訪談形塑我

對社區的整體性的調查與思考；既有入戶訪談時的現場示範引領和教育，更要集體指導時針對性的輔導和整體觀的認識。田野調查的時間框架下，每天一組學員，連帶著村落不同家庭和不同專題，集體田野對指導教師的精力持續是一個很大的挑戰。

　　學術指導的挑戰在於除了田野統籌之外，核心自然還在於是田野調查的學術本身，倫理，經驗，資料整理等等。第一，如何分配好小組和時間？如何開展入戶調查？如何開展整體觀的認識田野？如何發現田野中的問題？如何進行意志力品格的鍛煉？如何幫助學生解決各種各樣的問題？。第二，在田野中，如何與老百姓打成一片，尺度的話題？如何提問題？如何追述問題？如何反問問題？；第三，如何把調查到的資料整合成為一個有價值的研究？如何把田野中具體的對社區最基層、農民生活的變遷更好地加以呈現？

　　「人類學絕非簡單的個案研究，人類學從不缺乏宏大視野」（周大鳴 2008）。撰寫《武陵縱歌》這本書時，我的團隊整體性研究已經沿著武陵山區的龍河流域年復一年的進行著。這類小流域研究最基礎的工作還是從具象的村落開始的，但「就學術訓練來講，比較好的途徑是走從個別的民族、單一的村落研究到區域的整合研究再到泛文化比較研究的路子」（周大鳴 2008）。而「流域」研究的開展，面對跨區域的時空，適度集體田野的推進，從客觀上對實現由點到面的研究，將分散的村落點綴成線，構建屬於整個流域的村落歷史文化長河的發掘整理是有所裨益的。

面對傳統文化村落、文化遺產地的保護，集體田野的全面時效性，亦能推動以流域帶動文化研究來發現文化的適應性和聯繫性，在整體性研究中抽象出文化與社會觀點。集體田野給了我的團隊一種整體性的關照與收穫；具體到通過集體田野儀式性的青年學子們更是讓他們有幸在科學研究與社會服務中全面成長。

學術紮根鄉土，最終會生根發芽。在這個資訊化的時代，民族有現代化的訴求、文化有整體性的表達，學術亦有全球化的關照。以學術團隊為核心的集體田野正積極的發揮著學術共同體的張力，以人才培養為核心的集體田野正全面的形塑著問題意識域的傳播，基於西南文化多樣性實踐的「流域人類學」的提出為我們研究超越行政邊界和村落提供了廣闊的可能性。個體與集體田野的工作實踐相映襯，讓我們能夠更好的以文化整體觀的視野研究單一民族、文化遺產、傳統村落，以及族群間的整體互動，通過記錄、傳播讓文化的一葉扁舟流向更廣闊的世界。對集體田野調查這種方式的呈現與記錄以及教學方法上的簡單梳理，也成為西南田野實踐與研究的一種邏輯表達。

個體的深度田野，長期的社區追蹤研究；集體田野的團隊方式與教學導引方式，都在武陵山區多流域的地理時空中交錯進行著。個性化的，集中度的，追蹤性的綜合田野材料的創新性書寫與傳播方面也在這片學術沃土上做出了一些有益的嘗試，以研究性專著、田野調查報告以及基礎田野調查方法等多元形式展現，出版了與流域有關的系列化成果。

《武陵縱歌》、《龍河橋頭》、《「邊緣」的「中心」》雖然田野點相同，在歷時五年的追蹤研究中，最後形成的三本書架構各有側重。[1]《武陵縱歌》是一本關於田野調查方法的書，想教給學員如何在一個異文化的環境中盡快適應，找到進入社區、家庭、文化的方法，開展全面細緻的調查；《龍河橋頭》是在田野工作在集體田野與個體深度田野的基礎上完成的一本詳實的田野調查報告，這本調查報告能夠較為完整地呈現石柱土家族自治縣橋頭鎮的村落文化及社區發展，也希望為村落與社區研究的田野調查報告或民族志的書寫提供一個較好的範本；《邊緣的中心》則是在龍河流域，依託橋頭的田野調查而形成的一本研究性專著，這本專著是田野報告的昇華，其中的理論方法成為流域人類學研究的新嘗試。在文本書寫的過程中，我通過親歷田野的實踐詳細描繪出百科全書式的村落全景，並通過問題的討論試圖尋找中國民族地區農村社會文化生成機制與變遷的問題，形式上展現通過田野調查的實踐，完成田野調查報告到最終形成學術專著的路徑。整個呈現的文本體系深刻的體現了田野的價值，但更重要的價值還在於這塊學術沃土通過集體田野對於人才的培養以及團隊的建設。雖然一個月的田野時間和田野訓練不能形成嚴格意義上的學術成果，但是對社區的影響是深遠的，在更為熟悉與理解的層面上極大的推動後續個體的追蹤性的田野調

---

[1] 《龍河橋頭》與《「邊緣」的「中心」》的出版資訊：田阡（2015），《龍河橋頭》，北京：智慧財產權出版社；田阡（2015），《「邊緣」的「中心」》，北京：智慧財產權出版社。

查工作，形成對整個研究工作的全面推動。在這種以培養人才為基本目的開展的研究與田野工作中，集體田野與個體田野的工作結合越來越成為眾多教學單位的科研工作的方式之一，在處理好倫理與智慧財產權的背景下已經成為一種教學與科研的互動的良好模式。

改革開放近 40 年以來，中國社會發生了翻天覆地的巨大變化。在全球化、市場化、資訊網絡化三大趨勢下，中國社會呈現出豐富的文化多樣性，人口的流動性不斷加劇，人們的社會生活方式也更加多樣化。在這樣的背景下，人類學民族志田野調查方法這樣類型的實證研究在中國研究中的重要性和必要性越來越顯而易見。

參與式，集體田野的團隊工作方式在人類學社會服務中發揮著越發重要的力量。中國人類學先驅們大多以「志在富民」為目標，力求改變中國落後的面貌。改革開放以來，中山大學人類學系長期與世界銀行、綠色和平組織等各家 NGO 進行一系列的合作，參與諸多發展計畫和應用項目；中國人民大學開展的「千人百村」社會調研是人才培養、科學研究與社會服務有機融合的創新工程。在《人文社會科學應用研究書系》的總序中，中央民族大學的張海洋（2009）激情洋溢地提出，「向社會表明一種心志：我們認為人文社會科學必須學以致用並力求在實踐中創新。其次，向學界彙報本團隊前期應用研究的一些成果，旨在以文會友交流經驗。凝聚中國少數民族研究參與中國和諧社會的構建，把研究範式從社會發展史轉向文化生態學的社會共識。」

費孝通先生在晚年說，「文化來自生活，來自社會實踐，通過田野考察來反映新時代的文化變遷和文化發展的軌跡。以發展的觀點結合過去同現在的條件和要求，向未來的文化展開一個新的起點，這是很有必要的。」（麻國慶 2015）作為一門以世界為田野的學科，我們帶著人類學的期許走到基層，深入田間地頭，記錄下的並不僅僅是鄉俗野趣，而是可能在將來萌發新的生長點的文化種子。

　　集體田野的方式在今天的教育背景下是人類學學子的「成年禮」，它將一群懵懂的孩子帶進「異文化」的殿堂，教會他們在實踐中積累調查技巧，感悟田野中的人文關懷。集體田野是青年學生日後獨立進行田野調查的開始。在集體的耕耘中，學生將田野的精神與情懷播種下來，日後定會枝繁葉茂、開花結果。

第1天・7月31日
出發前的憧憬

　　明天就要出發去田野了。田野調查，是人類學、民族學專業的「成人禮」，到底學到了多少書本知識，對這個世界的形形色色、林林種種文化現象有多少好奇心，都要通過田野調查來檢驗，也要在田野中真正學習鮮活的文化。

　　作為田野新手的學生們在辦公室裡忙進忙出，清點明天要帶到田野裡的物品。這些學生念了兩年的民族學，但是從未做過田野調查。不知道他們想像中的田野調查應該是怎樣的？我們隨機問了旁邊坐著的三個學生。

　　第一個學生是內蒙古來的學生，他說他覺得田野調查就是要瞭解民情，和農民嘮嗑，知道農民的情況是咋樣的，就類似走基層那樣。對於田野調查要達到什麼預期目標時，他說，因為之前沒有任何經驗，也不知道要怎麼進行，也就沒有任何期望值。

　　第二個學生是即將進入研究生一年級，她說，因為之前有跟師兄們去做過短暫的田野調查，對於田野調查所可能遭遇的情景已經有所瞭解。在談及田野的預期值時，她說期望能在一個月以後收集到足夠豐富的田野調查資料，回到學校後能寫出民族誌報告來。

第三個學生是本科二年級學生,她說,之前有看過師兄們的田野志報告,覺得田野要把所有的調查方法都用到,田野就是和農民談話。期待值是能夠完成田野的訓練,知道田調是怎麼做的。

　　學生們對田野調查各有期待,也希望接下來的一個月時間裡,能讓學生們都各有收穫吧!數千年前,人類就開始探索這個世界,提出了一些很基本的問題,我們是誰?我們從哪裡來?我們要到哪裡去?正是對這些問題的思考,鑄就了人類學理論的根基。換句話說,人類學理論有助於我們理解這些長久以來困擾人們的各種疑問。人類學理論是自奠基人泰勒、摩根、博厄斯等等開始的各種學說,無論是結構功能學派,還是文化傳播學派,都是促進了對這個世界,對我們自己和他人的理解。這些理論猶如黑夜中的火炬,雖然換了一輪又一輪,但那跳躍的火光,從未隨風而逝,在有限的範圍內照亮人類精神文明的道路。人類學不僅僅是紙上談兵,亦為真實世界所用,大到跨文化交流,小到人民調解,上至天文下至地理,大到自然進化,小到DNA複製,都有人類學的身影。或者更功利一些來說,這些理論可以幫助分析在田野調查中所收集整理的資料。人類學大師馬林諾夫斯基說過,沒有經過人類學理論分析和思考過的田野材料,只不過是一堆志怪傳說而已。另一個問題出現了,怎樣學習人類學理論呢?通過讀書,做筆記,思考,與別人交流,到田野中驗證這些理論等等。這也是為什麼田野調查被視為人類學專業的學生的「成人禮」,只有經過田野調查的洗禮,無論是智識還是個人能力上,都有一些突破。

人類學的田野調查屬於質性研究的範疇，質性研究又被稱為定性研究，旨在通過還原人們的行為所發生的社會情境中，從受訪者的角度去回答一系列為什麼以及怎麼樣的問題。與質性研究相對的是量化研究，也即是通過調查問卷[1]收集資料後進行回歸等各種處理，將統計資料用於比較大範圍的社會現象和社會問題上。傳統而言，社會學運用量化研究比較普遍一些；人類學偏重於質性研究，但在學科發展到現在的程度，基本上沒有哪個學科是固守某一類研究方法，而是從問題意識出來來選擇測量工具和調查方法（附錄一）。

在進行田野調查之前，人類學有一些基本的理論，例如整體觀與相對觀。文化整體觀指的是在同一個社區和村落裡，文化的不同方面是有機結合的，例如勞作、經濟、親屬關係、飲食、節慶、信仰等內容通常是互相關聯的，而且是與當地的自然環境和社會環境有關，也受到歷史重大事件的影響，所以我們在進行田野調查時需要從更全面、更整體的角度去審視我們所看到的文化現象。文化相對觀指的是各個文化都有自己獨特的一面，文化不同的方面又各有不同，而不同文化在價值判斷上是平等的，即不存在文化的高低之分，只有差異的區別。在歷史的各個階段，即過去、現在和將來，文化的價值比較是相對的。我們在考察社區文化時，需要把我們所看到的現象還原到它所處的社會環境中考量。這也是地方性知識的魅力所在，地方

---

[1] 調查問卷樣本參見附錄三。

性知識指的是在某種地理環境和生物環境中，不同時期的居民通過生產生活所產生的一整套與之相關的知識體系。

除此之外，進行田野調查還需要用文化比較觀的角度來觀察，即對同一文化的不同歷史時期進行比較。與之相對的是共時性比較，即對不同區域的同一時代的文化進行比較。雖然有些時候在田野調查中未必能完全考慮到比較不同的文化等等，但是考慮到田野者自己生活和成長的背景，田野者往往會把田野中見到的現象和自己所熟悉的文化進行對比。所以在田野調查中，需要盡可能全面、真實、詳盡、完整地對田野地點進行觀察，包括個體的世界觀、人生史、價值觀以及作為群體的社區的各方面特徵，同時還要考察社區的自然環境以及與人們生活的關聯。

第 2 天・8 月 1 日
漫步橋頭國

一、出發

　　清晨中的西南大學校園，還在薄霧中若隱若現。6 點 40 分，學生們在教學樓前集合了，大家一起拍了一張集體照。我們戲言說，做完田野調查回來之後再拍一張對比照，看看這幾十天裡，我們改變了多少？

　　雖然不算長途，但從市區到石柱縣，畢竟還有數個小時的路程。大家都昏昏沉沉地打瞌睡。後來，田老師鼓勵大家唱歌，振奮士氣。學生們來自全國各地，有河北、安徽、內蒙古、四川、山東等地，於是也來到了各自地域特色的歌曲，沂蒙老歌的低婉，蒙古歌的惆悵等等，也讓我們在這小小的空間裡虛擬地漫步在中華大地上。有意思的是，學生們說不記得歌詞了，紛紛拿出手機上網搜索歌詞，唱歌的時候一邊唱一邊拿著手機看歌詞。

　　終於，在轉過一個彎道，又翻過一座橋之後，我們到達了石柱土家族自治縣橋頭鎮。到橋頭鎮的時候，遇到路邊有一家接兒媳婦正在擺席，年長的老婦頭上都用白布包了頭。學生們好奇地朝車窗外張看，帶著些許期待。

司機開到鹿山賓館門口，這將是未來一個月裡我們投宿的地方。橋頭鎮人大的黃主席在門口等著我們，我們下車與黃主席握手之後，上樓去看了一下房間。我們讓學生把行李都搬到房間，女生住三樓，男生住二樓。安排好房間，大家下樓去匯合，黃主席帶著我們走到梧桐路的盡頭，眺望了一下水庫，田老師聊了一下原本的計畫，下午去幾個村都跑一下，然後再制定計畫說接下來要去哪些村做田野。

　　老闆娘愉快地上菜，為學生接風洗塵。主菜是水煮魚，紅辣辣的顏色讓大家為之一震。吃過飯，我們在給學生們分組，讓他們下午去哪裡進行田野調查。田野調查最早是用來形容地質學、地理學等學科在野外進行科學考察的工作。這個概念進入人類學領域是在20世紀初，當時的人類學家馬林諾夫斯基在特羅布裡恩群島上對當地的土著居民進行長時間地觀察，將土著居民的生活習俗、婚姻家庭、親屬關係、經濟往來、宗教信仰、社會組織、法律制度等社會文化相關的內容記錄下來，將其稱作田野考察。與地質學、地理學相同的是，人類學的田野調查也往往是從空間／方位的描述開始。我們讓學生先去場鎮上轉轉，對社區的空間分布與人群活動有一個直觀的、感性的認識。即使在同一個社區，人群的分布並不是偶然的，而是隨著歷史、政治、經濟、文化的變化而變化。

二、獲得批准與田野漫步

　　在午餐之前，我們與黃主席到鎮政府辦公樓去坐了一

會兒，適當地跟黃主席介紹了我們此次田野調查的目的和初步的計畫，以及需要黃主席提供哪些方面的協助。雖然並不是所有的田野調查都需要獲得官方的批准，但是在中國進行田野調查，尤其是涉及一些敏感主題的研究，有官方的支持和協助，在開展工作以及協調方面都相對適合一些。田野調查中還有一類人被稱為「守門人」（gatekeeper），他們可能是政府工作人員，也可能是村落的寨老，也可能是文藝隊隊長，如果能獲得他們的協助，將會促使田野調查的順利展開。

橋頭鎮雖然僅是一個鄉鎮，可是作為田野調查點而言，也還是太大了。於是我們在黃主席的陪同下，坐長安車出發去了瓦屋村、長沙村和趙山村。這一路上，黃主席詳細介紹了各個村的情況，他說，村和村的界限是以橋／溝為界限，順著山脊往上，「一匹梁往上都是這個村的」，我們走到了趙山村之後到了最邊界的位置再折回來，去了田畈村。

田畈村，這個名字聽上去很是田園風光的感覺。事實證明，感覺還是差不太遠。從雲鶴村與公路交接的分叉路口轉過去，田畈村離場鎮很遠，開車都要幾十分鐘。公路的一側是水庫，另一側是大山，鬱鬱蔥蔥的樹林茂盛地生長著。

我們見到了田畈村的村支書，瞭解了一下田畈村的情況，田畈村的辣椒種植是大戶，整個村有600多畝，占了全鎮的1／4。面積增加多了，關鍵是氣候的問題。曾支書反映說，辣椒專用肥不行，種子的「病毒性太大」，也就

是容易生病；說今年辣椒不好，是因為不下雨的旱情，去年整個村的辣椒是 160 多噸，今年如果不幹的話可以得到 250 多噸，但是今年有問題，藤子口水電站修好以後，這附近就沒有下過透雨。辣椒目前大約 20～30 公分高，而灌溉的話，小水庫放水，是按照小時計算的，5 元／小時[2]。打工的村民主要是在浙江打工比較多，毛織廠，磚廠之類的都有，搞建築的也有，全家都出去了，在溫州，桐鄉等等。

曾支書家有 2 個孩子，一個兒子，一個女兒，兒子三十多歲，已經結婚，有兩個孩子，一兒一女；支書的女兒今年二十六七歲，大學畢業後在成都工作，未婚。他們這個房屋的結構有三層樓，一樓是堂屋和主人的房屋，二樓用來做放置雜物、洋芋和客鋪用，三樓用來放置木材和其他雜物。而且他們的火塘也是在廚房裡面，在灶的旁邊。但是堂屋內的布置不夠明顯，沒有神龕一類的器物。曾支書告訴我們，他家目前有一輛長安麵包車，4，5 年前買的。

當地是逢 2、5、8 日趕場，田畈村的村民趕場或者平時要去集市的話，可以有幾種選擇，輪渡的話是 1 塊錢／人，可以沿著公路開車或者騎摩托車。到田畈村的村級道路是 2007 年才硬化的。曾支書幾次提出過修橋的提議，黃主席說因為這個投入太大，他幾次在縣人大會議上也提出過提案，起碼需要幾百萬來修橋，地方政府拿不出那麼多錢（田野筆記：編號 1）。

我們提及民俗。黃主席說，這個村的村委主任冉主任很會跳舞，舞獅子。後來談到民間信仰，曾支書說，農曆的 6 月 19，當地會放鞭炮拜觀音菩薩。支書提到說不遠處

---

[2] 本書幣值單位為人民幣。

就有一個菩薩廟，於是我們就走過去看了一下，確實不遠，在一棵樹下面。這個菩薩廟是用水泥板圍建而成的，裡面供奉了一尊觀音菩薩像，還有兩個紅綢帶下垂著做幔布，坐西向東的朝向。

從田畈村出來，去了雲鶴村，雲鶴村是橋頭鎮最大的村，有10個村民小組，800多戶，3,000多人，是3個村合併的（圖1）。黃主席介紹說，要說歷史文化，題詞等，馬鹿村；要說信迷信，信佛，裡面的村要多一些；菩薩多一些是趙山村；養長毛兔的村是田畈村，村民也種辣椒；長沙村是哪樣都在整；桑蠶是瓦屋村（歷史上都種）。正在說的時候，旁邊站著聽得2位婦女插話說，「趙山村的菩薩都遭水淹了。」

圖1　喬頭鎮雲鶴村地圖

資料來源：橋頭鎮雲鶴村作者手繪圖（2011年8月）

三、討論

　　從雲鶴村回來，就直接回到賓館了。我們問了旁邊超市家的小孩子，鎮上沒有網吧，他上網都是在家上網。我們在賓館的一樓討論了一下，決定先排除雲鶴村，因為太大了，而且沒有什麼突出的，然後排除橋頭村，然後就是討論田畈村應該要派幾個人去蹲點，明天去長沙村。

　　進入田野現場後，就涉及到一個對資料現場的評估了。雖然做小型社區研究可以運用多種田野調查和研究的方法，但是基於時間、人力、費用等考慮，在具體田野點和具體調查方法上就需要有所取捨，調查的側重點也會有所差異。像橋頭鎮政府所在的集鎮，每天人來人往，如果做商品經濟相關的調查遠比涉及農業生產的方面要更適合一些。即使是與商品交易、物質消費有關，一條街上分布的商家、店鋪那麼多，在田野方法上就應當考慮哪一種更恰當一些，是參與觀察嗎？還是用焦點小組的方式？針對商家的日常活動，用無結構訪談的話，在報導人看來是否低效？諸如此類的問題，都是在進入田野社區後對資料現場的詳細評估。此外，還涉及到是否有性別差異的考慮，進入具體田野點的難易程度，交通條件與身體素質，調查者的個體條件等等。我國西南地區的大部分農村，自然組的分布都距離很遠，通常是這座山頭與下一座山頭的距離；這一點與華北平原或江浙沿海地區農村的自然環境又不一樣。當地人基本上是靠步行或搭乘摩托車出行，所以對調查者的身體素質也有一個基本的要求。

　　6點吃飯時間，學生們都回來了。吃晚飯，讓學生們洗

澡一下，8點開會。開會的時候，讓學生們一個個講今天的收穫和問題。學生們各有收穫（田野筆記：編號2）。

學生們所遇到的問題主要是三個，一個是切入點找不到，提問的範圍很雜。第二個是問得很泛泛，不夠細緻；第三個是語言以及交流問題，非重慶人表示聽不懂當地話。我們說，聽不懂的時候，你可以先把你聽得懂的關鍵字給記下來，然後重複自己聽到的內容，來詢問對方是否正確，對方會指出說是這樣子的，不是這樣子的等等，一方面可以促進自己的語言聽力能力，另一方面可以核實自己聽到的是不是就是這樣子的。還有就是孩子們用了很多結論性的詞語，「破壞了當地文化」，「移民帶來不好的影響」，我們說現階段慎用這些結論，重點是觀察，描述所觀察到的現象，分析和結論都是回去以後的事情。

有些學生有點敏感，說剛來的時候覺得有一種排斥感。有些學生問得比較深入，有些學生問得比較淺，還有一些學生可能也沒有怎麼問，就是在一旁看著。研究生們明顯比較有經驗一些；本科生明顯不知道要問什麼，也不知道要幹什麼（田野筆記：編號3）。

田野調查的最初部分都是觀察社區的空間，學生們朦朦朧朧地有了這個意識，但是不太清楚到底要觀察什麼空間，怎麼觀察，怎麼進一步理解。我們所謂的「空間」，是指的物理意義上的空間，即人們的住宅分布，活動區域，社交場所，以及人們交往所發生的地方。進入一個社區，首先的直觀疑問是這個社區的住宅主要在哪裡？發生交易的場所在哪裡？集會和表達意見的地方是哪裡？閒暇休息場所在哪裡？有沒有專門用於信仰的地方？或者也可以反

過來就自己看到的第一印象來思考，為什麼這裡會聚集了一群人而不是那裡？為什麼人們不去那個地方而是在這裡買賣商品？這個地方與其他地方相比的優勢條件是什麼？人們選擇這個地方是基於什麼因素的考慮？這些問題都可以通過進一步的田野調查來回答。

就像橋頭鎮的村落分布一樣，雖然是水庫搬遷後新興的集鎮，所轄的村寨呈一字形分布在集鎮的兩邊，又沿著山脊往上縱向分布，只有田畈村位於橋頭鎮的對面。這種空間並不是一時所形成的，而是人們在長期的社區生活中所形成的分布格局。就集鎮而言，雖然村級公路貫穿了整個集鎮，但是集鎮的兩端幾乎都是居民自己修的房屋，越是往裡走，集鎮的氛圍才慢慢地濃厚起來。醫院、郵局、信用合作社都位於鎮中心，而鄉政府和小學又沿著山脊往上走一些。這是從場鎮為觀察點來看的空間分布，但是如果從山頂上村子的視角來看又不一樣。對於山上的村民來說，上下是谷地，這就意味著經濟交往在山下發生得頻率更高，考慮各種成本的綜合因素影響，山上的村民在消費支出、婚姻關係上又會不一樣。而這些差異都等待著學生們在接下來的時間中慢慢去發現。所以，田野中處處是「美」，要帶著一雙能發現「美」的眼睛才行。

這種基於「文化衝擊」（cultural shock）方式的觀察也被稱之為「遠處觀察」，即是從一個比較遠的距離來觀察田野對象的衣食住行。當然了，在整個田野調查過程中，都可以運用這個方法，與聚焦觀察、參與觀察等方法交叉使用，既避免了過度「局內人」化，又避免了心理上的厭倦感。

【田野小結】

今天是進入田野的第一天，村落故事與田野苦樂剛剛開始……

來自祖國南北、成長經歷各異的學生們提出了一個相同的問題，即如何「進入」一個陌生的村落或社區？面對相對較大的地理範圍，作為初次到訪的調查者來說，如何獲得批准、選擇確定的區域作為田野點，確實需要首先解決。

進入田野的方法沒有定式，一般分為「自上而下」和「自下而上」兩種。前者指獲得官方批准，在村落或社區中，有一類人被稱為「守門人」，可能是政府工作人員，也可能是寨老等社區精英，在涉及某些敏感主題的研究時，得到這些人員的支援將會利於田野工作的開展。當然，不是所有的田野調查都需經過政府層面，「自下而上」的進入方式也未嘗不可。調查者通過自身的人際關係網，直接進入當地人民的生活。這種方式的優點在於，老鄉不會想當地將調查者當成記者或其他代表官方話語體系的人員，調查者因此會避免被迫傾聽村民投訴當地黑暗面等超負荷工作。

此次田野調查是通過第一種方式進入村落的，我們在鎮政府主席的陪同和介紹下，對村落全貌有了快速的瞭解。調查者在第一天觀察了村落空間的分布格局，這是初入田野必不可少的工作之一。就像地理學等學科關注地理空間，人類學的田野調查往往也是從空間和方位的描述開始的，學會畫河流示意圖、公路示意圖、人行道路示意圖、家族聚落分布圖等將會對田野調查的深入起到很大的促進作用。

經過第一天的觀察體驗，有些同學提出站在不同的角度觀察是否會得出不一樣的文化解讀。答案是肯定的，如以場鎮為中心與以山上的村莊為中心進行觀察，視角完全不同，無論在人情消費，還是在婚姻網絡等方面都具有很大差異。基於這種方式的觀察是「遠處觀察」，雖不如入戶訪談那樣細緻，但可以對田野點產生整體認識。在之後的調查中，也會大量使用近距離聚焦觀察，用「局內人」和「局外人」的雙重視角對文化進行解讀。

實際上，對於初入田野的調查者來說房東一家是最好的觀察對象。通過朝夕相處，可以清楚地觀察到房東的生計變遷、人情往來、社會關係網絡等，一天中不同時間段的典型活動、活動場所及功能等生活細節，這些個體化的生活片段逐漸連接成一片，可以加深對整個社區的認知。通過以上描述性的觀察，可以讓田野調查者對當地社區有一個總體的印象和瞭解。

一天的觀察下來，同學們主要提出三個問題，一是找不到切入點，二是自己的問題太寬泛、不夠深入，三是非重慶地區的同學與村民交流有障礙。對於前兩個問題，事實上在初入田野階段調查者不知道問什麼是很正常的，參與觀察與深度訪談同等重要。從「觀察」開始，瞭解村落的整體概況，在最短的時間內熟悉村莊的生態環境、人文社會環境以及特殊的文化現象。運用人類學整體觀的視角，體會文化的多元。而對於第三個問題，為了更好地融入，調查者必須儘快學習當地語言，瞭解文化差異，雖然每個人的接受能力有差異，但只要每天接觸，就能很快理解。

第 3 天・8 月 2 日
掛在懸崖上

　　我們怎麼也沒想到,第二天會掛在懸崖上無法動彈。我們甚至開玩笑說,快點打重慶電視臺《天天 630》欄目組的電話爆料吧,說有一群西南大學的人類學學生,下不來了。這下人類學就出名了!

　　時間回到早上,8 點醒來時,世界還是一副親切的面孔。八點半準時開動早餐,饅頭、鹹菜、黴豆腐和涼拌豇豆,學生們吃得很香。今天是趕集日,當地逢 2、5、8 號趕集,正好遇上了。趕集日子總是很熱鬧,已經有不少遠道而來的農民們在街道兩邊擺開攤子,賣起各類蔬菜瓜果和小商品了。吃過早餐,田老師讓學生們到街上感受集市氛圍,然後做一些隨機的訪談。

一、趕場

　　我們就沿著街道走到一環路下面,再從二環路繞了上來,遇到了學生們,讓他們跟著我們走到趕場的地方。然後我們也到趕場的街道上自由活動。9 點 40 分左右,趕集的人們陸續多了起來。一些老年男性村民的頭上用白布纏繞了幾圈。即使是盛夏,他們的深藍中山上衣外面還穿了

一件海軍藍的背心。集市上出售各種鐵器，小到牛鈴鐺，大到各種鋤頭、鐮刀等等。鎮上有一個鐵匠，開了一個鐵匠鋪，他是繼承父業，從小就學打鐵。

我們遇到兩個來自趙山村的村民，一個姓秦，一個姓楊，他們說趙山村大約有1,000多人，問了一下關於看期的，他們說看期的人是有的，而且趙山村有很多觀音菩薩；這個鎮有道士先生，但是可能今天沒有來，下雨天不好走。果然沒有找到。田老師面對一個製作手工魚簍的老人拍照，還買了一個魚簍，20元。村民們趕集的時候背著竹篾編織成的背篼。這是當地比較常見的運載工具，村民們將所購物品背回村裡。

石老師跟隨人群逛了一下，一位婦女用背帶將小孩子裹在背上。這種背帶在貴州、雲南更常見一些，即一塊T型的布兜，包裹住孩子後，用帶子繞一圈，再纏在身前。這樣，背後就形成了一個背篼狀的布兜，孩子可以呈半蹲狀伏在成年人的背上。但是趕場時見到的背帶，上面沒有像貴州、雲南那樣繡了很多刺繡，而是一塊紅底白色菊花圖案在正中間，其餘部分皆為黑色燈芯絨質地。T型最上面的部分有白色的穗子。腰帶的顏色是灰色，沒有任何圖案。大人在買菜，而孩子已經在母親的背上睡熟了。

一些遠來的農民穿的是解放鞋，更多的村民們穿著顏色不等的拖鞋。一位賣菜的婦女身穿藍色的中山裝上衣，深灰色的褲子，解放鞋的前部已經被泥水浸濕了。她是來集市賣菜的，包括絲瓜、汗菜、黃瓜等，這些蔬菜被放置在一塊塑膠薄膜上，薄膜直接鋪在街邊。當地賣雞崽是用

竹篾圈成一個圍欄，把雞崽放在裡面由買家挑選。鴨崽則是裝在一個較為扁平的籮筐裡面，供買家挑選。

小孩子跟隨父母到集市來湊熱鬧，也有一些鎮上的小孩蹲在路邊上打撲克牌。我們看到路邊兩個婦女在商量什麼，一個婦女給另外一個一把頭髮，另外一個就給了她 50 元。我問她我的頭髮多少錢，她說不值錢。石老師問那個賣頭髮的婦女，她說 50 元，頭髮的長度大約齊肩左右（田野筆記：編號 4）。

二、馬鹿寺

中午時，師生們都返回賓館吃午餐。之後，我們三個老師和兩個學生沿著小學後面的馬路走了上去。小學是和中學合在一起的，也就是中小學都在同一個校園。學校的後門出去，就是馬鹿組的其中一些村民家。我們在其中一戶村民家休息了一下。他家的門上掛了一面鏡子辟邪。在聽聞我們是來調查民族文化的，該村民的伯伯就帶我們到馬鹿寺，也就是村民家旁邊。鋪在路上的石塊上面有非常精美的荷花圖案。

到了馬鹿寺，遇到一位 1942 年出生的老人，告訴我們馬鹿寺的分布圖，以前躲土匪的故事，以及馬鹿寺的歷史情況。在說起馬鹿寺各個菩薩的座位時，石老師讓老人畫出草圖來。在田野調查中，畫圖也是基本的方法之一。尤其是在涉及到空間的內容時，不同文化的村民可能對東南西北等方位概念有不同的理解，這個時候請村民們把他們視角下的空間大小、範圍等等用圖的形式畫出來，再進一

步詳細詢問不同的位置是否具有不同的意義。畫圖時,圖示、圖示可以不必拘泥,像這位老人就是簡單地用小圓圈代表每個菩薩,圓圈之間的距離代表不同的方位。老人畫圖的時候,石老師也蹲在旁邊將老人所畫的簡單示意圖謄抄在筆記本上,田老師和張老師則盯著老人所畫的圖,一邊提問。

> 老人說:我母親把我們牽起走,背著鋪蓋喲,背著肉哦,臘月29那天,就背到生田磅那邊有個大石頭,哪裡有東西煮來吃嘛,那時候水也沒有,又不敢燒火,你一生火,煙子就有了,別個要問煙子是從哪裡來的,你就要死了。後來土匪平息了,我們又回來了,那時候我們才幾歲,剛剛解放,土地改革的時候。在解放軍在羊角寨打一炮,打得像簸箕那麼大的洞。一般的農民空手跑去看解放軍,解放軍遭打死好幾個,一共是五個,有兩個是石柱本地人,這三個,有個是湖南還是山東人。我們還有烈士墓,原來在橋頭壩埋著,後來水淹了,就起了,埋到這裡了。

當地將「關公」稱為關鬍子,馬鹿寺有關公的塑像,關公左手拿刀,明晃晃的,裡面有個戰將,「關鬍子」全身是黃色的。外面還放了一個「簸箕大」的鼓。大雄寶殿裡有觀音菩薩、龍王菩薩、川祖菩薩等塑像,牆上還有18羅漢的塑像。

不落雨，求雨的話就把龍王菩薩抬到長沙河，拖遲，三焦也有廟，打鑼打鼓抬去，把這些菩薩都抬出來求雨。抬到壩壩裡轉，求雨。這裡原來有100多和尚。以前瓦屋都是廟的地，土財主爭地盤，就把廟的土地占了。

老人的父親是石匠，老人會按照六十甲子來看期什麼的，他有兩個哥哥，老大去世了，老二住在桂花街。馬鹿寺的故事，他大部分都是聽老人講的。

老人：現在那些看期的，以前那些會的，都死完了，現在那些都不行了。我認為那些人是騙錢的，根本不識天文地理。
田老師：你屋修房子請人看期了嗎？
老人：我看六十甲子的。
田老師：你怎麼會看？
老人：我老漢以前是石匠，我跟他學的。

馬鹿寺有兩塊碑，分別在大殿的左右側牆壁上，其中一塊《常住界碑》已經完全模糊不清了，另外一塊《常住界碑》還依稀可以辨認出內容來：

老主持僧真永號征遠年邁八卦近餘視察前朝古碑
界畔東抵柏楊小嶺南界沿河直下西界龍頸河心北
界石茨接首四界包圍別位爭占故以大槳相承今僧
得買田地地名栗樹屋基燕耳岩石碾屋基石寶坪涼
水井等處田坵地角名□寺界連壞故將新舊界畔□

> 為亦載日後不得失貴今邀眾定明界畔其界東齊倒
> 坐墳左嶺心直下左歸向正朝向國清向正群右歸寺
> 界後凸嶺心山分嶺水分心呈嶺直下栗樹屋基界左
> 歸向□□右歸寺界斜直下大黑石堰塘尾橫道山嶺
> 心直下抵田角往北大田角腳斜直下堰溝橫晏直抵
> 田角石上鑽有界□□界字石直上嶺心抵大洞力上
> 人行大路抵溝心直下抵大河心沿河直交老界□頭
> 河心又□河心直上大岩□左廟右寺溝心直上大堰
> 塘其堰塘歸□太□堰尾後溝心直上抵向正賣……

田老師對老人說，我的學生來了的話，你們要多跟他們講一下。老人說，有人出 5,000 元買那個石碑，老人沒賣。據說以前還有山門，但是早就毀掉了。然後老人說著要帶我們去看寨門，那個地方叫大寨坎。我們說，「哦哦哦，那必須去看，老大爺您帶路吧！」

三、懸崖上的寨門

一路上遇到兩個小型的神龕，我們丈量了一下長度和高度。這些神龕是簡單地在石壁上刻出神祇的模樣，然後再在四周刻出神龕的模樣，最後用紅綢布裝扮起來。其中一個神龕是供奉財神趙公明，左側刻了「佑一方清淨」。另一個神龕是供奉觀音菩薩，神龕兩側的對聯是「到此即南海，何山非普陀」。觀音菩薩的造像古樸生動，男像造型，手捧淨水瓶，底座還刻有蓮花。神龕下方的路邊，有一個青石板製成的指路碑，上面刻著「指路 上走 下走 左走

右走」，這是民間信仰的一種形式。如果小孩子身體不適，或者有神靈托夢，或者由道士算命指出，他／她需要「打整」，他／她的父母就會製作這種指路碑或者將軍箭碑，以保佑平安。

　　一路走走停停，老人還告訴我們，以前村子裡有很多重慶知青，後來他們都返回重慶了，去年又組成返鄉團來看村民們，還給每位村民家都給了一包糖。老人以前還是民兵連的連長。在路上還遇到了兩位其他鄉的村民，在橋頭鎮修路的民工了。

　　一個小時過去了，我們還在山坡上繼續前行。

　　「看！寨門！」我們奔過去，在寨門前收住腳步。寨門倒是如假包換，寨門外是一懸崖，收不住腿直接就奔到火星去了！難怪這個東寨門地勢這麼險要。寨門的城牆上還有槍子彈眼。寨門的門牆上寫了一幅對聯，但已模糊不清。

　　橋頭鎮歷來是兵家險要之地，據《橋頭鄉志》載，橋頭鎮從唐初至明初，一直屬於南賓縣地，明洪武十四年（1281）撤南賓縣，將橋頭鎮劃歸豐都縣所轄，清康熙六年（1667）隸屬豐都縣安仁裡十二甲，成了一塊「飛地」，這也是「橋頭國」的由來（石柱縣橋頭鄉鄉志辦公室 2004）。

　　寨門的外側刻有對聯，但內側已經看不出原來的建築式樣了。從寨門望出去，對面山崖上有懸棺葬。懸棺葬是一個有待進一步研究的墓葬形式，即將死者的遺體放入靈柩後，以某種方式將其置於懸崖峭壁的洞中，或者將木樁插入崖縫中，再將靈柩放置其上，下臨深淵百千丈之遙。

對於這種墓葬形式的主人以及用何種方法將靈柩放置到懸崖中，學者們的觀點不一，鑒於懸棺葬主要分布在東南和西南地區，學者們認為它與古代少數民族的墓葬習俗相關，東南地區的古越族可能採用此葬法，西南地區的古僰人或者可能是懸棺葬的主人。

我們僅在寨門處遠眺了一下，對面的懸崖幾乎更是無路可走，後來也就沒有去實地考察。寨門外側懸崖邊有一窄溜兒的石梯。帶路的老大爺指著說，從這裡可以下到山底只要十多分鐘。石老師說，「我們走吧！」老大爺一聽真的要走，立馬改口說我還要回去割兔草呢。石老師繼續說，「我們走吧！」

老大爺原路返回，而我們則沿著石梯而下。石梯除了有點窄以外，都很平坦。走到大約 1／3 位置處，有兩處神龕，均為菩薩造像，近代所制，外側一個神龕左邊的崖壁上刻有「區長周倫三制 一五」字樣。內側的神龕旁，刻有一碑文「夫菩薩者求其普度男女而脫苦難莫若斯也□未募捐□伏祈朝禮有傷哀感吾疆□□□道光十八年信士向弟元立」。

繼續沿石梯走下去，發現它只有一半！盡頭是漫山遍野的樹叢，我們都被掛在懸崖上了。此時，我又說，我們不走回頭路！我們摸索著靠一些支撐點，走到了山腰的一處崖壁。該崖壁向內凹陷，地上不再是雜草，而有磚砌的痕跡，我們猜測可能是趕羊的人經常在此處休憩。繼續前行後，連僅有的羊腸小徑都湮沒在綠草中，可是，我們已經無路可退了。最後，大家匍匐在山壁上，硬是爬到了山

底。站在山腳的公路上，竟然一時感覺不是那麼真實。我們歡呼起來，真是險啊！

四、討論

　　這一番折騰，我們差不多 7 點半才回到賓館，學生們正在等我們。吃過晚餐之後，9 點開會。

　　有學生跟大家分享自己的經驗，一個學生說，當地人看到他們買了解放鞋穿，說他們也能走山路了，認為他們是可以吃苦來做調查的。當田野調查者剛剛進入社區時，是以「局外人」的身分，也就是被當地人認為是「外人」，對當地文化一無所知的；而隨著時間的推移和田野調查工作的深入，田野調查者逐漸被社區所接受，對社區的文化和歷史瞭解得也越來越多，這時就會被當地人看作是「自己人」了。這種「局外人」到「局內人」的過程是人類學對任何文化進行深入描寫和詮釋的基礎。

　　另外一個學生說，如果報導人言顧而左右時，就應該反思自己的問題是否問對了。我們提醒學生，這也可能是另外一種情況，也有可能是社區普遍說法與個人想法之間的差異，報導人可能會「下意識」地想用當地社區的普遍說法來回答，但自己未必認同或完全贊同這種觀點，所以也可能會出現暫停和說其他內容的情況。甚至也可能是以前的想法與現在想法不同，或者問題本身涉及到社區的一些隱私內容，所以要視具體情況而定。另外，即使是當地社區，人們的回答也並不完全是真的，倒也不是對方故意撒謊，也有可能是僅僅知道泛泛的情況，所以要用「三角

檢驗法」來驗證是否是事實。

　　三角檢驗法是田野調查中用來驗證報導人所說情況是否屬實的一種常用方法。就像手術中使用的無影燈一樣，一個角度發出的光線總會產生陰影，但是如果從對面的角度發出一束光線，就可以沖淡前一束光線的陰影，越來越多的角度發出的光線就將各個角度的陰影變得幾乎沒有了一樣。田野調查時的三角檢驗法也是如此，一個報導人的說法代表了一個角度，越來越多的報導人不僅可以提供新的資訊和資料，同時也可以檢驗其他報導人所給出的資訊是否正確，是否是真實可靠的。同時又可以和歷史文獻結合起來，對田野調查中所訪談的內容進行驗證（田野筆記：編號5）。

　　可以看得出來，第二天開始，學生們慢慢進入狀態，對村落社會的一些比較明顯的層面感興趣，尤其是生產生活部分。生產生活構成了社區生活的大部分內容，它包括農作、匠作、坊作和商業習俗。當地以何謀生，為什麼？當地的主要農作物是什麼？其備耕、播種、施肥、管理、收穫、儲藏環節分別都需要人們準備什麼，怎樣做？有沒有與之相伴的一些禁忌和儀式，例如開秧門、祭五穀神之類的？對應二十四節氣，當地有沒有特別的農業安排？生產過程中使用什麼農具？形制如何？如何使用？村裡一般養什麼家畜，採取怎樣的餵養方式？除了農耕，當地的林、牧、漁、獵、桑蠶分別有哪些習慣、禁忌、規約、組織和儀式？有沒有保護神？當地的瓜果蔬菜種植情況如何？水源分配和用水是怎樣的情況？有沒有專門負責的組織？村

裡有手藝人嗎？他們是怎麼學會這些技藝的，在哪裡做活？他們有行業保護神嗎？祭拜儀式是怎樣的？當地的商品交易都是在哪裡進行？時間、規模、交易規則分別是怎樣？除此之外，當地有擔貨郎嗎？怎樣經營他們的生意？當地的借貸關係是怎樣發生的？需要有人做中人嗎？這些都是與生產生活有關的一些追問，但是在實際田野過程中，需要調查者一邊結合所看到的實際情況來調整問題的類型和範圍。

【田野小結】

今天的重點仍在於對社區空間進行整體全面的觀察。

社區空間分為公共空間、半公共空間和封閉空間。街道、小賣部、場鎮等公共空間是人們的聚集之地，對於剛剛進入社區、對情況不熟悉的調查者來說，從公共空間開始觀察是正確選擇。有同學問，想對村莊生活進行整體性的觀察，畫圖無疑是最好的方式，但是不會畫圖怎麼辦呢？遇到這種情況，調查者可以找當地的政府人員、文化精英、老者等，獲得他們的幫助。請別人幫忙畫村落空間分布圖和聚落分布圖時，可以一邊畫一邊瞭解一下村落的歷史變遷情況。例如，這條街以前就是這樣嗎，這戶人家以前就住在這裡嗎，這一片田地以前屬於哪一戶人家所有，他們從哪裡搬來的，等等，對村落的歷史變遷就會有一個更加完整的認知。

而在廟宇、祠堂、學校等半公開的空間內，調查者不僅僅是一個觀察者，同時也是一個「被觀察者」。村民

對調查者的言行舉止也有一定的期待。調查者要「入鄉隨俗」，遵從當地村民的行為規範，才能漸漸獲得村民的認可。而在進入住宅等私人場所前，要對自己做適當的自我介紹，表明來意。

兩天下來，同學們慢慢進入了狀態，已經進行了一定數量的訪談。但是訪談經驗不夠充足，使得同學們經歷種種冷場。有些同學被當成了詐騙犯，有的被當成政府調查人員，還有被當成了記者。在遇到類似的訪談上的問題時，要注意找與訪談人本身背景比較契合的話題。當遇到冷場時，可以與自己家鄉的情況作對比來打開話匣子。尤其要注意，不要內心先有預設再來求證，接受事情自然發生的情況，不要想當然。

採取何種訪談模式，也是同學們產生疑問最多的問題。在田野調查初期，基本採用無結構式的訪談，也就是根據訪談對象的具體情況談論對方可能感興趣的話題，接著進行抽絲剝繭的針對性討論。到了調查後期，再漸漸由無結構式訪談過渡到結構式訪談，關注有限問題。

在訪談的過程中，僅僅通過一個人的態度和觀點可能會得出片面的結論，因此同樣的問題常常需要尋問不同的人以求得驗證，報導人越多，新的資訊會越多，調查者也更加便於打開思路。

第4天・8月3日
「他們要來吃飯！」

　　來到橋頭鎮已經兩天了，學生們逐漸熟悉了當地的生活環境，當地人所說的西南官話以及飲食習慣。今天的任務是將學生分別安排到村民小組去做入戶調查。前兩天的浮光掠影式的瞥見了社區的大體形態，今天開始就要正兒八經地開始半結構訪談、焦點小組、參與觀察等田野方法的運用了。從村民們所居住的房屋外型、空間布局到村裡男女老少傳統服飾、顏色喜好和禁忌，有沒有身體修飾的習俗？當地人習慣佩戴首飾嗎？分別都是哪些首飾，在哪裡打制或購買的？房屋裡都有哪些傢俱、用具、餐具和臥具？式樣、裝飾、材質、擺設位置分別都是怎樣的情況？有沒有什麼忌諱？在特殊的節慶或特殊場合，村民的服飾，房屋裡的布置有沒有什麼不同？這些都要學生們通過自己的觀察來解答。

一、分組

　　吃過早餐稍作休息後，我們將學生分作兩隊，其中一隊在賓館休息，另一隊則跟著我們到馬鹿村村委辦公室，與村委主任見面，表達來意。村委主任早已給各村民小組

隊長打過電話，通知他們到場鎮來開會。不一會兒，村民小組的隊長們到齊了。田老師簡單介紹了這次社會調查的目的，時間和內容後，給學生們分組，讓學生跟著村民小組隊長們去各自然村。馬鹿村最遠的村民小組——龍井組的調查工作就落到了研究生王MY和本科生高FQ的肩上（田野筆記：編號6）。

之後，我們則將另一隊學生帶到了長沙村。去長沙村的路上，遇到一個長沙村的婦女。由於我們是沿著公路走的，路邊不時見到村民的房屋。泥土夯成的土牆房屋和木制房屋比較常見，通常是兩層樓，底樓住人，二樓放置木材等，也有一些人家在二樓設置廂房，另外，不少人家修起了兩三層樓的水泥磚房。路邊所見村民，男性多身著深藍色和淺藍色中山裝上衣，青色褲子和拖鞋。婦女則穿長袖上衣，深色褲子和拖鞋。在衣服樣式上，如今的村民們幾乎已經沒有多少傳統服裝的影子了。小孩子利用手邊的任何工具做成玩具玩耍，一個男孩坐在拖斗裡，另外一個男孩推著拖斗前進，兩個孩子都哈哈大笑起來（田野筆記：編號7）。

到達長沙村時，長沙村的空地上曬著幹豆莢，等它們被曬乾以後，就用工具將其打落。我們正好遇上村委會開會，文書、計生專幹都在場，於是我們召開了一個小型的座談會。在座談會上，村長介紹了我們的情況後，田老師介紹了我們來做社會調查的目的和內容，同時請村委會幹部將學生帶到村裡去熟悉環境。長沙村和馬鹿村的情況差不多，村民小組都是沿山脊分布，沿公路的是聯方，湖心

和長沙村，之上是雙燕和都岩，最上面是茨穀組。雙堰組的朱村長，湖心組的譚支書，都岩組的曾隊長，計生專幹兼任村支書，花支書的家是忠縣搬過來的。

　　座談會是田野調查中的方法之一，尤其是在剛剛進入社區，需要跟社區成員正式介紹自己身分的時候，以座談會的方式可以在第一時間內讓村民們知道有這麼一群人來到這裡幹什麼。雖然人類學的田野調查是源自於地理學、地質學等自然科學，但與自然科學不同的是，人類學的觀察和描繪對象是人，而所有涉及以人為觀察對象的學科在田野調查時都有一個研究倫理的問題。人類學是19世紀才逐漸興起的一門學科，在諸如馬林諾夫斯基等人類學大師的時代，人類學家與殖民地官員一起工作，並且將田野調查的材料提供給殖民地官員以方便其管理。在第二次世界大戰後，這種做法遭到更多學者的猛烈抨擊。越南戰爭期間，有人類學家把在越南的田野調查材料提供給五角大樓，協助其制定作戰計畫，為越南人民帶來了巨大的災難。還有人類學家在南美洲採集土著居民的血液時將傳染病傳播到亞馬遜叢林，導致土著居民悲慘死去。這一系列的事件促使美國人類學協會（AAA）在20世紀90年代公布了一個倫理手冊，要求人類學家在進行田野的時候必須履行「知情同意」，將田野調查的目的、過程、要求等內容告訴當地社區和報導人，並且在征得其同意的前提下進行訪談和參與觀察。座談會則是進行大範圍「告知」的重要方式，當然，座談會並不限於此，在田野調查過程中同樣可以把一些報導人召集在一起，記錄他們對某一特定主題的看法，

以及他們的現場反映。尤其是可以當場使用三角檢驗法來驗證所獲得的資訊和資料。此外，座談會還是觀察社區權力結構、社會組織、人際互動交往的重要方法之一。

通常情況下，座談會需要事前擬定提綱，但是在座談會時採取開放訪談的方式，讓參與者自由互動，並不局限在提綱範圍內。座談對象通常需要是分層抽樣的原則，使得座談者的個體背景更加廣泛和全面，能夠兼顧不同群體的觀點和利益。在座談會展開時，除了尊重參與者以外，基本上要能保證參與者都有機會表達他們的觀點，而不是變成一兩個人的主場。在剛進入田野時的座談會，座談對象可能都是村級幹部，但在田野調查過程中的座談會可以慢慢變成焦點小組的方式來進行深層次的交流。

吃過午飯後，我們和學生一起，跟隨朱村長去熟悉環境，沿著公路走到茨穀組。據朱村長講，茨穀是犀牛的落腳點；聯方以前有一座廟，廟裡有一口從忠縣飛過來的大鍋形成的觀音座。朱村長一路上還給我們介紹「烏塔對白塔，發財不過楊開甲」，對面山上的獅頭岩，石頭看上去像一隻獅子，據說以前有獅子偷偷出來破壞莊稼，後來修了白塔，把獅子壓在那裡了。湖心組有一個月亮岩，雙燕組有土地廟和三王岩。我們讓學生記下這些資訊，在今後的調查中可以詢問相關的細節內容，這些都與民間信仰相關。

在藤子溝水電站建設之前，那裡曾經有一個觀音洞，裡面擺放著幾座菩薩石雕。在鳳凰山的山腰，有一個「仙岩鳥洞」。傳說早年是觀音菩薩住過的岩洞，又稱「觀音

洞」，該洞為石岩上的天然洞。洞中常有白鳥飛出，要進洞只有神仙飛鳥可至，故又稱「仙岩鳥洞」。後經開鑿，人們可入洞中朝拜。洞內有觀音菩薩和宗教塑像。觀音洞有很多傳奇的色彩。傳說：

> 很久以前，有兄弟二人在此洞下面的龍河上打漁，不覺天黑，無法回轉，露宿河邊灌木叢中，至夜深，忽聞山腰轟然聲，隨後群鳥飛出，盤旋一會兒又回到林蔭之中。兄弟二人喜出望外，滿以為山間有人戶煙火，於是攀登山區。終於尋得鳥聲，卻不見人家，只是洞中旋繞著香氣，閃著餘火。在此坐下後，慢慢地不知覺進入夢鄉。睡夢中只是一菩薩姍姍前來，輕聲細語道「我是南海觀世音，這是我住過的地方。我知道你二人要來這裡，故空出此洞，留下餘火，供你過夜。從明早起，你二人不可打漁了。上游不遠處，有一塊好地方，辛勤耕作，成家立業，繁子延孫，多造橋樑。以後就叫那裡為『橋頭壩』吧。」不覺天亮，打魚兄弟醒來，按照菩薩夢中指點，沿上游而上，果然找到那塊寶地。經過數十年的辛苦，打造了橋頭壩場，兩兄弟再也不打魚。為報觀音菩薩之恩，兩兄弟鑿通至洞小道，塑造觀音金身。為後人寫下了仙岩鳥洞的美麗傳說。

橋頭鎮的民間信仰比較濃厚，一些房屋的基石上都刻了「永荷山靈庇護」。據《橋頭鄉鄉志》的記載（石柱縣橋頭鄉鄉志辦公室 2004）：

> 離橋頭壩場西南約 2 華里的地方有山曰「鳳凰山」，形若雄獅，自西北向東南臥伏龍西岸，回首望其尾，人雲「山獅回首」。

一路上講著各種神話傳說，我們頂著火辣辣的太陽，幾乎走遍了家家戶戶。此時正是農忙時節，包穀地裡需要施農藥，農田裡也需要施最後一道肥，以及注意防蟲。朱村長帶告訴每一戶在家的村民，這些孩子是來做社會調查的，他們早上來，晚上回去，中午走到你家了，你們要給他們煮頓飯吃！朱村長實在太負責了，學生戲言，搞不好他們會以為這些學生是來討飯吃的。

朱村長是我們遇到的第一個關鍵報導人。在田野調查中，尤其是對大型的社區進行田野調查時，關鍵報導人往往扮演了很重要的角色。在任何一個社區或村落裡，總有一些人對於當地的情況瞭解得更多一些，他們可能是退休老教師，也可能是村幹部，也可能是寨老，這些人不僅守護著社區知識和文化寶藏，同時也是外人與社區成員之間的橋樑。他們在當地具有比較高的威望，也能將社區的基本情況介紹給調查者。關鍵報導人往往並不是刻意找到的，而是無意中遇見的；同樣地是，關鍵報導人在一開始與調查者打交道時也不是一併倒出他所知道的所有情況，而是在與調查者的互動中建立彼此信任的關係，再慢慢地打開話匣子。

二、茨穀飛歌

　　茨穀組幾乎位於山頂了，站在茨穀組往下望，一片綠油油的稻田，遠處就是藤子溝水電站。走在田坎上，聽見對面山坡上的農戶家裡播放的音樂《六口茶》：

　　男：喝你一口茶呀，問你一句話，你的那個爹媽
　　　　（呀）在家不在家？
　　女：你喝茶就喝茶呀，那來這多話，我的那個爹
　　　　媽（呀）已經八十八。
　　男：喝你二口茶呀，問你二句話，你的那個哥嫂
　　　　（呀）在家不在家？
　　女：你喝茶就喝茶呀那來這多話，我的那個哥嫂
　　　　（呀）已經分了家。
　　男：喝你三口茶呀，問你三句話，你的那個姐姐
　　　　（呀）在家不在家？
　　女：你喝茶就喝茶呀，那來這多話，我的那個姐
　　　　姐（呀）已經出了嫁。
　　男：喝你四口茶呀，問你四句話，你的那個妹妹
　　　　（呀）在家不在家？
　　女：你喝茶就喝茶呀，那來這多話，我的那個妹
　　　　妹（呀）已經上學噠。
　　男：喝你五口茶呀，問你五句話，你的那個弟弟
　　　　（呀）在家不在家？
　　女：你喝茶就喝茶呀，那來這多話，我的那個弟
　　　　弟（呀）還是個奶娃娃。

男：喝你六口茶呀，問你六句話，眼前這個妹子（呀）今年有多大？

女：你喝茶就喝茶呀，那來這多話，眼前這個妹子（呀）今年一十八。

　　歌聲是那種電子音像播放出來的聲音。我們循聲四望，才發現音樂是從對面山坡上的一戶農家的家裡飄出來。山上村落的村民們，有的住得比較分散，這戶人家將音響的低音都打開，使得幾裡以外的路人都能聽見。這首歌是武陵山區民歌，流傳於石柱、酉陽、秀山等地。

　　在茨谷田地區，也即是2002年機改以前的茨谷村茨穀組（3隊），解放前的居民相對較少。通過現存的幾位元高齡的資訊人那裡瞭解到，原來住在這裡的人都已經搬遷離開或因自然災害、貧窮餓死。現在這裡最早的也是在解放初期搬遷到此的。1951年，LYS、YXF、YXX、YXP。從瓦屋村九菜坪（2002年村組改革現也屬於長沙村）搬遷到此。原因在於九菜坪田土瘦弱，不宜栽種水稻等農作物。1962年鄧美之等4戶搬遷到此。後面很多村民從高山區域搬遷達到此地。另外，在中平地區，那裡的都是原來就住在那裡的，共有14戶。到2002年時候茨穀組有51戶，共165人。在我們去調查的2011年茨穀組只有43戶，144人。其人口數在長沙村是人數最少的，人口密度最小的。在整個橋頭鎮是所有41個小組中居人數最少的五個之一。

　　當地的農戶普遍在房前屋後種植梨樹、葡萄等，我們讓學生做好記號，畫出當地村民養狗圖和梨樹分佈圖，戲

言學生可以每天走一戶，吃一戶的梨子，這樣下來，一個月的田野調查，水果就有著落了。遠眺一些自然村落，隱約可見養兔的兔舍，正如朱村長所介紹的，不少農戶養殖肉兔，但兔毛價格波動很大，一度相當掙錢，但後來就跌到賠本的地步了。一邊趕路，朱村長和計生專幹一邊給我們介紹當地的基本情況。當地以農業種植為主，一季稻的收成，也有人家養肉兔，還有一些家庭副業諸如養蜂等。山下的村子基本上通水通電，交通也比較方便；山上的一些人家，亦存在因交通不便而帶來的飲水困難。

三、村落生產生活工具

這裡的山路十八彎，這裡的水路連成排。大體上，山上的村民們在趕集時到橋頭場鎮進行商品交易，也購買商品用背篼背回山上。背篼和籮筐，是當地常用的運載工具，它用篾竹手工編織而成，使用的年限比較長，用處非常多。背篼分為多種，主要看這些背篼被用在什麼地方，作何用途。最大的是叫做「拃背」的背篼，體形較大，用於揹運剛收穫的農作物。同時，在種植作物時也用於揹運糞草。比「拃背」稍小的是「把攬背」，這種背篼被作為割草或採摘時的揹運工具。還有一種更小而且製作更為精細的背篼被稱作「小背篼」，這種背篼一般不會用於生產，經常使其保持外部和內部的清潔，人們經常背著這種背篼去街上趕場。很多時候，人們走訪親戚要帶上一些禮品，假如親戚稍遠的話，這種背篼也被用於背禮品去走親戚。一種類似於背篼的竹制容器叫做攬葉篼，這是人們從養蠶時期

遺留下來的，它本來主要的用於採摘桑葉。另外一種從養蠶時期遺留下來的竹制用具是蠶簸，它本來是蠶子的生活空間，不過現在用來晾曬東西了。

還有一種比較重要的竹器是篩子，用於隔離物品之用，例如對糧食進行篩選時總是使用篩子來篩選。除了糧食之外，還有一種叫做灰篩的篩子是用來隔離較粗的物品的，它原本用於篩選木炭之用，冬天來臨之前，人們會燒一些木炭以備過冬，燒好之後，木炭和灰混雜在一起，人們用灰篩將其隔開。另一種竹制用具經常被固定地懸掛在火上，用於烘乾一些物品之用，因其最初是用來烘乾鬥食，所以被稱為「鬥食筧」。

撮箕亦是村民生活中較常使用的竹器了。這種用具整體為半橢圓型，一半開口，用於撮東西。它們儘管在形狀上沒有多大的區別，但因為在使用方式上的差別所以做工便有粗細之分。第一種撮箕主要用於生產領域，它們被帶到山上轉運一些剛收穫的作物，用這種撮箕裝著作物，將其運至蔑制的背筧裡，在用用背筧將作物從山上背回家。這種撮箕還可以用於裝糞。所以，這種撮箕的編制比較粗糙，各條篾之間的空隙比較大，原因是這些撮箕主要用於裝那些比較粗大的物品，並不會因為蔑織空隙大而使物品從中遺漏，而且，所裝的東西都不乾淨，從山上剛收穫的作物還沾滿泥土，而且它們還經常被運用於裝糞。

另一種撮箕的篾比較細，其表面相對光滑，所以編制的過程中各條篾之間的空隙就比較小，更為細小的東西裝在裡面也不容易從中漏出。這種撮箕主要用於搬運顆粒糧

食，例如已經脫粒的稻穀、玉米等。人們將這些糧食從家裡運出來在石壩裡晾曬的過程中就需要這種撮箕，所以它的製作相對比較精細。編制這種撮箕要花費更多的時間和勞動。一更編織得更為精密的撮箕是一種叫做「皮撮」的撮箕，編制這種撮箕的篾需要劃得很薄，表面極為光滑。前兩種撮箕的篾是圓的，後一種的篾是扁平的。皮撮的編制過程更加複雜，工序更加繁瑣，篾條與篾條之間的縫隙幾乎是密不透風的，即便在裡面裝上水，也很難從中遺漏出來。這種皮撮被用於裝運那些已經完全成型的糧食，例如去殼後的大米，機器打磨好的包穀面等等。這些糧食的生產和加工都已經基本完成，對於人們而言，它們應該被裝在一些比較趕緊的容器中（圖2）。

圖2　盛滿糧食的簸箕

資料來源：作者提供。

　　竹制用具還包括其他多種內容，竹制刷把是一根竹子的一段被劃成細絲。養雞的人家通常備一個竹制的雞罩籠，用於晚上關雞之用。用於篩黃連灰的槽籠，這是比較傳統的黃連加工工具，也是竹制的，中間較粗，內部放入烘烤

好了的黃連，兩端較細，人們站在兩端來回搖晃槽籠，黃連灰便從裡面露出。簸箕分為幾種類型，其名稱和用途均有所不同，大簸箕用於晾曬糧食，「皮蓋蓋」是比較小的簸箕，它被用來簸除糧食的糠和其他雜質，也可晾曬東西。

每家每戶都有簸箕，原材料是自己家裡的竹子，請篾匠來做。篾匠是外村的人，偶爾（大概每年一次）來村裡，如果看到有人背著小型的簸箕，則可知道他是篾匠。一個簸箕可以用15～20年。長沙村劉家的兩個簸箕用了十五年了。簸箕的製作都是按時間計費，主人要管吃住。當時做的時候25元每天，現在已經漲到7、80元／天了。簸箕主要是用來曬東西，因為地方比較小，蓋子可以放在凳子上或者直接掛起來。

據年老的農民回憶，1949年之前很少有人家有能力購買鐵質用具，只是條件稍好的後來被劃分為地主和富農的一些家庭能夠買來一些生鐵用具，也是很少的。1949年以後，鐵器在農村的使用還是不多，而至上世紀50年代末期的大煉鋼鐵時期，每個家庭中的即便一顆鐵釘也被要求貢獻給國家的煉鋼事業，不過這次的煉鋼事業沒有為人們的生產生活提供任何實際價值就紛紛破產了。70年代末期之後，鐵器又從外地逐漸進入這裡的市場，經濟條件允許的家庭開始逐漸添置鐵質用具。在其後，大約90年代之後，另一種材質的家庭用具很快取得了自身的地位，那就是塑膠用具。金屬和塑膠用具已經逐漸普及開來，但是那些傳統的木制、竹制、泥制以及石制等用具在今天依然被保存下來，這些東西不一定還在使用，但很多還保持完好。在

第 4 天・8 月 3 日 「他們要來吃飯！」

長沙村有一種很特別的木桌，它是由馬發之發明製作的，上面是有兩塊長髮型木板，下面有四條交叉的「木腿」，在吃飯的時候可以撐起來，平常不用的時候可以收起來，這樣很簡便也可以很好的節省空間。

傳統的農具和生活用具正在逐步地被現代化的器具所代替，村裡隨處可見遺棄了的石磨和磨盤。年輕人幾乎都外出打工了，村裡基本上剩下的是「三八六一九九」，即婦女、小孩和老人。打工經濟一方面影響了村民的家庭生活，另一方面還給整個村落帶來巨大的影響，老人的贍養問題、留守兒童的教育問題，都隨之凸現出來。

在茨穀組的一個院子，我們在一戶人家的牆壁上，看到了貼在牆上的一張 2010 年正月十二日新婚筵席幫忙名單。根據該名單顯示，婚禮筵席時涉及 11 個環節：禮房、廚房、煮飯、上飯、打盤、上酒、裝煙、抹桌、抬飯、砍柴和管燈。農村的婚禮筵席都是流水席，即一撥兒親戚朋友坐下吃好以後離場，幫忙的人迅速將桌子收拾乾淨，另一撥兒人又坐下開席。該名單可以顯示，這種臨時的「組織」有條不紊地將婚禮程式安排得井然有序。

大概也是托了交通不便的福，茨穀的不少房屋是非常傳統的式樣，雖然最古老的也不過上百年的歷史，但對於學生做生活習俗方面的調查，已然是比較直觀的實例了。一些房屋的石礎上甚至有隸書的文字，「日」、「月」、「水」等字樣。走進一戶農家的木質房屋，堂屋旁有一個火塘，上面懸掛著臘肉。武陵山區人民嗜吃臘肉，以前由於沒有冰箱，新鮮肉的保存非常不方便，過年的時候，將年豬殺

了分給血親後,剩下的一些肉都用鹽醃過以後,掛在火塘上方長年累月的煙熏,製成臘肉。火塘除了有冬天燒火取暖的功能以外,村民們商量事情時也常常是圍著火塘而坐,面向門口的座位通常是上座,一般是貴客和年長的老人才能就座。

堂屋隔壁是灶房,灶屋上方都放有柴火,柴火是做飯的主要能源。柴火有枯草(稻穀秸稈)、玉米杆、乾枯的數枝、砍來的木柴等。灶屋上方主要存放砍來的木柴。玉米杆、枯柴枝有的放在房屋四周的的屋簷下,有的見了專門的柴房,有的放在豬圈的上方的閣子裡。灶屋即廚房,是人們平日做飯、飲食和冬日取暖的地方。依照當地的建築習俗,灶屋要緊鄰房屋建造單獨的一間。有得人家把灶屋隔開,分為火爐屋和灶屋兩部分。火爐屋為冬日烤火和平時吃飯所用,而灶屋則是專門做飯的場所。當地的廚房布局大體結構都相同,都設有灶臺、水缸、櫥櫃、廚桌。此外廚房的牆壁上都掛有筲箕。灶臺的樣式都是一樣的,一共分為四個造口。目前,做好一整個灶臺要七八百塊錢。每家灶臺都有三個較大的灶口,放三個大小不同的鍋。小的灶口平時做飯用,大的有事的才用,比如換工、紅白喜事、節日等人較多的時候。但是有的人家習慣用大鍋,既可以炒菜,也用來煮豬食。此外還有一個最小的灶口上放一個鋁制的圓柱形狀的鍋用來燒水。這樣就不用特意準備開水,做飯的時候利用餘熱就可以,這樣就節約了能源,而且用熱水也很方便。也正因為如此村裡人春夏秋冬早晚都用溫水洗臉。

灶，一般用泥土砌成，現在也有用水泥作原料的。一般砌成一個類似正方體的形狀，中間是空的，用來加柴草或木柴等燃料，前面再留一個孔，作燃料的進口。最初的灶做工比較粗糙，沒有煙囪，灶臺也凹凸不平。做飯時，房屋內煙霧繚繞，十分嗆人，灶臺也不能放置物品。現在，隨著人們認識的不斷進步，灶也在不斷的改進。不僅加了煙囪，而且在一些比較講究的人家，對灶臺也有了加工。制灶時，很多人家會可以的把灶臺抹平，甚至還有人在灶臺的周圍貼上瓷磚，既乾淨又整潔。

為方便做飯取水之用，水缸都設在廚房。並且當地現在使用的主要為自來水，水龍頭透過牆壁，直接對著水缸，接水、儲水也相當方便。當地的水缸都是就地取材，在附近取一塊合適大小的石頭請石匠打制而成。因為環境潮濕、使用年代已久，很多人戶的水缸都呈現出淡淡的綠色。以前石匠的工作報酬為 60～70 元／天，現在通常都要 110～120 元左右。長沙村已經沒有石匠了，後輩因外出打工在沒有繼承石匠的工作惡劣。現在製作水缸都要請臨近的趙山村的石匠幫忙打制。廚房內還陳設有櫥櫃和廚桌，櫥櫃主要是用來存放碗筷、盤子、鐵勺的盛放食物的工具。剩餘的飯菜也存放在櫥櫃裡面。此外有些人家廚房內還擺放有廚桌，主要用來切菜和放置一些器具。但是為了方便，把蔬菜按在灶臺的邊沿，就可以直接切菜了。

四、我們是誰？

走到茨穀組最遠幾戶人家所在的一個院子時，我們還

見到幾位身穿傳統服裝的老太太。她們用毛巾和白布包頭，身穿深藍色對襟扣上衣，深色褲子，腳穿拖鞋。但是這樣的服裝，在年輕人當中已經相當罕見了，中年人和年輕一代基本上是穿在集市上買的衣服，換句話說，集市上能買到的服裝就行，而不講究是否有傳統特徵。

這幾位老太太安靜地坐在院子邊的石階上，另外幾位男性村民問朱村長，我們是誰，來幹什麼的，調查什麼內容等等。雖然我們都能聽懂也能說當地話，但是這種「介紹」和「引入」的時候，一般都是當地人自己先交流。在田野調查時候，調查者經常會遇到這種詢問「你們是誰？來幹什麼？」的提問，有時候還會伴有懷疑和不信任的眼神。我們還好，因為是村幹部帶著我們到處走了一圈，當地人對村幹部的信任之下還是接納了我們。

面對報導人和社區成員，到底怎麼介紹自己才比較合適？如果按照美國人類學學會的相關規定，在每一次跟報導人訪談之前都要完整地介紹自己是誰，來自哪裡，是來幹什麼的，田野調查的主題是什麼，需要進行哪些方面的訪談，大概會以怎樣的形式才行，需要多少時間，以及最後需要獲得報導人的簽名授權對其進行訪談。但是這個規定放到亞洲社會來就有些「水土不服」，臺灣人類學家謝世忠在臺灣進行田野調查時，每當他拿出倫理研究保密協定要求報導人簽字時，報導人都很疑惑和抗拒。謝世忠後來發現，在亞洲的大部分地區，人們對於落在紙面上的簽字以及其他成文的東西都有一種抗拒感，總覺得簽下自己的名字之後會有些「不保險」。所以他最後採取了一種折

中的方式，在進入田野和訪談時，他依然會按照倫理規定來介紹自己和研究目的，但是最後把一張有他自己簽名的倫理保密協定交給報導人，並告訴對方，如果將來我的研究給你們的生活帶來任何麻煩，請拿著這張協議來找我。即便這樣，在返回美國撰寫學位論文的時候，謝世忠還是受到了倫理審查委員會的刁難，委員會認為他的行為不夠學術規範。

由此可見，到底怎麼去處理「介紹自己和研究目的以及保密協定」，是一個在田野中經常遇到但又很難協調的困境。很多人類學家發現，報導人基本上不太關心到底研究目標、研究目的和研究意義是什麼，而更多關心的是，你們這個研究和我的生活有什麼關係？是幫我們去爭取經費嗎？是給我們解決問題嗎？都不是的話，那你們來幹什麼？所以，在什麼時候，什麼情況下，面對怎樣的聽眾，田野調查者進行怎樣的自我介紹才是最合適的，一直都視情況而定。通常情況下，在獲取官方批准和獲得「守門人」的合作時，完全地、全面地介紹自己的身分和研究目的是最合適的；而面對單個的訪談對象時，介紹研究的側重方面可能是比較適合的。

返回的路上，我們與朱村莊道別，走了小路下山，700多臺階，直接走到了山澗之中。四周都是幽靜的樹林，偶爾有幾聲鳥鳴。路邊還遇到了一個簡陋的神龕，菩薩造像已經蕩然無存，只有紅布圍著的一圈底座。

五、討論

　　幾乎又是 7 點多才回到賓館，去馬鹿村調查的學生們已經陸續回到賓館了。吃過晚飯後照例開會，學生們講自己的收穫和困惑，與其他學生分享的經驗（田野筆記：編號 8），以及由老師來進行總結和答疑（圖 3）。

圖 3　晚上，學生們聚在燈下討論一天的收穫和疑問
資料來源：作者提供。

　　這個階段，調查者就從隨機訪談進入到半訪談的階段了。在這個階段，可以根據研究課題的內容，結合自己的興趣選擇訪談主題，再根據主題來制定訪談提綱。訪談提綱的基本要求是一個問題只有一個指向，而不能包含多層次的指向。問題之間要有邏輯關聯，訪談提綱可以由大到小，一層一層地來進行。例如對民間信仰的訪談，可以先從當地人的信仰體系是怎樣的？有哪些神祇構成？再細分到每次祭拜某個神祇的時候時間安排是怎樣的？需要準備

什麼物品？在哪裡購買的？需要有主祭人嗎？祭拜的時候婦女／男性可以在場嗎？祭拜的程式是怎樣的？這樣不僅可以在報導人將話題扯遠時再轉回來，還可以理清楚自己的思路。

　　選擇訪談對象的時候可以使用隨機抽樣和分層抽樣兩種方式。田野中的簡單隨機抽樣是指在任何場合遇到了比較能夠與生人表達觀點的村民，可以介紹自己後就感興趣的內容向對方請教。分層抽樣原本指的是將總的單位按照不同特徵來劃分若干層，然後在每一層裡進行單純的隨機抽樣。在田野調查中，分層抽樣指的是考慮到社區成員的家庭經濟狀況、性別、年齡、社會地位等等背景，不同的背景選擇一些訪談對象，例如就經濟狀況而言，最窮的家庭和最富有的家庭分別是什麼情況？為什麼會窮／富？他們的個人史是怎樣的？等等問題可以再繼續深入下去。

　　訪談時也有一些注意事項。最重要的事項之一是調查者不能進行主觀的價值判斷，不能因為代入調查者的個體背景去否定或贊同報導人的行為和觀點。在訪談中，調查者還應注意與訪談對象互動，畢竟訪談者並不是非得要跟調查者說些什麼。訪談是基於雙方志願的前提下進行的，但是良好的訪談氛圍和環境往往對訪談的品質有決定的作用。大多數時候，調查者隨身攜帶的便箋紙有助於記錄訪談的關鍵內容，但是調查者在訪談的時候往往記錄的是關鍵字，這就需要每天回去之後整理訪談內容，寫田野調查筆記，而不能等到調查結束的時候再來寫。

【田野小結】

　　田野調查的前兩天同學們逐漸習慣了當地語言、飲食和生活習慣，對村落形態也有了宏觀性的把握。從田野調查的第三天開始，同學們將組成不同的小組，分別到各個村民小組入戶訪談。與前兩天全景式的觀察不同，從今天開始，調查者們要運用無結構訪談、半結構訪談、參與觀察等調查方法收集第一手資料。

　　團隊型的田野調查工作往往會持續四周左右，時間比較充裕，因此在調查的開始，就沒有必要對訪談對象的範圍進行限制，而是儘量挨家挨戶走訪。在與老鄉們交流的過程中，調查者真正領悟到了「高手在民間」這句老話。這些受教育程度有限的老鄉們，生活的藝術並不少於在城市中長大、飽讀詩書的人。這些老鄉們，有的精通看期，有的是手工藝製作能手，有的是建築大師，有的是非物質文化遺產的傳承人，甚至連七八歲的孩子也是地方性知識的擁有者，捕鳥、捉黃鱔樣樣精通。而這些"身懷絕技"的老鄉們並沒有與平常人有所不同，每天日出而作、日落而息，過著平靜、安定的鄉村生活。由此看來，挨家挨戶走訪的意義更在於盡可能的瞭解村落中的每一個人，同時也確定好了沒個話題可回訪的人選。入戶觀察和訪談可以從老鄉們的生產、生活工具入手，這樣相對易於找到共同的話題。

　　很多調查者進入村落之初，都會面對「你是誰」的問題，也會面臨不被接受的事實。鄉土社會中人們是「算計」的，人們關心的不是高深的學術研究，更多的在於你的研

究會給他們的生活帶來何種益處。在做自我介紹的時候，要學會使用易於讓當地人接受的語言和表達方式，這樣會產生事半功倍的效果。

調查者在生活上也要儘量與當地人保持一致，比如穿與老鄉同樣的解放牌布鞋，帶一樣的草帽、吃一樣的食物等等，甚至與老鄉一起上坡做活路，這樣老鄉就會認為調查者也是來吃苦的，隨著對當地文化愈發瞭解，調查者就從當地人眼中的「局外人」漸漸變為「局內人」了，不僅會獲得當地人的尊重，而且會與當地人成為地方性知識的合作者，有利於調查的深入進行。

同學們在來到村落調查之前就提問說，何時可以開始考慮研究主題，是帶著主題和問題來到田野，還是不帶著問題來。田野調查之前的田野準備階段，調查者需要查找相關的資料，有些同學在查找資料的過程中已經產生了一些想法和疑問，甚至找到了自己感興趣的話題。但是，歷史書籍或者文獻資料上的內容與實際情況又有差別，研究主題的真正確定還是要根據實地調查的情況進行選擇。

經驗不足的調查者在田野當中往往會不知所措，不知道自己研究的主題是什麼，不知道自己感興趣、應該深入的方向在哪裡，當遇到了這種情況，有一條經驗可以嘗試，那就是學會做「減法」。你不知道感興趣的是什麼，那總應該會知道不感興趣的是什麼。預篩選的時候，先把不需要關注的方面一項一項地減去，最後留下來的就是有價值深入研究的內容。思考經過第一次篩選之後可能涉及到的訪談對象、比較合適的訪談形式，以及是否需要以口述史

的方式進行訪談等等,一連串的自我追問有助於調查者鎖定研究主題所涉及的方面,根據不同的關鍵報導人制訂各有側重點的訪談提綱。

第5天・8月4日
「大寨坎」,又來了?

一、路途漫漫

　　站在懸崖下,看著沿石壁雕鑿出來的石窩,我們心裡都在嘀咕,難道又要重溫「大寨坎」的噩夢?而且還是兩次!這一路上有兩道這樣的關卡,在石壁上鑿出深深淺淺的石窩,再一路爬到懸崖的上方。當地人的生活到底有多艱難!

　　昨天晚上,分到龍井組的兩個學生回來報告說,龍井組有兩道關,堪比我們爬過的大寨坎。為了指導學生,也為了看看這個距離場鎮最遙遠的村民小組到底是啥情況,我們吃過早飯後向龍井組出發(田野筆記:編號9)。

　　之前提到過,馬鹿村的村民小組是沿著山脊垂直分布,學生們約好一起走,路上大家還有說有笑,只不過走到1/3的位置,到馬鹿組、合堡組等進行社會調查的學生就轉身走向另外一個方向。梨子組的兩個學生和龍井組的學生走到梨子組後分手,龍井組的學生繼續前行。翻過兩座山,從上坡路到下坡路,再上坡路,腳下的道路也由山路變成一截水泥路,再變成碎石路。我們在路上還遇到了修

路的工人，他們說這條水泥路斷斷續續地修了好幾年了。修路所使用的柴油機、抽水管道、水泥、脆石以及水泥等放置在路旁，這是在對路面進行硬化了。從橋頭鎮上往上走，大約到馬鹿組，已經完成了路面硬化。而從梨子往下走，大約到莊屋的這段路面也已經硬化完。路面大約為5公尺寬，寬度並不規則，寬的地方稍寬些，窄的地方窄些，大約每500公尺有一個錯車道，這一段則明顯寬出許多，是為了便於相向行車的讓車。這條從橋頭鎮上通往龍井的鄉村公路，途經馬鹿、興隆、莊屋、合堡、梨子及龍井，貫穿整個馬鹿村，蜿蜒於馬路山上。在還沒有對其進行硬化之前，已經是像現在一樣寬的毛坯路了。

以前通往山上的道路幾乎都是土路，並且交通相當不便。梨子村的老人們回憶，在沒有修通公路之前，農民給國家繳納農業稅，自己要將糧食背到橋頭糧站去交。橋頭公社負責將作為農業稅的糧食運到本縣的名曰「西沱」的一個小鎮，那個小鎮在長江邊上，有一個碼頭，在那裡，糧食被裝上船隻運走。從橋頭向西沱運糧食完全靠人力背運，橋頭公社花錢找勞動力來揹運。從橋頭背糧到西沱，來回需要四天的時間。這些「力子」（人們當時對搬運工的一種稱呼）自己準備好「扁背」（後文中將會對這一背運工具進行介紹），自己備好路上的口糧，草鞋上裝好「腳碼子」（這是用於防滑的一種絆在鞋上的鐵質器具），然後花四天的時間揹運糧食去西沱。

上世紀70年代，橋頭的公路已經修通，從這裡可以直接通往縣城，並可以直接通達現在的西沱鎮，那是石柱縣

的一個重要的長江碼頭。公路修通之後，橋頭與外界的聯繫明顯有所加強，從商業上而言，外地的物資可以通過水路運到西坨，再從西坨經過陸路運輸到橋頭。相同的，橋頭的物資也可以按照這些路線被運輸出去。除了使用水路與外界獲得聯繫之外，許多物資也是通過橋頭與石柱縣城間的公路而在橋頭與外界進行流動的。橋頭鎮通往各個自然村的公路並沒有竣工，直到我們做田野調查期間，水泥公路仍然處於修建過程中。從場鎮步行至梨子組要花兩個小時左右，從街上出發，在大約 40° 以上的斜坡上行走至合堡組；向左有一段彎道，步行約十分鐘遇到兩個岔道，一往上，二平行：往上者直通梨子組的主要兩個院子，先進入的是梨家灣，緊接著便是土牆院，這兩個院子相隔不到 500 公尺；平行的一條路只在幾十公尺內平行，之後便是一個長下坡，通往梨子組的另一個聚居區——橫高。通過橫高的居住區，這條路便要通往馬鹿村距離場鎮最遙遠的小組龍井組，不過從梨子組出發，大約還需要一個半左右小時的時間（步行）。從場鎮步行而上，有很直的小路，僅能人走。除此之外，這裡還通了公路，目前正在進行路面硬化建設。

當前正在硬化的鄉村公路的毛坯路是在 2000 年前後興修的，最初是從 1998 年開始的。對於村民而言，那也是一個難忘的時間段，因為人們不僅需要投入資金（當時每個人口交 50 元），還要投入勞力，並且總有通車路的期望，所以，儘管大家既出錢又出力，還是能夠組織得起來的。從橋頭鎮到龍井的這段路被劃分成若干小截，每一小截由

一個家庭承擔。他們全憑自己挖山，挖出一條足夠一般車輛通行的、6公尺左右寬的毛坯路來。柯隊長家裡分了路段之後，他的幾個兄弟正好趕上寒假，回家過年，年前年後，兄弟們幫著他家挖了好幾天。2000年以後，這些問題逐漸得以解決。那時，藤子溝水電站已經開始準備建設了，至少已經開始做出前期準備，將橋頭的老街搬到馬鹿組，也就是現在的橋頭街。馬鹿組的土地有很大一部分為國家所徵收，借橋頭新場鎮建設之機，村裡找來挖土機挖路。據回憶，那一次似乎是這個小山村第一次進來挖掘機，並且在橋頭也是很不容易見到的，許多老人專門從家裡跑到施工現場觀摩挖掘機挖路的施工場面。就這樣，從橋頭上馬鹿山的這條路就逐漸興修起來了。2010年以後，路面進入硬化階段（事實上因為沒有資金，自從毛坯路修好之後又隔了幾年）。馬鹿村成為貧困村後，國家投入資金繼續修建這條道路。

　　交通對於人們的生產生活產生了重要的影響。在這條路還沒有修通之前，這裡即便是一輛摩托車也上不來。趕場的人通常要花上三四個小時在路上走，而且趕場總是因為是去買賣些東西。他們所買的東西中最重的算是用於農業生產的化肥，而且那是每年都必須的。當橋頭場鎮還沒有從現在的水庫那裡遷上來之前，路程還要更遠，且山路還要更加陡峭，人們往往需要背著化肥走上幾個小時的山路。所賣的東西以糧食和肥豬為主，現金的需要使得他們不得不培養肥豬銷售。人們回憶說，賣豬也經常是需要換工的，因為一家人幾乎不能勝任這項工作，肥豬需要從山

上抬到山腳下的街上去賣，抬一口肥豬經常需要五六個人出力。在沒有通車路的情況下，山上的人在市場裡總是處於很不利的地位。他們如果有些產品可以拿到市場上去賣的話，總是被山下的人壓價，因為那些人知道山上的人要把賣不完的東西拿回去是很不方便的。2000年以後，道路逐漸修好，即便在沒有硬化之前，一般的農用車輛已經能夠通行。人們所賣所買都是車運，而且，買東西的時候由賣家車運，賣東西的時候則由買家車運。每年都有車上來買黃連、穀子、玉米和土豆等，賣豬之前聯繫好買家，讓他們自己來拉走。

> 我們氣喘吁吁地沿著小路前行，兩個小時過去了，將近三個小時的路程之後，到達了龍井組。
> 坐在一戶農民家，大姐一邊洗衣服一邊問，你們是走上來的麼？
> 我們回答說，是啊是啊。
> 大姐感歎說，你們累了吧！
> 我們說，是啊，好遠啊，你們平時也這樣走到山下的鎮上麼？
> 大姐說，「沒啊，我們都是騎摩托下去。」
> 大窘，看來人類學不能亂想像當地人的生活啊。

每次田野調查，調查者都要親自走一下處在最偏僻角落的村民小組，開始有些同學認為這樣非常耗費精力，把時間過多地浪費在了路途上。然而很多時候，正是通過這種艱難的走訪與觀察，調查者能夠得到十分有效的資訊。

正因為地點偏遠、公路不通、土路難行，該地區與外界的交往並不是十分密切，因而會保留很多傳統的文化可以供調查者去深入挖掘。

在路途中，調查者會觀察到公路的各種形式，有水泥路、有人行路、有石階路、有土路，有已經硬化的路、有還沒有硬化的路，有70年代修好的路、也有近幾年才到的路。通過公路的修建，是否可以將整個的村落文化以及歷史變遷貫穿起來，成為一條清晰的線索。由肩挑背扛地背糧食、背化肥，到現在摩托車、長安車可以直接到家門口；由過去完全自給自足的生計模式，到現在的半商半農，可以看到交通對人們生產生活的重要影響。

二、神秘的龍井

休息了一下後，我們進寨子，找到了龍井組隊長家。向組長介紹，龍井組之所以稱之為龍井，是因為村中有一口井名叫「龍井」。向組長說，對於龍井的來歷有一個傳說：

> 在很久以前，一個村民看到村裡的水井前三耕田臥著一條龍，原本這條龍只是一個棒棒，後來越長越大，變成了一條龍。他回到村裡叫人，回來便沒有發現龍，消失了。從此村民們認為井可能有龍，所以就把此井定名為龍井。村裡人認為這口井很有靈性，只要是雨水少，乾旱，村民們便到龍井前祭拜。祭拜的人不僅僅只有龍井組裡的

人，村子對面的石盤河對面的三益鄉的村民也會來祭拜，他們捆著牛羊來到龍井前進行拜祭。村裡人在缺雨水的時候就會將水井表面的水取走，沒過幾天村子裡就會來雨。

龍井至今仍在上新屋一帶，從上新屋沿田埂前行 5 分鐘，在幾座墳附近便是龍井。龍井前傳說中的三耕田仍然存在。據年過七旬的村民回憶，解放前龍井的祭拜儀式還進行過。

向組長熱情地請我們在到屋裡坐，我們在向隊長家周圍大致察看了一下房屋建築風格、房屋布局，看到一個木匠正在旁邊的一個房間裡製作一幅棺木。詢問之下才知道，該木匠是鄰鄉的，被請來專門打制棺木，一副棺木大約要賣 5,000 元，木匠只負責制作，向隊長家則負責銷售。向隊長家兩旁各有一座清末時期的豪華墳墓，向隊長的兒子帶我們去看了一下，並且告訴我們，這兩座墳雖然也是姓向的，但並不是他們的祖先，他們搬到這裡來的時候，這兩座墳的後人已經不知搬到哪裡了。

向隊長家左邊的墳墓是向朝喜老大人之墓，這是一座合葬石墓，其夫人為楊氏。墓碑石質仿木結構，三出重簷，簷頂附高脊，圓弧形小僧帽狀頂，簷端上翹，上方匾額刻有「雙壽同歸」的字樣，匾額左側雕刻了一隻憨態可掬的獅子，右側石刻是一群人圍繞著一隻白虎的場面。匾額下方是一整塊石刻，由左至右分別是敲鑼打鼓的場面、水牛渡海和梯瑪（巫師）祭祀的畫面。嵌入式墓碑為三柱雙開

間，中間的石柱上刻有吉祥雙鹿和金猴攀樹的石刻，兩側還各有嫦娥和祥龍的圖案。所有石刻均為陽刻浮雕，但碑文為陰刻。外柱兩側附砌抱鼓石「八」字擋牆，抱鼓石上亦陽刻了鳳凰、祥龍和麒麟的圖案。

向家右邊的墳墓具有相同的形制和結構，墓主人為向天宗和夫人譚氏。上方匾額刻了「全歸圖」的字樣，匾額兩側為仙官的浮雕，下方的石刻是八仙過海，中間的石柱上刻了梯瑪做法的場景，兩旁分別是祭祀和趕白虎的圖案。墓碑的雕刻時間為1919年，但百年之後，浮雕圖案依然栩栩如生，令人感歎不已！尤其是梯瑪做法事和趕白虎的石刻，無形中展示出了當地的民族文化。據學者研究，土家族是古代巴人的後裔，崇尚白虎，在大型祭祀儀式中由巫師梯瑪主持儀式。但土家族有南北之分，對白虎的感情也有崇尚白虎與趕白虎的差異，而龍井組的這兩座墓碑上的浮雕，均為趕白虎，即將白虎視為災星和禍害，要趕走才能保平安。

考察了清墓之後，我們返回向隊長家裡，請向隊長拿出種糧直補的名冊，一個個地告訴我們，哪一戶是住在哪裡，哪一戶的經濟情況如何。我國自建國以來，基層農村建設一直在持續穩健地推進，種糧直補是減輕農民負擔的又一惠農政策。種糧直補名冊以及其他發放補貼的名單事實上也是田野調查中非常有用的統計材料。首先，可以根據名單來確認村民們的家庭經濟狀況，為接下來進行村落經濟調查奠定基礎。其次，可以要求村幹部根據名冊來介紹村民們的居住情況，哪些人是相鄰而住，哪些人住得比較遠，哪些人是全家外出打工等等。再次，可以從村民的

名字來請當地幹部介紹輩分、親戚關係、家族遷徙史,即誰和誰是什麼親戚,誰家是從哪裡搬來的,什麼時候搬來的,誰家的女兒嫁給了誰家的兒子等等。這些都是為接下來進一步的田野調查提供了最基礎的瞭解和框架。這也是在像中國這種有長期歷史文獻和統計資料的國家進行田野調查時的特殊之處,雖然有時候這些資料並不完全反映真實情況,但起碼是村落生活的第一側寫,我們可以在此基礎之上去瞭解村落的基本形態和生活。此外,在田野中收集的各類統計資料,除了可以作為定量研究的基礎資料,還可以與定性研究做交叉檢驗。

等我們大體上弄懂龍井組的居住格局時,向隊長的妻子已經做好了一桌子好菜,請我們入座。一邊吃飯一邊和向隊長及家人閒聊,瞭解到龍井組的很多物資都需要從山下運上來,但是目前的公路尚未全線貫通,因此需要用背篼將物品背上來,非常不容易。當地的村民亦自己種一些蔬菜,但醬油、醋、鹽等生活必需品都還是到山下的場鎮購買。隨著生活的變遷,村裡也有人買了電視機等家電,有時也有山下運貨的貨車把這些大型的商品運到山上,只不過要另外結算運費,這樣一來成本又要高了許多。最窮的是 200 元/人,最富的是 2,000 元/人;差不多是 10 倍。收入分為直接收入和間接收入兩種。

三、懸崖無人路

吃過午飯,向隊長帶著我們繼續走訪當地村民家。在樹林裡穿行了一陣子以後,我們的面前,出現一堵懸崖絕壁,石壁上是開鑿出的幾個石窩,石窩的邊沿已經被磨得

光滑發亮了。向隊長走在前面,為我們示範了一下怎樣爬到頂端,我們跟著也爬了上去。向隊長說,前面還有一個這種「石壁絕路」。果真堪比大寨坎!

　　隨後的路程一直在樹林裡穿梭,走過黃連地。據向隊長說,有一些黃連地是被人承包下來,專門雇村民來種植黃連。對於龍井組的村民而言,黃連是他們的重要經濟收入來源之一,黃連市場的波動,影響了他們外出打工的情況,一些年輕人放棄了到外面打工而在家種植黃連。並且,由於黃連市場的不景氣,不少村民都選擇把黃連儲存起來,等價格上漲以後再賣掉。黃連是一種多年生草本植物,生長週期為五年,第四年、第五年可以挖出來。黃連生長的環境是陰涼潮濕的,而石柱的地理環境和氣候是黃連的天然寶地,石柱產的黃連一直是藥材市場上廣受好評的藥材,龍井組位於山頂,固然有交通不便的困難,但也形成了黃連的規模種植。

　　龍井組的一些村民散居在山頂各處,翻山越嶺半個多小時後,我們來到了其中幾戶村民所住的位置。村民們告訴我們,與到山下的橋頭場鎮相比,他們到鄰鄉——黃水的距離更近一些,歷史上也經常到黃水去進行商品交易。村民們還七嘴八舌地講起了龍井組的人口變遷史和秦家山的故事。當地的販賣路線,石柱——黃水,忠縣,萬縣,三峽,宜昌,長沙,株洲,柳州,廣州,歷史上是黃連與鴉片一起種植。

　　據瞭解,解放前這裡曾種植鴉片,由於年代久遠,很多種植鴉片的具體情況已無從瞭解,只大體瞭解到鴉片農曆2月種,當年的7月份8月份左右就可收,清朝乾隆、宣

統、道光年間政府准種，後來，到1941年左右國民黨政府開始明令禁止種植鴉片。據瞭解，1953年的時候，曾經有一個三益人在部隊，他在部隊弄到一些鴉片種子，後來回來後帶回家種植在自家山裡，被別人發現後遭到舉報，後來該人遭到處分，被部隊開除，該個案反映了政府對於控制鴉片種植採取了的一些相應措施。據瞭解，由於鴉片當年種當年就可收，且收益也比較大，所以在政府禁止種植鴉片後，當地農戶並沒有立刻停止種植鴉片，很多農戶不願意放棄種植甚至與政府發生對抗，所以鴉片的取締經歷了一個過程。

龍井組聚落分布較為分散，從山下第一個居民點向上一共分了四個居民點。其中小寨子兩戶，均為郭姓人家；對凹坪共四戶其中三戶向姓一戶王姓；江家共兩戶人家，一戶黃姓一戶向姓；譚家屋、下新屋、上新屋、楊圈子、黃沙磅分布較為集中，這些地點一共居住著24戶人家，由向姓、黃姓、郭姓以及譚姓組成；從下新屋稻田中的小路向山上爬，在山腰處有一岔路口一條路通向蔡家口，另一條路則通過一條坡度較陡的石梯通向秦家山。秦家山共三戶人家，一戶姓唐，一戶姓秦，一戶姓皮；蔡家口沒有住戶，但是一位三益的黃連老闆在蔡家口承包了150餘畝的黃連地，在蔡家口的平壩上搭建起了一座房子作為工作的休息場所，偶爾姓劉的老闆便攜老婆一起在山上住上一段時間，處理黃連地的一些事情。

走訪最後幾戶人家時，我們見到了一個lwei子，這是當地傳統的舂米工具，將穀殼與米粒分離。在一村民的屋裡轉悠，我猛然看到屋後的溝邊放了一個褐色的圓壺。腦

海裡自動重播了最近看到的各種生產生活工具，好像還沒有見到過這種器形的壺哦。三步並作兩步奔過去蹲在壺前上下左右地拍照。主人家跟著也出來了，詫異地說，你拍夜壺幹嗎呢？大囧。

對社區各種物品的測量，是田野調查的基本內容之一，也是基本方法之一。不同的社區和村落，在農業工具、文化物品、祭祀禮具的選擇和使用上也是不同的。尤其是像我們這樣涉及到少數民族村落的田野調查，對當地一些常用物品進行長、寬、高的測量，收集基本資料，才可以在回去之後整理出基本的資料庫，並以此與出土文物、考古發現等材料作比對。例如，土家族被認為是巴人的後裔，那麼土家族現在所使用的生產工具與書面文獻記載和考古出土的文物到底有多大的區別？土家族祭師梯瑪所使用的祭祀物品和祭祀程式是否與文獻中的相同呢？諸如此類的疑問都需要更多的資料和材料來證明，所以在田野調查中，一個隨身攜帶的卷尺是必不可少的（圖4、5）。

圖4　研究者正在測量當地農具

資料來源：作者提供。

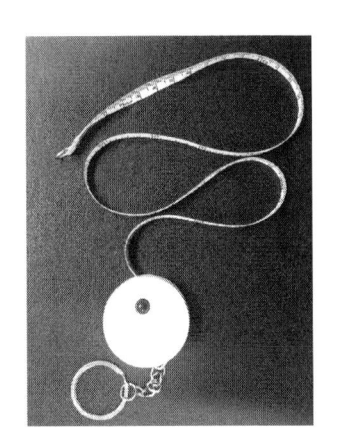

圖 5　測量工具—可式卷尺

資料來源：作者提供。
註：其他田野調查必備器具參見附錄二。

　　與向隊長告別，我們準備下山了。途中天公不作美，下起了大雨，回到賓館，幾乎個個都成落湯雞了。其他學生基本上早就回來了，還好沒有被淋濕。晚上開會的時候，學生們踴躍地發言。看得出來，學生們逐漸開始從普遍的描述性觀察進入到焦點觀察的階段。

【田野小結】

　　進入社區後一到三天，是對社區生活和村落文化產生直觀感受的階段。在這個階段，田野調查者會在自己的腦海中逐漸構建出一個越來越立體的空間座標。

　　調查者已經找到當地人畫過地圖，對村落的自然概況、邊界位置、地區形態、聚落格局、公共設施等有了初步瞭解。除此之外，還可以嘗試著瞭解村名的由來；村落的歷

史沿革；村莊中出現過的歷史人物或經歷過的重大歷史事件；村莊與相距最近的城市或者縣城有何關係；村落中居民的居住狀態，是密集型的或者是散居型的；宗祠或廟宇等標誌性建築的數量及分布；村落姓氏及其分布，如單一姓氏、主要姓氏、多姓氏等；當地人民的生計方式；村落人口現狀，村民的人數、年齡，性別、民族、文化水準、人均收入情況等等。上述問題都是從一般觀察到聚焦觀察的過程，在這個觀察過程中，並不一定要求調查者面面俱到，可以根據自己的研究主題來選擇觀察內容（田野筆記：編號 10）。

根據自己的興趣，對田野點的經濟、文化現象進行更具體的瞭解。跟隨村民一同趕場趕集，瞭解他們是幹什麼的，趕場去買什麼或賣什麼，主要依靠什麼方式來維持生計；場鎮上都有什麼，是否有算命看期的、賣當地土特產的、鐵匠鋪，以此看出當地的一些文化和生計特色。

選擇重點關注的文化現象後，可以先從一些熟悉情況的報導人那裡獲取基本資訊，例如研究宗族制度和社會組織，寨老、村主任、村長、組長等當地有威望的人士可以提供基本的背景資訊和細節；如果研究婚姻關係，就可以與計生專幹取得聯繫；想研究宗教信仰，道士、風水先生等是第一選擇。具體的調查方法可以視情況而論，以無結構訪談為主。村民們還要做農活，沒有足夠的時間和精力與訪談者坐下來長時間細聊，所以訪談者需要把握好問題與時間。

在逐漸深入的田野調查過程中，調查者可以嘗試著歸納問題，通過一些微小的問題出發展開討論，達到以小見大的目的。

第 6 天・8 月 5 日
神仙牌

　　求神問卦，是各地都有的民間信仰習俗，它背後蘊藏著傳統文化對生活本身的詮釋和解讀。但來了這麼幾天，一個道士或者算命先生都沒有遇到，只能等趕場的時候再尋覓了。基本上而言，在每個村落都有當地的一些民間信仰，只是表現形式可能有不同。它可能是主導宗教的地方化形式，例如佛教、道教、伊斯蘭教、基督教以及其他宗教，也可能是本土信仰的形式，例如薩滿、媽祖、城隍、土地公公等等，也可能是兩者的融合。而且與之相伴的往往還有一整套比較講究的儀典，例如做道場、做發回、盂蘭節、接龍等等，在這些儀典上，有時會有主祭司，也有時候是當地比較有威望的長老來主持，儀式過程包括施法、驅邪、袪鬼、跳儺、魘勝、禳解等巫術內容，往往又有相關的一些禁忌，例如語言禁忌、行為禁忌之類的，這些都是在調查當地民間信仰時需要關注的方面。

　　對未知的恐懼和不信任，在各個民族的文化中都有所體現，期待具有預知能力的占卜師揭示命運的每一次轉角，也寄希望於將來真的發生時能夠規避風險。即使它是一種普遍的文化現象，但是不同的社會對於「未來」的描述和

側寫是不一樣的，也即是各個文化對於「好日子／好生活」的定義不同，因此所憧憬的內容也就千變萬化。像在中國的農村，算命、測八字、看手相等等超自然力量的信仰中，農民所期望的大部分是「多子多福，家畜平安，安享晚年，孫兒膝下承歡」，因而所尋求規避的風險也與此相關。但是，即便是占卜師再巧嘴如簧，村民們自己也會尋求一個驗證的方法，看占卜師說的到底「靈不靈」。但這個「靈不靈」在於是否把生活中發生的事情與「占卜」建立聯繫，如果家畜生病了，主人一想到以前占卜的不好預言，覺得這個就是預言所預計發生的糟糕事，那麼他就會覺得占卜的結果很准。所以關鍵在於，尋求占卜的人是怎樣看待生活中的事情，以及對其的理解，這個理解是根據怎樣的邏輯結構來解讀生活與占卜的。

一、趕場

又到了趕場的時間。吃過早餐後，我們就在場鎮街上溜達，尋找算命、看八字等等職業的人。果然遇上一個算命的老頭。他的營業範圍包括看手相、算八字、抽神仙牌，另外他還帶了一些農具擺在旁邊出售。我們蹲在他的攤位前，老頭立刻問我們要不要算八字，我們說我們是來這裡做社會調查的，不是本地人。老頭警惕地問，調查什麼？我們說，什麼都調查，民俗習慣，民族文化這些。老頭死活不讓我看神仙牌的內容，也不讓我們抽神仙牌，也不跟我們說什麼。我們只好先暫時放棄，返回賓館。

被報導人拒絕，是田野中時常發生的事情。即使在半

個多世紀前,英國人類學家伊萬斯普裡查德(Edward Evan Evans-Pritchard)在非洲努爾人那裡進行田野調查的時候,他詢問對方的姓名,對方反問說為什麼要告訴你,以各種理由搪塞他,千方百計阻止他的調查。例如:

> 伊萬斯普裡查德:你是誰?
> 括尤:一個人。
> 伊萬斯普裡查德:你叫什麼名字?
> 括尤:你想知道我叫什麼名字嗎?
> 伊萬斯普裡查德:想知道。
> 括尤:你想知道我叫什麼名字?
> 伊萬斯普裡查德:對,你到我的帳篷裡來看我,我想知道你是誰。
> 括尤:好吧。我叫括尤。你叫什麼?
> 伊萬斯普裡查德:我叫普裡查德。
> 括尤:你父親叫什麼名字?
> 伊萬斯普裡查德:我父親也叫普裡查德。
> 括尤:不,那不可能。你不可能和你父親叫同樣的名字。
> 伊萬斯普裡查德:這是我的姓。你姓什麼?
> 括尤:你想知道我姓什麼嗎?
> 伊萬斯普裡查德:嗯。
> 括尤:如果我告訴你,你想怎麼辦呢?你會將此帶回國嗎?
> 伊萬斯普裡查德:我不想怎麼辦。我只是想知道,因為我在你們的牛營裡住。

> 括尤：噢，好吧。我們叫「婓」。
> 伊萬斯普裡查德：我沒有問你們的部落叫什麼，這我知道。我在問你姓什麼？
> 括尤：你為什麼要知道我姓什麼？
> 伊萬斯普裡查德：我不想知道了。
> 括尤：那你為什麼還要問我？給我些煙。
> （Evans-Pritchard 2002[1940]: 18）

雖然我們並沒有像祖師爺普裡查德那樣被繞得稀裡糊塗，但是報導人直接拒絕與我們溝通，還是有些「心理受傷」。只是這種情況時常發生，因為種種原因，報導人認為不宜將他／她的情況與田野調查者說明，就以各種理由回絕。但是由於田野調查的研究倫理限制，不能強烈要求報導人與調查者的合作，因為那樣的話，在非志願的前提下，報導人可能主觀上以各種不準確的資訊來塞給調查者，這就與田野調查的初衷相違了。

二、聽故事

在賓館休息的時候，賓館老闆給我們說了幾個俗語，「孝子的頭，直如狗頭」，因為孝子要去求別人來幫忙，白事現場要跪著答禮，所以就像「狗頭」一樣不值錢。賓館老闆還講了一下橋頭鎮的歷史，綜合了我們第一天所聽聞的內容如下：

> 橋頭鎮最先是由向家六兄弟一起修成的「六合

場」，後來向家被周麻口搞翻了，再後來就是楊家大地主掌控了橋頭。有一天，外面打雷下暴雨，楊家的祖先在山上的一個窯子裡面燒炭躲雨，結果那個窯子不幸塌了，楊家的祖先就死在那裡，那個地方地很好，地勢也很好，楊家的後人就在那個高山上背玉米下來賣，後來就發家了，購置土地成為了橋頭的大地主。在解放前有「橋頭國」之稱，是因為當時在橋頭楊家出現了一個大地主，名叫楊開甲，他掌握著當時整個橋頭的政治經濟大權，甚至有宰殺大權，還在橋頭升降國旗，儼然成為了一個獨立王國。但後面出了個李大菩薩和他的神兵，專門在橋頭追殺楊家，看見就用刀砍死，楊家到處隱匿，二哥為了隱蔽在現在的梨子組那邊修了碉樓和房子，房子裡有水井、磨子、炮樓等，不用到外面去房子裡用的什麼都有。到後來楊家躲過了災禍以後，雖然他們還是在橋頭作威作福，收納租稅等，但還是為橋頭做了一些好事，譬如說楊家的地主為了維護當地的場，修建了三多橋、鐵索橋、五福橋和順天橋，後來又複修了大寨坎那條路，那條路全是人工背石頭修的，然後有新修了一條從龍沙到老領口的路，修了橋頭原來的郵電所，還有參加當時的地下黨的，還是具有先進性的。橋頭鎮的土家族就要追溯到馬家馬堅副，他是一位將軍，一直在戰場上打草寇，是在湖北的戰場上犧

姓的,現在橋頭鎮的土家族以馬、譚、彭這三姓為主。

關於某個地方祖先起源的傳說中,經常可以聽到諸如「幾個兄弟從哪裡一起搬來,老大住在哪裡,老二在哪裡,老三在哪裡落腳」,或者是「以前是誰誰誰,後來來了誰誰誰」,以及「祖先有幾個老婆,分別是哪裡的」等等故事,這些故事實際上都是歷史上族群互動的一種文學結構的反映。中國的歷史是各民族長期互動的歷史,包括了歷史上各民族之間因為種種原因的戰亂和紛爭,也包括了長期的和平往來和友好共處。口頭流傳下來的這些故事中,幾位兄弟往往成為了現在的不同民族;祖先的幾個老婆往往來自於當時的各個部落或民族;土地占有者的變更也可能是戰亂所帶來的結果。尤其是在西南地區以及我國其他多民族共居的地區做田野調查時,聽到諸如此類的口頭傳說都可以再擴大一下調查的地理範圍,周邊其他民族有沒有這類傳說?在口頭傳說中,他們以前的祖先是怎樣對待彼此的?同時還要去查閱歷史文獻是否有關於這一地帶歷史上各個族群的記述。

三、討論

晚上開會的時候,學生們照例總結當天的收穫和不足。有學生說:「當地人上午就看電視,怎麼辦呢?還有,看你就像看稀奇玩意兒;鄰居的大娘,拉都拉不回來;走路還是要累一些;問題不連貫,小孩子們很好奇」。還有學

生說，問不下去了，報導人總說就那樣唄，生活方式，農忙農閒，就問完了，這種情況怎麼辦呢。我們告訴學生，這種情況很正常，尤其是在村落調查中經常會遇到的。這個時候，可以有幾種處理辦法，一種是請報導人現場演示給調查者，或者帶著調查者去走一圈，一邊走的時候一邊追問，這裡是你們平時來休息的地方嗎？你們一般是和誰來啊？休息的時候一般都聊些什麼內容啊？都是男性／女性嗎？如果這個時候有異性走過來，你們會開他／她的玩笑嗎？來這裡休息的人一般是多大年紀？你們平時有往來嗎？這些提問也可以是在提醒報導人去回憶平時都是怎樣的情況。另外一種處理辦法是運用反例的情況來「證反」。如果報導人說我們休閒的時候就是打牌啊，調查者就可以追問，那幹農活的時候可以停下來打牌嗎？有些問題會被當地人「鄙視」，認為怎麼會問這麼淺顯、基本的問題，真傻。但是人類學家在進入田野之後本來就是一種「無知」的狀態去慢慢獲得社區知識的。就像小孩子不知道社會規範和規則時做錯了事情、說錯了話一樣，大人會去糾正他們。調查者故意提「錯」問題，社區成員也會進行糾正並且就「為什麼」做進一步的解釋，這樣就可以又開始繼續進行下去。

　　社區的娛樂休閒通常是有年齡組的區別，也即是幼童的娛樂方式和成年人的娛樂方式就完全不同。在社區裡，小孩通常做什麼遊戲？跟誰在哪裡玩耍？他們有沒有自製的玩具呢？女孩們通常有怎樣的遊戲玩法？成年人在農閒的時候有哪些娛樂活動？誰組織的？當地有遊唱劇團和表

演藝人來村裡表演嗎？農閒的時候，人們會去聽戲或聽說故事的呢？村裡有什麼民間器樂嗎？當地有賭博以及其他娛樂方式嗎？這些都是與休閒娛樂有關的提問可以引發更多的思考和追問。

還有學生說，提問的時候與其他人一起，自己提問的主導性不夠，思路被題外話打斷；對家庭功能什麼的，無法提問。還有學生反映說，有人看到我們來了，就把門關上了；不夠熱情，吃飯時間到了，不給午飯吃，我們到另外的一家去吃的午飯。對此，我們告訴學生，當地人沒有義務要回答你的提問，要調整自己的狀態和方式，怎樣與村民們建立互相信任的關係，是一個長期的、反覆的過程。

被村民拒絕的學生一時有些氣餒。在田野過程中，雖然儘量要求調查者一方面要參與觀察，另一方面又要注意保持中立、客觀的立場，不對社區和村落的事情以及訪談對象的敘述進行任何價值判斷，可實際上調查者也是人，也有各種情緒的流露。人類學大師英國人類學家馬林諾夫斯基在受到土著居民的拒絕和激怒之後把自己憤怒的心情寫在個人日記裡。我們並不是說這種行為對與錯，而是想說，在田野裡遭遇種種情緒的變化是正常現象，而且或許也是一個研究契機也說不定。美國人類學家羅納托·羅薩爾多在辦理妻子的喪事後返回田野中，看到當地土著在獵頭後的祭祀儀式，突然一下子領悟了獵頭祭祀與喪葬禮儀這兩種看上去截然不同、完全無關的儀式背後的脈絡和關聯，「悲傷」這種情感在不同的社會和文化中具有怎樣的表達形式。所以對於調查者而言，珍惜自己情緒波動的片刻，

而且要去釐清為什麼會有這樣而不是那樣的情緒，也說不定由此可能會打開另外一扇門。

經過師生間的討論，運用集體的智慧將集體田野中遇到的一些問題討論清楚了。可見，集體田野並不是單個調查的簡單集合。整個調查自始至終都有詳細的規劃與設計，每天即使要寫日記到深夜，我們還是會堅持進行集體討論。一方面可以面對面地交流當天的調查所得，一方面可以得到老師們的答疑解惑。集體調查的設計就是基於團隊合作的互補性優勢，取得「1＋1＞2」的效果。

【田野小結】

今天有些同學反映說有時候得不到有效資訊。調查者們擔心自己問的問題太日常化了，都是當地人習以為常的小問題，會被看不起。而人類學家在進入田野後恰恰就是要從一種「無知」的狀態慢慢去獲得地方性知識，最終成為一個「局內人」。在調查過程中，老鄉們不會覺得調查者的問題是「傻」問題，恰恰相反，調查者越是表示驚訝，老鄉們就越能夠在調查者的反問和追問中獲得自信感和滿足感。因此，田野調查中沒有多餘的問題，調查者問的問題越多，獲得的知識就越多，也就越來越能夠理解當地的話語體系。

多位同學還反映，當報導人侃侃而談的時候，他們記筆記的速度總是趕不上對方講話的速度。田野筆記的紀錄確實是一個技術活。筆記的紀錄可以分為文字型的和圖示型的。前者包括了報導人所述、自己的感想和疑問、人類學理

論的運用等內容，記錄關鍵字非常重要；後者則是一些圖表和標示，具體的形式不限，記錄的時候看重的是速度，只要自己能夠看懂就沒有問題，其實圖示也是一種很好的記錄方式，可以起到提醒調查者的作用。但是無論是文字型的還是圖示型的，田野筆記的整理最好能夠當天完成，當天的記憶較為精准，時間過長有些符號自己也難以辨認，對訪談當天的情景以及自身的心理感受也會漸趨模糊。

　　田野調查過程中的各種思考、隨想、感悟、疑問，以及遇到的問題和困難都可以記錄在田野筆記中。田野調查的前期，可以按照每天的行程來記錄，把全天經歷的事情通通記下來，如天氣怎樣、去了哪家，對誰做了訪談，談了什麼內容，報導人參加了哪些活動，一天的調查有哪些不足等等。到了調查後期，確定了訪談的主題之後，可以按照主題編碼的方式來記錄，將自己的研究主題分類，建立子目錄，再將相關的調查內容分別放入不同的目錄裡，編碼紀錄的好處是後期整理時一目了然（田野筆記：編號 11）。

　　在調查的過程中，還應該注意的是尊重老鄉，在不影響他們正常生活的基礎上進行觀察和訪談。當老鄉們不想回答調查者的問題時，不要勉強，可以嘗試著用其他方式進行調查，如與老鄉一起上坡做活路、一起趕場等；當老鄉們要上坡做活路或者去趕場做生意的時候，也不要再繼續滔滔不絕地問問題，先把問題留著，等待老鄉有時間的時候再追問。田野調查不僅是知識習得、資料獲取的過程，更是學會善解人意、為人處世的過程，獲取知識的同時讓對方也舒心是需要每一個調查者去關注和學習的態度和技巧。

第 7 天・8 月 6 日
靈堂旁的歌舞團

　　不僅是節日慶典或重大過渡性質的儀式具有重要意義，生活中的小型儀式也不可或缺，它為我們賦予了靜謐的一刻，為我們灌輸能量和靈性。白事，是人生禮儀的最後一個環節。亦是我們田野調查的重要內容之一。

　　下午時，聽說了街上有一戶人家的老人過世。當地將喪事稱為「白會」。晚上吃過晚餐，我們三位老師就帶著幾位學生走到街的另一端。出發之前，幾個學生來找我，說明天的葬禮儀式不敢去看，從來沒有看過死人，有點害怕。我鼓勵了一下她們，說機會難得，當地人對我們這麼接納，給了這麼好的機會去觀察喪葬習俗，不能放棄。但是如果實在太害怕的話，也就不要勉強。

一、歌舞團

　　遠遠地，聽到歌舞團的嘹亮歌聲，在街心迴蕩，聲音洪亮地小心肝都在顫抖。在當地，紅白事以及其他一些重大禮儀的場合，都會請歌舞團來助興，我們之前只是耳聞了這個習俗，卻沒有當面觀察到。

　　不一會兒，看到前面圍坐了一群人，以及隱約的哀樂

聲，我們知道，到目的地了。歌舞團表演的場所在孝家旁邊，在牆壁上掛了一塊幕布作為背景，地上鋪了一塊紅地毯作為舞臺，一群年紀比較大的老人們坐在臺下，沒有座位的鄉親們都站在後排觀看演員們的節目，而小孩子們來回跑動，在人群中穿梭打鬧。表演場地的右側，也就是與孝家鄰近的地方，是歌舞團的「後臺位置」。演員們在這裡更換演出服裝，音響師的設備放在這裡，主持人也站在這裡等待下一個節目上場。

趁主持人空暇的時候，我跑過去問他要了他的臺詞單以及歌舞團表演的節目表。主持人說他知道我們是來鎮上做社會調查的，說等一下可不可以請我們派個代表說幾句話，也好給歌舞團添點光彩。我說可以啊，問了身旁的兩個學生，他們不願意上臺發言，那好吧，就只能我自己去了。這個節目表演結束後，主持人上臺說，我們橋頭鎮來了一群西南大學的學生，向他們表示歡迎，請大學生們來說兩句。我走過去，接過話筒說，「非常感謝橋頭鎮的父老鄉親這幾天對我們的支持，我們來到橋頭，給您們添麻煩了，還希望父老鄉親們能夠繼續支援我們的調查，謝謝！」然後把話筒交還給主持人，等著看他們下一個節目，演員們換好服裝等著了，青藏高原風格！欣賞了一下還算賞心悅目的歌舞，環顧了一圈，觀眾們不分年齡都看得津津有味。

雖然我們來到橋頭鎮，場鎮上以及周圍村落的一些居民都已經知曉我們並紛紛與我們打招呼。但是在這樣一個比較正式的場合借這個機會對我們的身分做一個介紹，也

向在場的父老鄉親們表明我們是誰，這樣也為以後的調查工作順利展開進行了鋪墊。

二、靈堂

　　靈堂位於一棟水泥樓房的底樓，原本應該是臨街的門面來著，臨時被布置了一下。門上用松樹枝和柏樹枝紮了一圈，點綴了幾朵白色小紙花。走進去，正中間是供桌，擺放了牌位和一些紙錢，前面是供品。牌位斜上方掛著一條引魂幡。一位老爺爺正伏在供桌旁寫字。我問他寫的是什麼，他就詳細地跟我解釋，這是十二殿袱子。並取出一疊紙錢教我們怎麼疊袱子：（一）先將紙錢兩端往中間對折，再上下對折；（二）再用紙錢包裹住已經對折好的紙錢，將多餘部分疊進去；（三）在正面寫上閻王的名字。

　　再仔細一問，原來老爺爺是「陰地」，專門負責替人操辦白事相關事宜的。今天不太適合做訪談，於是我介紹了一下我們是做什麼的，與老爺爺另外約了一個時間，讓專門做民間信仰的學生去訪談他。

　　靈堂的兩旁站著孝子孝孫們，他們有的頭纏白布，有的白布還拖到肩胛骨以下、腰間的位置。問了一下陰地，當地的習俗是血親才披麻戴孝，也就是兒子、兒媳及孩子、女兒、女婿及孩子，其他親戚的話可以戴孝，也可以不用。

　　問了明天發喪的時間，我們就返回賓館。晚上照例開會，還布置了明天的內容，一些學生明天就暫時不用去村裡，留在鎮上參加喪葬禮儀式，做好紀錄。喪葬習俗是社區生活和村落文化中的重要環節，土葬、水葬、火葬、天葬、

海葬、二次葬等等形式，甚至是區分不同民族的重要因素之一。葬式和葬法是自然環境和社會文化雙重作用下的選擇，什麼時候準備棺木和壽衣？亡者臨死前其家人都要做哪些準備？咽氣的時候有哪些程式？要燒倒頭紙嗎？誰負責給亡者遺體穿壽衣？要在亡者遺體的口中放入金銀錢幣嗎？報喪和報廟的程式是怎樣的？一般停靈幾天？祭奠過程是怎樣的？不同的親戚是否有不同的弔喪方式？在穿戴方面有什麼講究嗎？入殮和出殯的時間由誰來決定？有沒有主持喪禮的專門人士？請道士先生嗎？出殯的路線和程式是怎樣的？在哪裡下葬？怎樣下葬？葬後當天、三天和七天後的程式是怎樣？需要做「百日」和「周年」嗎？新墳的形狀有沒有區別？哪種死亡情況不能入祖墳地？調查者帶著這些疑問去儀式現場參與觀察時才能心中有數，更能聚焦觀察和選擇報導人進行訪談（田野筆記：編號 12）。

【田野小結】

參與觀察被認為是田野調查的重中之重，它一改起初自然學科完全無涉入的狀態，是帶著個體能動性去主動參與到社區活動之中，並且通過個體的行為和認知來獲得社區對於社會控制、社會規範、宇宙觀和價值觀的相關知識。而「儀式過程」通常是參與觀察的最佳時機。在參與儀式的過程中，可以通過深度訪談和參與觀察的方法將儀式的變遷過程逐漸勾勒出來，進行文化變遷的對比。

在田野中參加當地社區的儀式活動，是可遇而不可求的。在田野期間，有時候一場儀式都遇不到，有時候要連

續在周圍的幾個村落參加多場儀式。如果是第一種情況，則需求向主持人員和村民們反覆詢問和求證。如果是第二種情況，則需要調查者細心記錄儀式現場的每一個細節，同時還可以採用攝像和錄音等方式記錄下來。儀式活動非常重要，要把其中的流程環節記牢固。在參加典禮的過程中，學會在「局內人」與「局外人」之間進行相互轉化，在不方便訪談的時候就默默不出聲地記錄，將有疑問的地方及時標注出來，以便尋找合適的機會詢問。婚喪嫁娶紅白喜事，是大多社區比較隆重的儀式。如果對儀式活動感興趣，可以預先瞭解舉行時間和流程，不至於到時候手忙腳亂。舉行儀式活動時往往也是調研者最忙碌的時刻之一，更需要「眼觀四面、耳聽八方」，跟隨當地人一起參與到整個儀式活動中。

當老鄉們對調查者不夠熟悉的時候，儀式過程中調查者的貿然進入可能會引起老鄉們的疑惑，此時最好與熟悉的當地人一起去，讓當地人將你帶入儀式場所，向人們介紹你的身分。調查者要積極主動，一些小的舉動，如主動搬桌椅、打掃衛生等都是融入社區的表現。調查者的勤勞、主動，以及得體的言談舉止會使自己在當地人面前形成良好的印象。如果有機會，能夠在老鄉面前做一個自我介紹和團隊的介紹是最好的。在一個較為正式的場合對身分做一簡單介紹，會為以後調查工作的順利開展做好鋪墊。

第 8 天・8 月 7 日
塵歸塵，土歸土

　　吃過早餐，就帶著學生去昨天辦白事的那家。今天的天氣很好，早上就已經陽光燦爛了。走到昨天歌舞團表演的位置，也就是距離靈堂還有一段距離，看到一群人正圍成一堆。湊過去一看，裡面的一群人在整理花環。花環是現紮的，菊花和百合花，前面貼了一幅輓聯。送花環的人身穿黑色外套，正在整理輓聯，旁邊除了圍觀的群眾之外，還有穿了白色制服的樂隊手持樂器等待著指令。

　　一切妥當之後，樂隊開始演奏哀樂，送禮的人抬起花環走到靈堂門口，一邊還放鞭炮。然後把花環交給孝家，走進堂，朝牌位鞠躬。靈堂右側地上，孝女跪著磕頭還禮。一些送禮的人送來被子，孝家在二樓臨街的窗口處用繩子將其吊到半空中掛著。還有遠道而來的親戚，坐在水晶棺旁邊大哭，一邊唱孝歌，哭訴生離死別的痛苦。

　　靈堂這邊，前來最後探望亡者的親人們哭得傷心透徹，門口的舞獅隊和舞龍隊正舞得火熱。舞龍隊舞了一會兒之後，就聽見一個中年男人站在隊伍前面拖長聲音喊了一聲：嗨。舞獅和敲鑼打鼓的就停下來，聽他說話。他大聲地說了幾句祝福的話，然後收尾。舞龍隊再繼續舞動起來。

如果是平時一對一或者一對多的訪談，調查者可以選擇一個觀察角度來與報導人們互動。但如果是儀式現場，很多程式和行為在同一時間的不同空間內進行，這個時候需要調查者做一個取捨。可以先向當地人詢問，儀式的程式都有哪些，分別都在哪裡舉行，都可能會有哪些人參加。再根據研究主題和研究內容的需要，選擇一個離主題最接近、最有可能提供最豐富資料的現場去做參與觀察。同時保持田野的敏感度，如果有突發的事件或狀況，也可以當機立斷地轉換地點。在做好自己這一部分的參與觀察後，可以就其他現場的情況向當地人詢問並作補充紀錄。最理想的狀況是，多次參加該儀式，可以在大量的資料基礎上對其結構、組成元素等方面進行分析。婚喪嫁娶等人生禮儀有關的儀式，可能在田野裡可以遇到很多次；那種十幾年一次的祭祖儀式可能就只在田野中出現一次，甚至可能連一次遇見的機會都沒有。此外，美國人類學家顧定國總結過中國人類學的田野調查完全不是馬林諾夫斯基那種「孤身英雄單槍匹馬闖部落」的模式，而是以一種「團體作戰」的方式，組織一批調查者在同一個時間到同一個田野地進行民族誌作業。這種模式的好處在於，可以更全面地收集更豐富的資料。例如對儀式現場的觀察，如果是一個調查小組的成員都在現場的話，則可就儀式發生時的不同地點進行分工，這樣的話就能彌補人手不足、不能兩頭兼顧的困境了。

一、薅草鑼鼓

問了一下孝家，得知出柩的時間是下午 1 點多，還有一點時間，又剛好看到路邊有幾個老人正在敲鑼打鼓，於是帶著學生劉 YK 走過去。見我們圍過來，老人們停下來，問我們是不是來橋頭做社會調查的，他們說他們是山上合堡組的，孝家請他們下來為白會做敲鑼打鼓的事項。一位老人很高興地問我認識不認識一個學生也是在合堡組做調查的。我說，認識啊，那是我的學生呢。馬鹿組的都問我們，小彭呢？合堡組的都問我們，小孫呢？我問老人是否會薅草鑼鼓，老人們說當然會啊。這時，另外一個老者慢慢走過來，於是之前的老人們加上這位老者，開始為我們演唱薅草鑼鼓。

後來的那位老者，先試唱了幾句，跟我們解釋說，很久沒有唱過薅草鑼鼓的調子了。然後蔡氏正式開唱，一個人敲鑼，一人打鼓，一人唱：

李家那個三妹才二面朵花啊／小姐那個愛我都我愛她
小姐愛我的花生子兒喲／我愛小姐的牡丹花

李家那個□□才二裡裡堵寬囉／小姐那個打扮都像面花
不是小姐愛打扮啦／祖墳埋在那風流蕩

李家那個山在石坊裡頭橋啊／三個那個賣□□□□□
要問那個魚兒是要啥子哦／十七那個八歲都心血潮

那我在那山中是砍木兜柴啊／前面那個送飯都出發來
六十大歲還抱兒子哦／我是為你都那個來

請來家中來噢／不來也得來哦
我從一個拉飯都拉攏來／我從那方那路過哦
又把那門兒都圍成坎兒

請來那個來啊／不來也得來啊
我從一個東方都東羅來／我從東方東路過啊
東方那個門兒又圍成坎兒

請來家中來噢／不來也得來哦
我從一個拉飯都拉攏來／我從那方那路過哦
哪把那門兒都圍成坎兒

請來家中來噢／不來也得來哦
我從一個那方都那路來／拿個鞭子吃早飯啦
拿個電燈兒啦又穿草鞋

討完花朵紅哦哎囉溜完一度親／□□□□□□□
什麼開花那個是紅彤彤哦／什麼哪個開花是白隆隆
什麼開花那個懸空吊囉／什麼開花都遇不著

桃啊桃花子開花是紅彤彤／李子朵開花是白隆隆

核桃開花懸空吊啊／白果開花是遇不著

什麼蔓蔓出來是高又多高／什麼那個出來又半中腰
什麼出來連根折／什麼出來棒棒敲

高粱那個出來是高又多高／包穀那個出來都半中腰
豆子出來連根折／芝麻出來棒棒敲

什麼那個過河是不脫掉鞋啊／什麼那個過河都橫起來
什麼背上背八卦啊／什麼背上又長青苔

牛兒那過河是不脫掉鞋啊／螃蟹那過河都橫起來
烏龜背上背八卦啊／團魚背上又長青苔

結束之後,老者跟我們說:「一個人唱起沒得意思,要兩個人唱,一問一答才好」。他們結束之後,我們回過頭去一看,出殯儀式快開始了。老人們也收拾東西,準備過去幫忙了,畢竟他們是孝家請來的。

二、發喪

所有儀式現場往往會很混亂,這裡也不例外。看見孝子拿著招魂幡慢慢地向門外走去,石老師連忙讓劉 YK 在靈堂那裡,用攝影的話來說就是卡一個機位;石老師一路跟著孝子,卡另外一個機位,這樣的話就能記錄地比較全面

了。錄影是記錄儀式過程的重要方法之一，但是錄影對調查者的體力有要求，沒有腳架的話需要調查者以自己的身體或手臂為支架，防止手抖。同時要注意遠景、中景、近景和特寫鏡頭的切換。隨著影視人類學領域的發展，越來越多的田野調查者採用這一方法來記錄儀式和社區活動。

孝子走到街上，估計了一下距離，就跪在地上了。亡者的女婿也拿著牌位走出來，到孝子的身後，也跪著。後面的人依次跪了一整排。但是由於人數太多了，後面的人又喊了幾聲，讓孝子往前面再走走。孝子起身，往前面走了大約五十公尺，停下來背向靈堂而跪。

下午1點，準時發喪。放了一串鞭炮之後，孝子站起來，往山上走，整個隊伍慢慢地往前挪動，後來卻越走越快。走過田坎，大約在山腰的位置，停下來。抬花圈的將花圈放在旁邊，靈柩也被抬到墓井旁邊，然後將棺材放到井裡，再將遺體火速從旁邊的靈柩轉移到棺材裡，這個過程中，需要另外有人撐起一張床單，以免陽光曬到遺體了。然後就是蓋上棺材，挖土砌好墳墓。我們一直等到最後，然後和負責挖土埋墳的人坐在田坎上休息聊天。他們告訴我們，今年是南北向，所以這個棺材下葬的時候特別偏了一點點，明年才能挪正。他們並且告訴我們，鄰村也有一個老人去世了，他們晚上要過去，問我們要不要也一起去？汗，我說我們晚上再過去看看吧，到時候再見了。

從山上回到賓館，將拍攝的照片和視頻導到電腦裡，稍微休息了一下，晚餐時間了。問了一下學生有沒有心理陰影之類的，學生說第一次見到死人，但是比想像的要好

一些。這種對於做田野調查的必不可少，所以突破自己為好。

　　晚上，我們打著電筒趕往鄰村。這個靈堂現場也有歌舞團在表演，但是表演的風格不一樣，有小品和相聲，還有歌舞節目。同樣的是，一群觀眾坐在前面幾排，後面幾排的觀眾都是站著，但是也不影響他們沉浸在節目的精彩表演中。我們繞過觀眾，走到靈堂面前，靈堂的裝飾和上午那個差不多，我們以為起碼村民大部分都知道我們是來做社會調查的，但是一位亡者的親屬就問我們是幹什麼的，於是跟他解釋了很久。之後就回去了。孝子們除了迎接前來弔唁的親戚朋友，除了時不時趴在靈柩旁一邊哭一邊唱唱孝歌之外，也跑去看表演了，還有小品和相聲，滿場觀眾發出快樂的笑聲（田野筆記：編號13）。

　　習俗變遷，甚至往大的方面說，社會／文化變遷，始終是人類學領域比較關注的內容。早期的人類學常常把土著社會視作無污染的、原始的狀態去觀察。但是後來的人類學家們指出，這種把觀察對象當作「失落的伊甸園」的想法太浪漫了。無論程度的輕重，任何一個社區都處在和周圍社群互動的情況下，尤其是在重大的歷史事件發生後，甚至可能完全改變一個社區和村落。在現代社會裡，基本上很少有村子不與外界有經濟往來和社會交往，而在這個交往過程中，又會受到現代化技術以及所帶來的外界文化的影響。就像我們所看到的橋頭鎮一樣，歌舞團的活動已經嵌入到婚喪嫁娶等傳統人生儀禮習俗之中了，但又和一些持否定觀點的人類學家們所想的不同，它們並沒有完全

取代傳統文化的因素，而是與之融合在一起。傳統的力量在社區的持續和文化的延續中扮演著不可忽視的作用。

【田野小結】

來到村落已經接近一周的時間了，調查者要逐漸從隨機訪談進入到半訪談的階段。在這個階段，可以根據研究課題的內容，結合自己的興趣選擇訪談主題，再根據主題來制定訪談提綱。

訪談提綱的基本要求是一個問題只有一個指向，而不能包含多層次的指向。問題之間要有邏輯關聯。訪談提綱可以由大到小，一層一層地深入進行。例如對於民間信仰的主題，首先可以瞭解當地人的信仰體系、神祇的構成，再細分到每次祭拜某個神祇的時候的時間安排、需要準備的物品及購買的地方；主祭人是否需要、祭拜的時候什麼人物可以在場、祭拜的程式怎樣等等。採用這種由淺入深的調查方式可以使自己的思路清晰，也可以避免報導人將話題扯遠。

今天有些同學問到了訪談時的錄音問題，有些同學提出錄音可能會使訪談人感到拘束，不願意講出事情的實際情況；有些同學提到了錄音可能會侵犯到別人的隱私，涉及到倫理道德的問題。在不同於隨機訪談的訪談過程中，錄音的使用確實是比較重要的，通過錄音能夠獲取更多的細節，而有些重要的小細節是容易被調查者忽略的。當然，錄音是田野調查中的一個補充方法，但並不是唯一的方法。錄音的弊端也很明顯，有時候當訪談對象看到調查者手中

的錄音設備，他們的話語就會顯得不自然，回答的內容也會與沒有錄音的時候不同。這樣勢必會影響到訪談的效果與訪談內容的真實程度。另外還有洩密的可能，尤其是諸如關於人類後天免疫缺乏病毒（HIV）或後天免疫缺乏症候群（AIDS）項目的錄音，如果洩露後可能會給訪談對象帶來麻煩和傷害。所以，到底需不需要錄音，則視研究課題和調查者而定。在條件不允許的時候，可以拋開錄音筆，全身心的投入，去體驗文化。

今天，同學們聽一位老者唱了薅草鑼鼓和囉兒調，將歌詞完整地記錄了下來，這是很重要的第一手資料。在歌曲、舞蹈等民間藝術中，蘊含了大量的文化現象。從一些歌詞中可以反映出歷史發展過程中出現的生產方式，人們如何生活。因此，不可小覷民間藝術的作用。

第 9 天・8 月 8 日
文化變遷

到橋頭鎮，差不多一個星期了。學生們基本上進入狀態，就各自的主題展開了調查，也住到村裡去了。今天又有一個葬禮，兩位原記錄民間信仰和傳統藝術的學生仍然跟著去現場參與觀察。

按照慣例，今天又是當地趕場的日子，依舊非常熱鬧。學生們對村民的訪談有了很大的收穫，慢慢地呈現出當地社區的歷史與文化變遷。尤其是結婚習俗的變化，是隨著歷史的脈搏而跳動。不同的民族和族群有不同的婚制，阿注婚、入贅婚、合夥婚等等，在不同的歷史時期還有納妾、童養媳、典妻等習俗，還會為亡者舉辦冥婚等。關於婚姻習俗調查的第一步是釐清當地的婚姻類型，然後再確訂婚前、婚禮和婚後的程式，需要相親嗎？有媒人保親的習俗嗎？定親的程式是怎樣的？雙方如何互贈禮物？女方需要準備哪些嫁妝？親友來「添箱」嗎？迎娶的時間是怎麼確定的？迎親的路線是怎樣的？村子有嫁路和喪路的區別嗎？有攔親酒嗎？發轎、上下轎都有哪些講究？婚禮儀式有怎樣的程式？當地拜親的習俗是怎樣的？有鬧洞房和聽房的習俗嗎？回門、會親分別有哪些規矩？當地有離婚

和再婚的情況嗎？當地還有沒有以前結婚時的文書、嫁妝、禮單、庚帖等物品？當地還有其他特別的婚俗習慣嗎？

一、婚俗變遷

在1958年至1960年，全國大災荒，當地也遭受了頗為嚴重的災難，「那個時候，這個組估計餓死到只有幾十個人了」。回憶當初這些人還是記憶猶新，我們也確實碰到過幾個父母餓死的情況，有一些是雙雙都餓死在了那一場大災難裡。有一位大娘說：「我們家十幾個兄弟姐妹，現在只有我一個人了，全部都餓死了，一個都沒得了……」。在那樣的時期，人們結婚基本就沒有儀式和喜酒。有一些就是請一個大隊的人吃一頓羹羹（粥），但是很多是沒有儀式或是喜酒就結婚了，只有一張結婚證甚至連結婚證都沒有，「向家的女兒出嫁就是自己抱了一雙鞋子到閻家」。

（一）70年代的結婚個案

報導人：TQH，年齡65歲，橋頭鎮馬鹿村興隆組人。

原為石柱縣萬朝鎮人，70年代遷至橋頭鎮馬鹿村。報導人屬於中年喪妻的一類，兩人的認識是由自己的親人介紹認識的，介紹之後偶爾會到對方家一次幫忙，進一步的瞭解對方。

說親，這是要帶糖酒之類到女方家，男方由某人帶著到女方家裡和女方的父母進行交談。去的時間一般是晚上，按土家人的意思，晚上的時候都幹活回來了，有時間；另一方面，夜深的時候，避免了白天去的尷尬。在幾次的說

親之後，如果看上對方，這門親事便定下來了。之後便舉行訂婚儀式。

訂婚，報導人和她訂婚的時候，按他的原話，是這麼表達的：「那時自己只帶了個把套衣服去她家，衣服是碎花布做的，當然最後還是歸屬於棉布衣服一類，褲子是藍色一類的，鞋子膠鞋」。那個時代訂婚還是會請自己的親朋好友來參加。目的一是告訴他們自己有對象並已經成了，其二是要男女雙方的親朋能相互認親提供機會。通過訂婚提供的機會，兩家人的親朋會更加瞭解對方，而且進一步瞭解男女雙方家的情況。這天酒席中吃的菜中依然是少不了扣碗肉，只是這是的扣碗肉較為不真實。為什麼說他不真實的呢？這是的生產力水準低，吃的東西很少，所謂的扣碗肉是用南瓜包著麵蒸了來代替的。除了扣碗肉，其他的菜則主要是素菜的，這時的素菜種類也相對較少。主要的吃法就是用來炒著吃。並且這些日子的大饑荒時期，根本沒法想像他們是怎樣生活的。

同樣地，在結婚當天，女方家確定了一個時間點，在這個時間點，男方必須到女方迎親，它講究的時一個吉利。其實就是通過這種方式希望新婚夫婦能夠生活得幸福。

報導人的兒子與他的父親一樣，與妻子認識是通過親戚朋友介紹的。並且兩人交往的時間與父母比起來，稍微短了點，僅有一年。之後便訂婚了。

訂婚時，報導人描述，自己兒子這邊沒有給女方任何的首飾和衣服，而是把這些男方應該給女方買的東西，都折合為 4,000 元，然後直接送到女方家裡。所有這些錢，女

方自己自由支配，買衣服、買首飾，也可以說使用這些前來置備嫁妝。訂婚之時，會請雙方的親朋吃一頓飯，互相認識、互相瞭解，從而增進感情。

訂婚之後，還有一個環節，便是結婚證的領取。從唐叔叔的口中我們得知，兒子在領取結婚證的時候，出了不少的花銷，給了女方 3,000 元錢，女方才同意到民政局去領取結婚證，當然，這些僅是女方單獨提出來的。與土家婚姻中的習慣沒有關係。而從另外一個方面來說，這反映隨著經濟的發展，其他文化的闖入，土家人的有些婚姻中的古老部分，已經略微的發生了變化。女方地位得到提高，能在更多方面擁有自己的權利，包括上面所說的跟男方拿完錢後才同意結婚。

娶親當天，男方家會帶一隊人去女方家搬嫁妝。關於自己兒媳的嫁妝，女方家給了 10 條被子，4 個櫃子，3 個箱子，幾張桌子、幾個椅子另外的就是一些碗筷之類的餐具。事實上縱觀土家人的嫁妝的變化，唯一的不變的是碗筷之類的餐具。女方嫁到男方家的時候，帶上這些所有的吃穿用品到男方家裡，寓意把整個家都帶到了了男方家裡。搬嫁妝到男方家時，搬的時候只能一人搬一件。結婚當天的酒席的飲食與 70 年代比起來。有很大變化。扣完肉是真正的扣碗肉了，不再是用南瓜和土豆混起來充當的了。素菜的種類麼也增多了，並且在酒席桌上出現了雞肉和魚肉。

進入到了 80 年代，婚姻還有家長制的存在，這種家長制的婚姻即是，一切由父母說了算，在校的時候就給自己孩子定了結婚對象。

（二）80年代的婚姻狀況

報導人：LWH，年齡60歲，土家族。原為馬鹿村馬鹿組人，現為馬鹿村興隆組人。

LWH，1951年生，家中主要人員有丈夫LRL，常年待家。報導人描述，自己和他因為是一個村的，父母雙方通過對對方家庭的瞭解，知道家裡有這樣的兩個孩子，年齡相仿，又比較合適，便定下來了。作為孩子的他們在那個時候比較尊重父母的決定。就接受了。但對於對方，羅阿姨說，其實不瞭解，訂婚之前是茫然的，不知道對方什麼樣的性格，有怎樣的習慣等等。訂婚之後瞭解才多一點點。訂婚（取同意），大概是在14至15歲左右。

訂婚當天，男方會給女方送去衣物，一般包括一件衣服、一條褲子和一雙膠鞋。並且在70年代的時候，男方不需要給女方禮錢。男方去了女方家之後，帶著女方及其親朋到自己家中吃一頓飯。男方也要請自己的親朋到家中來吃飯。吃的東西很少，訂婚宴上吃的什麼玉米糊糊之類的東西，很難吃到肉。飯後開始認親，認親順序一般先從長輩開始，最後到小輩。認完親之後，女方須回自己家裡住，不能留在男方家裡。報導人回憶說，訂婚當天，其實自己是第一次到男方家裡去，感覺男方家裡條件一般，他的父母、親朋待人比較和善。心中竊喜和他過日子應該可以的。

訂婚之後，領取結婚證應該是一件比較重要的事了。訂婚之後的第4年，也就是在1970年的時候，她們領了結婚證。那個時代領結婚證有其自己的特點。首先，領證是到生產公社裡去領，由支書親自送到當事人手中。其次，

領證有一定的程式，在結婚詞下面簽證人一欄上必須印上兩個人的指印，說明兩個人願意結婚，並且婚姻合法。再次，和結婚證上的證詞是毛澤東語錄。領完證，在一個取的眾親朋好友認可的事就是舉行婚禮。

婚禮正式舉行的前一天，男方要給女方送去聘金，所謂聘金，主要包含有給女方的7、8套衣服，2雙鞋子，禮錢在當時是沒有的。從新中國成立到改革開放以前，中國長期處於計劃經濟時代。由於當時的經濟發展戰略選擇了重工業優先發展，產業結構還不合理，輕工業、商業不發達，人民生活相關產品相對匱乏，生活水準還有待提高。因此在舉行婚禮時給女方家的聘禮就相對較少，而所謂的禮金在這段時期可以不用給。婚禮當天，男方邀請吹嗩吶、鑼鼓隊和秧歌隊伍到女方家去迎親。這些隊伍是由公社提供的，無需付任何的費用。在那個時代也有迎親時間的講究，中午十二點之前必須到女方家裡，否則就要被攔在家門之外，直到所有客人吃完酒席之後方可進入女方家裡。如果早到，則可以吃女方家的第一桌酒席。待來女方家來吃酒的所有客人吃完後，女方家長輩、父母便開始給自己的女兒交待一些基本的禮儀，包括到了男方家之後該怎樣孝敬公公婆婆，怎麼和男方的兄弟姐妹、親朋相處等等。總的來說，父母都希望自己的子女嫁過去能夠幸福、和婆家人和和睦睦的。在這時一般女方情緒會比較激動，第一，是要和自己的父母、兄弟姐妹分離，開始獨立的生活，捨不得自己生活了20多年的家。第二，是一種對自己獨立當家，獨立生活能力的考驗。第三，到了男方家之後，成為

一個家庭的女主人，要孝敬父母、生兒育女等等的迷茫。當然，這些嫁入男方家之後該懂的基本禮儀，土家女兒在小的時候都應該有過教育。如哭嫁，哭嫁是土家女兒從小必學的一門課程，哭的內容包括有「哭爹娘」、「哭哥嫂」、「哭姐妹」、「哭媒人」、「滿堂哭」、「表姐妹哭」、「堂姐妹哭」等等。女方如果出嫁時不會哭，則會被男方或自己村的人譏笑，同時自己的父母臉上也沒面子。羅阿姨描述，自己出嫁的時候哭的很厲害，親朋、男方、長輩父母都比較高興。在哭嫁和所有來女方家吃酒席的人吃完之後，女方家便開始擺嫁妝，從屋子裡搬嫁妝到院子裡。接著，迎親隊伍中的小夥們便一人一件的選出自己能扛的物品來。這個年代的嫁妝主要有被子、涼席、椅子、桌子、衣櫃、等等，數量一般只有一件。等到女方家長允許男方帶著自己女兒往回走的時候，小夥們便扛起嫁妝走在前面，接著走在其後便是新郎新娘和送親的隊伍，最後的則是秧歌隊和吹嗩吶的隊伍，秧歌隊和吹嗩吶的隊伍要一直演奏到男方家裡。

　　到了男方家之後，要舉行拜堂儀式，才算是真正意義上的一家人了。拜堂，拜的對象主要是毛主席。拜堂的時候，選房間要選在正屋裡，即土家人所說的堂屋之中。這時會在正屋裡放一張桌子，桌子上鋪上主婚人紅布，紅布的上邊擺放上貢品；桌子旁站的是主婚人，堂屋的正中央牆上，掛著毛主席的畫像，地板上鋪有一小塊紅地毯。新郎新娘開始拜堂。拜堂時便站在紅地毯上，新郎站左邊，新娘站右邊，拜的時候要三鞠躬，同時，主婚人年結婚證上的證詞。拜完之後，新郎新娘便可進入到喜房之中。

婚禮完成的最後一個步驟是回門。這個時代的回門可以說很特別，是在婚禮後的第十天才回娘家，回娘家的時候要帶糖酒之類的東西，以表示對父母養育之恩的報答。這個年代的回門女方只要自己願意。可以在娘家住上10多天，然後再返回男方家裡。生男孩的時候，娘家人會抱著公雞開看望女兒，另外還要帶糖、土雞蛋等一類的東西。

　　自打工潮之後，由於人們鮮少在家，因此人們沒有那麼多時間去準備婚禮，以及那些望人戶和取同意的儀式。同時很多人在外談戀愛，對於對象的選擇的地域條件沒有了一定的限定，男女雙方家庭相隔太遠，且人們思想觀念受外界影響較深，使得他們對於傳統的結婚嫁娶儀式不太注重，很多人選擇辦「坐堂酒」，即只辦一下酒席，也是辦三天，請客人吃飯，而沒有嫁娶的過程。

　　早期的人類學家對異族文化進行田野調查時側重於以一種「搶救紀錄」的方式將所見所聞記下來，包括在西方人看來是很匪夷所思的各種婚俗習慣。當時的學者們相信，在現代化的面前，這些弱勢的土著居民們很快就會放棄他們現在的文化和生活，學會西方文明社會的東西，變得跟歐洲人一樣了。所以人類學家的職責之一是搶救這些「瀕危」的文化，趁他們還沒「滅絕」以前趕快記錄下來，即使以後再也不存在了，也可以從人類學家的紀錄中窺見人類文化的斑斕色彩。可這種悲觀的預計並沒有成為現實，或者說各個文化與外界影響的互動遠超於學者的想像。當地的人們一方面享受現代科技發達之下的產品，一方面依然延續著古老的傳統，祭祀祖靈，祈求平安等等。同時，

由於田野資料越來越豐富，構成了基本的樣本數，人類學家可以從更開闊的視角去理解這些婚俗習慣背後的社會肌理和文化脈絡。同時，學者們也更加注重考查婚俗習慣與文化其他方面的關聯，例如政治、經濟、歷史、族群認同等等與婚嫁之間的聯繫。婚俗習慣在變，學者們的研究範式也在變。

二、哭嫁

　　土家族婚俗女子出嫁前，有「哭嫁」的風俗。為了準備哭嫁，女孩稍懂事，就要學習哭嫁。觀摩、學習如何哭，女子在小時就要陪哭。哭嫁時，口中要念念有詞，土家人把這稱作「送嫁飯」。哭嫁時，同村親友的女孩都來陪哭。陪哭的人，哭得越傷心，越動聽，越感人越好。在出嫁前，姑娘如果不會哭嫁，就會受到歧視和譏笑。男方必須送粑粑到女方家，參加哭嫁的人多、範圍廣，而且有專門的哭嫁歌。在婚前哭嫁的時間短則五、六天，長則一、二個月，要與家人、親戚、朋友之間哭。解放後哭嫁已逐漸淡化，僅在深山僻野居住的部分土家人中還有遺風遺俗。而從阿姨的描述中，她們結婚的那個年代，哭嫁仍有保留，哭嫁的寓意在於自己要離開父母，無法報答父母的養育之恩，為父母養育自己多年之恩而哭。

　　婚禮當天，哭嫁之後，下午三點中，男方帶著女方到自己家。這時，女方家會安排送親隊伍，送親隊伍的主要人員是女方的兄弟姐妹、或者是女方父母兄弟姐妹的孩子，也可以是舅舅家的表兄弟姐妹。回男方家的途中，新郎走

在最前面,送親隊伍在整個隊伍的第二位置,搬家具的隊伍在第三位置,最後的則是吹嗩吶的樂隊。到了男方家後,要進行拜堂的儀式,之後才能進入新房。拜堂時是男女雙方站在堂屋中,進行三鞠躬。鞠躬的同時由主婚人年結婚證上的詞句,之後就可以進入新房。

接下來的一項活動是在男方家中吃飯,土家人稱為吃酒席。吃酒席時,女方只能吃第三組酒席,並且只能和送親隊伍的人一起吃。男方則是在所有來吃酒席的人吃完之後才可以吃。[3] 晚上的時候有鬧洞房的習俗。她們結婚的時候,鬧洞房的習俗有所改變,簡單的,只是男方的親朋、少年玩伴去新房中吃瓜子、花生之類的,待時間稍晚一點便各自回家睡覺了。20 世紀的時候婚禮當天的情況大概就是這樣。

回門的習俗也是婚禮中必不可少的環節。土家人婚禮當中亦有這個習俗。不同的時,她們的回門時間安排在婚禮只後的第二天。第二天吃過午飯之後,送親的隊伍先回去,然後才是新郎新娘回去,回去娘家的時候,新娘要帶糖和酒會去給父母,以表孝敬。到娘家吃了一頓飯之後,便回到男方家裡。婚禮的重大過程到此結束。新娘回門時,不能給娘家掃地,據說會把娘家的財氣掃光。回門當天,新郎到岳父母家吃第一頓飯時,一定不能把岳父母家特意多盛的一大碗飯吃光,也不能把酒杯裡事先放進去的兩粒黃豆(金豆)吃掉,酒喝光後要留在酒杯裡,以免把岳父母家吃窮喝光。回門時,新婚的夫婦也不可以在岳(娘)

---

[3] 女方只有在婚禮之後的第二天才能和自己的公公婆婆一起吃飯。

家同房。回門，不論遠近，一般要當天去，當天圓。回時，女方父母要給新婚夫婦打發錢，並教他們興家立業，夫唱婦隨，白頭偕老。回門結束後，婚禮就基本結束了，新郎新娘從此開始他們的婚後生活。

三、討論

晚上開會，老師們討論安排學生住到村裡的情況，如果比較順利的話，學生可以在17號左右列出寫作提綱，再在後期補充調查材料。

雖然我們都常說，進入田野之前不要有任何先入為主的想法，而是要帶著開放的視野和頭腦在田野中發現「現象」，再從「現象」入手，尋找因變域和自變域，再來檢驗理論假設，建立模型，控制變數，最後檢驗其效度和信度。但事實上，由於社會科學研究的脈絡淵源，在進入田野之前，田野調查者常常已經接受過人類學理論的訓練，對於即將進入的社區和村落可能存在哪些社會結構、社會組織與文化現象，心裡都或多或少有所瞭解，甚至出現塑型理論。塑型理論（formative theory），或塑型研究（formative research），指的是社會科學中一種逐漸生成的質性研究，它根據研究過程中社區裡的不同變數來調整理論設計（Reigeluth and Frick 2012[1999]）。在塑型理論的實際操作中，需要調查者先選擇一個或一組概念、範式來作為起點，通過研究中所發現的變數和動因來調整、改變原有的預設，最後再做出結論。

讓學生提出目前遇到的問題時，其中幾個學生紛紛吐

槽說，年輕人外出打工的太多了，村裡好幾戶都沒有人在家，這種情況怎麼辦。我們說，既然這是一個社區，就算村民外出了，但不代表互相之間的關係就隔斷了，所以應該想辦法來勾勒其具體關聯。

　　到底是什麼因素導致了這些現象的發生，有因變域（dependent domains）和自變域（independent domains）的區分，前者是兩組以上因變數的域，後者是引數集合的域。研究者把那些不受到外界影響而發生變化的因素稱之為引數，受到引數影響的因素稱之為因變數。在這兩個域之外，還有一個調節域，用來修正自變域和因變域之間的關係的域。在田野調查中，不僅觀察各種文化現象，還要分析到底是引數的問題還是受到外界影響而產生的變化，這同時又促成了塑型研究的構建與調整。在田野中，每當學生提出「因為XXXX的變化所以導致了XXXX的結果」時，我們都會提醒學生，這是唯一變數嗎？有沒有其他變數的存在？它們之間真的是因果關係嗎？你怎麼確定的？是報導人自己說的還是你的假設？尤其是提醒學生，不要被自己的主觀意識所影響，我們到田野來是要從當地人的視角去回答和解釋各種現象，而不是自己想當然地認為是怎樣的。

【田野小結】

　　調查者們來到橋頭鎮已經有一個星期的時間，同學們也基本瞭解和遵循了訪談的基本原則。在田野中，訪談提綱適合用開放的形式，半結構訪談的方式來不斷發現新問

題,擴充訪談的內容。有時候聊到興頭上,報導人可能會談及很多意想不到的話題,所以選擇合適的訪談對象就顯得尤為重要。最基本的原則是,訪談對象要熟悉調查者調查的內容,不一定是全部內容,但是就某方面而言需要熟悉這些文化現象。在訪談的時候,調查者可以先簡單介紹自己和此次訪談的目的,直接、清楚地進入主題,再慢慢追問和深入下去。瞭解和追問的過程不能做自己的價值判斷,始終保持中立的立場傾聽報導人的敘述。

通過一周的大量訪談與觀察,調查者獲得了大量資訊,逐漸出現筆記整理不過來的情況。尤其在每次參加完喪葬嫁娶等大型儀式後,獲取的信息量更大。一天下來,小本上常常會記錄十幾頁密密麻麻的筆記,整理謄抄和電腦錄入都會耗費數小時的時間。在這種情況下,建議把儀式過程和訪談資訊分開記錄。對於儀式過程而言,其框架結構非常完整,可以將其流程完整地按照時間順序記錄下來,而訪談則要逐字逐句地錄入,確保資訊的準確完整。即使在儀式進行時,禱文、祭詞也是需要全文紀錄的。

在田野中調查者可以遵守「三本」原則,即按照大小,準備三個本子,小本、中本和大本。小本是能夠放在口袋中的,方便調查者隨時拿出來做記錄,無論是路上遇到了老鄉,還是在儀式典禮中進行觀察記錄,有一個可以放在口袋中的小本子,將會給調查者帶來很多便利之處。中本的大小在四分之一A4紙那麼大,用來將一天中隨手記下來的零散的筆記進行初步整理。在每頁的邊緣處留下三個手指寬的空白不要寫字,這是為了能夠在當天的田野筆記整

理好之後把仍然留有疑問的地方記在旁邊，提醒自己需要繼續訪談這方面的內容，或者將自己的想法和感受及時記錄下來，以及方便老師在旁邊批註。大本就是A4紙張那麼大的本子，在調查的後期對中本的內容進行專題式的總結。簡單總結來說，小本是訪談紀錄、中本是田野日記、大本就是田野調查報告。

今天調查者關注的主要是婚禮文化的變遷問題。記得在田野調查之前，有的同學問到在調查過程中每天究竟需要關注哪些具體的問題。這與在進入田野點之前要不要準備精准的訪談提綱本質相同。在田野調查的前期準備階段，當然要對田野點的情況進行預先瞭解，但這並不意味著必須把訪談提綱或每天需要完成的任務詳細地列出，調查過程中即將發生的事情是無法預知的，田野調查的靈活性也在於此。而今天調查者們訪談整理的是婚俗的變遷，最初問題的提出很可能是因為調查者參加了一場當地的婚禮，也可能是聽老人無意談起了自己年輕時候的事情才引發出來的。隨著調查的逐步深入，調查者漸漸地把關於婚俗的問題進行歸納、抽象，形成了今天對不同年代婚俗的調查報告成果。

調查過程中，調查者會不斷思考問題，並嘗試把看到的現象放在一起分析，有的學生認為黃連經濟的起伏變化是導致打工潮的出現和外出務工人員的回流的原因；關注民間信仰的學生認為村落受到現代化的影響，使得民間信仰漸漸消失了，人們不再相信那些鬼神的東西；調查婚姻與家庭的學生把婚姻圈的擴大與外出打工經濟聯繫在一起。

這些思想的火花非常有價值，雖然初期看起來十分零碎且不成體系，但是觀察的深入和積極主動的思考，調查者會更多地去分析社會現象背後的原因，有利於研究的深入。在分析思考事物的原因時，要注意是否是唯一的變數，探討有沒有其他變數的存在，不能以自己的主觀意識來擅自解釋當地文化。

第 10 天・8 月 9 日
打酸糟

再也沒有比剛出生的嬰兒哇哇而哭的聲音更能讓人感覺到生命的美好了！生命的延續，在他們身上體現得淋漓盡致。求嗣、生子、賀生，這是新生命來到這個世界上的最初儀式，帶著親戚朋友的祝福，快樂地成長。

在孕育新生命以前，求子的習俗也不盡相同，有些地方流行拜觀音，也有一些地方有專門的送子娘娘及其祭拜儀式。當婦女懷孕後，保胎的方法也不一樣，有些地方的孕婦在懷孕初期是禁止出門的，也有一些地方並沒有這些禁忌。孕婦的服飾、飲食也有所講究，所以在調查時候要弄清楚相關細節，當地有催生的習俗嗎？有胎教的習慣嗎？分娩的場所在哪裡？分別有怎樣的習慣和忌諱？報喜的方式是怎樣的？以什麼為標誌？產婦下炕時有沒有什麼特別的習俗？坐月子的時候飲食和服飾上有什麼講究？初生嬰兒的胞衣和胎髮怎麼處理？當地有沒有新生兒的保護神？新生兒滿月時舉行什麼禮儀？服飾和飲食上分別有什麼講究？親戚朋友送禮的話有特殊要求嗎？當地有給新生兒過「百日」的習俗嗎？小孩生病時有沒有特別的習俗給孩子消災祛病？

聽上去將牙牙學語的孩子撫養長大成人，應該是差不多的。可實際上不同的文化中，什麼食物適合餵孩子，甚至是什麼溫度更適合孩子，對孩子應當實施怎樣的教育，人們都有不同的看法。美國人類學家瑪格麗德‧米德在薩摩亞人的社會裡發現，當地人教育孩子的方式和美國人就截然相反。即使在同一個國家，不同地區、不同民族的生育習俗也是各種各樣的，這種習俗同樣也是和當地的自然環境緊密結合的，而且也是經過不同世代的進化累積的產物。人類學家研究發現，即使生活在海拔幾千米以上的青藏高原，藏族嬰兒從出生開始就不斷地習慣著缺氧的高原環境；在缺氧環境下，藏族母親們並沒有過度包裹著嬰兒，而成百上千年的進化累積優勢讓藏族嬰兒從一生下來就比搬來青藏高原的漢族的嬰兒更有適應能力。雖然育嬰習俗與歷史、社會、文化相關，但也跟體質有關。並不是所有的田野調查都會有體質人類學的加入，但是人類學的四個分支——語言、文化、體質和考古的結合，才能更全面地反映出一個社會的整體面貌。

一、求子嗣

當地如果哪一家想要孩子而不得的話，會選擇去祭拜菩薩，求菩薩賜子。婦女懷孕後，俗稱「有喜」，要請土老司行法事「安胎」、驅邪，祈求祖先保佑，並在堂屋門上掛上篩子、艾蒿草，稱「金鐘神罩」，護住孕婦之屋。

個案：M，男，10歲

M是MZ的兒子，M的到來，用他母親的說法就是「講迷信」才有了M。在M之前，還有三個姐姐，鬧饑荒的時候後來生的兩個小女兒都沒有長成就死了。在這之後Z家裡就一直都沒有孩子。在長沙村的「高腳」，有一位活菩薩，那是一位名叫L的老婆婆，她被視為觀音菩薩的代言人，人們都稱她為活菩薩。根據當地人的描述同薩滿有些類似：「有人去看病或求助的時候，她會神神叨叨地亂舞，而且還會暈過去、抽筋。」這位活菩薩在自己家的大門旁修了一座石菩薩。來自周邊各地的人，有事請求菩薩保佑好時隨時都可以來祭拜。知道MZ家裡的情況，村裡人就建議到活菩薩那裡去祭拜，求得半子。每年正月初一的時候，馬觀緣的母親都會到這裡給菩薩上香。這之後才有了M。M這個名字也是活菩薩給取得，意思就是和觀音菩薩的緣分。在M辦酸糟酒的當天，活菩薩L從高腳下來為馬觀緣慶祝，並帶了一件紅色的上衣給這個觀音送來的孩子，保佑他順理成長。

二、產子

分娩，一般要請「接生婆」，接生婆進產房後，要敬祭土家族的生育女神巴山婆婆。嬰兒下地，接生婆用白線結紮臍帶，若是男孩，就用父親的衣服包裹；若是女孩，則用母親的衣裙包裹。給嬰兒洗澡的水嚴禁任意外潑，以免污穢神靈。

得知孩子出生後，周圍的鄰里、朋友、親戚都要以戶

為單位由家裡的女人前來探望。來探望的人,都要為母子帶來白糖、核桃、雞蛋等滋補食品。孩子的外婆家需要鄭重其事的通知,稱為報喜。孩子出生後,孩子的父親要就近選擇一個日期去外婆家報喜。臨行時,父親一般會背個背簍,如果生的是女孩,就在背簍裡放一隻母雞;如果是男孩,就放一隻公雞。到了外婆家,將雞留下,外婆家再在背簍裡放上甜酒、豬蹄、雞蛋、核桃等禮物,由孩子的父親背回來。報喜後,孩子的外婆會代表父母這一方去通知外婆那一邊的親戚,準備到孩子家吃滿月酒,稱為「約期」。父親這邊的親朋好友,在外婆一邊約定好日期後,由父親一一通知。

當地孩子的名字,一般都是父母等家人取得,只要聽著好聽、順耳就可以。不過也有通過看期等方式命名的。即根據陰陽五行學說,通過孩子的生辰八字等,推算出孩子命中金木水火土的情況,並據此為孩子取名,希望孩子在將來的生活中能夠平平安安、一帆風順,過上美好生活。近年來,父母自己給孩子取名的也越來越多。一般在孩子出生前會提前取好。男孩子取名,很多是依據輩分來取,姓氏在前,中間是輩分,單個名字在後。女孩取名字一般沒有太多講究,只要寓意好,叫著上口就可以。

個案:TFQ 的兒子

TFQ 的兒子幾個月大,爸爸起的名字 TJT。為給孩子取個好名字,譚方勤花費了不少力氣。他從在黃水的哥哥那裡借來根據陰陽五行學說為孩子命名的書籍,並按照其中的說法為孩子取名。大概孩子命中缺土,所以名中加入了「田」字。

三、打酸糟

對於滿月酒，土家人稱其為「酸棗酒」。一般在孩子出生後半個月到一個月之間舉行，男孩女孩都一樣。在約定的這一天，親朋好友會帶著禮物和禮金到孩子家，禮物用背簍帶來。被子，孩子的衣服、鞋、帽，土豆，稻穀等都可以作為禮物，禮金的數額視雙方關係和經濟狀況而定，多則上千，少則幾百。

親朋好友一般吃過早飯過來，收過禮物後，中午酒席開始。酒席的規格與婚嫁等酒席類似（後面有具體解釋），只吃中午一頓。吃過飯後，親友回去的時候，孩子家需要回禮。一般要回一個用顏料整個染紅的雞蛋，一包速食麵。背背簍來的親友回去時，孩子家還要回點錢。大背簍10元，小背簍5元，稱為「壓歲錢」，意為給孩子壓歲（田野筆記：編號14）。

個案：TFQ 的老婆 TJT 的訪談

Q 家裡有兩個兒子。兒子在醫院出生，外婆在廣東打工，打電話通知的外婆。醫院回來後親戚朋友有來看。第一個是大姑，第二個是乾姑姑。第三個是彭長萬的妻子。都是女的來看。大姑來帶了幾十個雞蛋，核桃、白糖。

前幾年：送穀子、背頭、壓歲錢，一個背簍下面裝穀子等，上面放背頭，有的要請人來背。現在懶得背了，包車也不方便。外婆過來要帶雞，生男孩的要帶雞公（公雞）、生女孩要帶雞婆（母雞）。初了雞，外婆過來還要帶背頭、50斤穀子，一壇甜酒。走的時候要送一個紅雞蛋和一袋速

食麵給過來祝賀的每一戶親戚。背背簍過來的祝賀者，每個背簍裡都要放錢，輩分大一些的要多放，輩分少的要少放。如果小輩分 1～2 元，大輩分便是 2～5 元。

兩個兒子都辦了酸糟酒。陳、譚結婚的時候是在廣東辦了酒席，大兒子也是在廣東辦滿月酒。1 歲的時候回來，又再家裡辦了酸糟酒。

在廣東辦滿月酒是要在兒子剛好到一個月的時候，定一個包間，吃完飯後可以玩麻將、KTV。親戚朋友吃完中午飯，歲數大的要回去休息，年輕的留下來玩。也有寫禮單的人。

由於農村的居民們基本上都是挨家挨戶地居住著，而且村民們長期以來的社區生活使得他們經常串門戶，這也使得我們的訪談往往最後會變成焦點小組的形式了。焦點小組也是田野調查中比較常用的方法，尤其是在這種人生禮儀的時候，對某一個人的訪談，會隨著村民的不斷加入而變成焦點小組的形式。

一旦有更多的社區居民加入到訪談中時，也可以將原本一對一的訪談轉變成在焦點小組的形式中進行常人方法學的參與觀察。常人方法學是觀察個體之間的互動關係、言語談話和非言語類的提示（包括暫停、沉默、搶話、語義重複等）不僅構建了談話的意義，還引導了談話的走向以及雙方之間情緒、關係、地位的變化。在社區的各種儀式中，例如「打酸糟」時，七大姑八大姨都會聚集在一起，這時不僅可以用常人方法學來測量親戚關係的遠近，還可以進一步就社會地位與身分、教育背景與認知結構等方面進行話語分析。

四、剃胎頭

新生兒第一次簡頭髮，稱為「剃胎頭」。以前，一般會找風水先生看日子，然後找專門的人來剪。傳說是，如果選擇的日子不吉利，孩子的頭上會長瘡之類的東西。現在，還是會找人來剪，但是已經沒有過去那麼重視。

【田野小結】

儀式能夠令人們在自由和秩序之間達到一種平衡，更有意識地去感覺、珍惜生活中的特殊時刻，土家人民通過儀式在自然能量和四季更迭中建立起聯繫。隨著時間的推移，有些儀式已經有所變化，在對儀式意義的重新發現中，能夠獲得新的導向。

今天是關於人生禮儀的觀察及訪談，生命的誕生是令人欣喜的，從求嗣、生子，到打酸糟、剃胎頭，人生中每個重要的階段都會迎接一個盛大的典禮儀式。儀式作為一種文化符號，它宣告了族群中新的一員的到來。

對於當地人民來講，這些儀式或者生育習俗都是日常生活中的一部分，而我們調查者的任務就是從人們習以為常乃至麻木的日常生活中看到不同尋常的東西，在生活生命史中尋找人類學的感覺。

在一個較為大型的儀式活動當中，選擇訪談對象可以使用隨機抽樣和分層抽樣這兩種方式。田野中的簡單隨機抽樣是指在任何場合遇到了比較能夠與生人表達觀點的村民，可以介紹自己後就感興趣的內容向對方請教。分層抽

樣原本指的是將總的單位按照不同特徵來劃分若干層，然後在每一層裡進行單純的隨機抽樣。在田野調查中，分層抽樣指的是考慮到社區成員的家庭經濟狀況、性別、年齡、社會地位等等背景，不同的背景選擇一些訪談對象，例如，就經濟狀況而言，最窮的家庭和最富有的家庭情況各是怎樣的、是什麼原因導致了他們的貧窮或者富有、他們的個人史怎樣等等問題可以再繼續深入下去。

雖然下田野之前學了各種調查方法，但是在田野中卻是「毫無方法」。這是指根據人們實際活動情況，隨時在各種調查方法中轉換。有時正在做調查問卷，偏偏當地人就某一個題目大談特談自己的看法、觀點和體會；有時候正在對某位元人士進行半結構訪談，不一會兒七大姑八大姨全聚在一起，你一句我一句地聊得不亦樂乎。千萬別讓這些寶貴的資料從手邊溜走！要留心觀察這些人物之間的親屬關係，每個人的發言有什麼特點，從細微之處看出社區關係的不同來。

第 11 天・8 月 10 日
男婚女嫁

　　雖然在學校的時候，課堂上教授了各種田野調查方法，從訪談到參與觀察，一應俱全。但是，事實上不是每個方法都可能用到；也不是每個人都一定會全部用到這些方法；甚至並不是所有的方法都適合任何調查者。換句話說，不是每個人都適合做訪談，有些學生性格比較內向，和陌生人說話都臉紅緊張；有些學生更喜歡在行動中來感知社區知識。所以，學生們自己也在田野中發現適合自己的田野調查方法，是在一邊默默地觀察，還是多與村民們擺談瞭解情況，這些都要看學生自己的情況。所以也有很多人說，人類學家是「天生」的，田野調查是一門「手藝」而不僅僅是「技術」。「手藝」就意味著有個體差異，而「天生」指的是成為哪種類型的人類學家，是由個體素質和能力來決定的。

　　在訪談過程中，調查者自己的背景也有時會促進田野調查的開展。雖然有爭論說到底民族志調查者的身分會不會影響田野工作，可實際上如果來自相似文化背景的調查者，可能在切入田野以及理解受訪對象所說的話的具體含義時更容易一些。但也並不是說文化背景相差很大的調查

者就無法勝任田野工作。後者的優勢在於可以迅速捕捉到那些與自己成長的環境完全不同的文化現象。所以，關鍵在於是否對文化現象很敏感，以及隨時注意與自己已知的文化現象和知識去比較。在我們進行田野調查的一個重要方面是記錄當地的婚俗習慣，由於派去做婚俗習慣調查的是兩位年輕可愛的女學生。其中一位學生是在其他省分的城市裡長大，對記錄農村婚俗習慣表示非常有壓力。我作為她的指導老師，跟隨她一同做婚俗習慣的調查，並指導她，可以回想一下她姐姐在認識戀愛對象、談戀愛、拜見雙方家長、訂婚、擺酒席、迎親的過程中分別都有哪些準備，需要媒人在場嗎，他們當地還有沒有特別的一些習俗。然後把這些習俗的結構找出來，哪些部分是不能省略的，哪些部分是以前沒有的而是現在年輕人們時興的。再將這個回憶、疑問的思考過程放在田野調查中，不斷地將受訪對象所描述的內容與自己文化中的現象作對比，找出當地婚俗文化中的特別之處。在這個過程中，調查者自己的成長經歷和生活環境就是有助於田野工作的推進（田野筆記：編號 15）。

在訪談結束後，可以對當天的田野筆記和訪談紀錄進行初步的話語分析。話語分析是指將說話人還原到其社會環境和文化背景中去釐清他／她所說內容的指涉對象、價值判斷、意義和權力關係。例如當地社區的老人們描述當初舉辦婚禮時的過程時，雖然並沒有提到當時的社會對一個「典型婚禮」的要求和限制是什麼，但是從老人的敘述中可以看出，當時的社會條件對女性的性別特徵有所限制，

新娘結婚時所穿的是藍色長布褲子。那麼進一步對其「尚未說」的話語進行分析時指向當時歷史條件下服飾變遷與政治氣候的關聯。這是初步的分析，那麼這到底是一個個案還是當時的普遍現象呢？就研究意義上而言，如果僅僅是一個個案，無法滿足樣本數的需求，也因此為下一步的田野調查指出了方向所在。

【田野小結】

　　田野調查中，考慮到調查者的時間和受訪對象的時間，一般說來訪談都是一次性的，即在事先約好的時間內就所關注的內容與訪談對象展開對話。但是，也有一些意外的情況發生，如訪談材料丟失；發現對方回答的一部分資訊太模糊甚至是錯誤的，需要再次確認；新的思考激發了新的提問等等。就訪談的次數而言，有一次訪談和多次訪談的區別。後者是重複性的調查，次數不限，可以是兩、三次，也可以是多次重複，使得訪問和田野調查得到推進。

　　訪談對於人際溝通和互動技巧的要求比較高，在訪談時除了積極回應參與者的問答，建立融洽關係，還需要以「回應」的方式提示報導人繼續下去。「響應」方式包括發出回答的聲音和點頭、微笑等肢體語言來鼓勵訪談對象繼續展開敘述。如果訪談人過度沉浸在已經陳述過的事情中，需要調查者將訪談對象的注意力轉移到訪談中，開啟新的話題。如果訪談對象對某個話題保持長時間的沉默，調查者要靈活轉移話題，儘量不讓訪談對象處於尷尬的對話語境當中。

在田野調查的過程中，調查者自身的社會及生活背景也會對田野調查的開展產生一定的影響。來自相似文化背景的調查者，更容易理解受訪對象所說話的含義。但這並不是說文化背景相差很大的調查者就無法勝任田野工作。後者的優勢也非常明顯，可以迅速捕捉到那些與自己成長的環境完全不同的文化現象，在文化背景相似的調查者眼中司空見慣的事情，到了文化背景差異很大的調查者眼中就變成了非常新鮮的事情。所以，關鍵在於是否對文化現象保持敏感度，以及隨時注意與自己已知的文化現象和知識進行對比。

　　記錄當地的婚俗是今天工作的一個重要方面。通過對不同年齡階段的當地人進行訪談，調查者發現社區通婚圈的變遷過程。還瞭解到，通過修公路等集體活動，使得人們的交往範圍擴大，於是該社區與湖北的聯姻比較常見。除此之外，還可以多關注聘禮、禮金、宴席、婚禮流程、婚禮禮服、通婚圈等的時代性變遷，從而從側面觀察到人們的生計及生產生活的變化過程。

第 12 天・8 月 11 日
信仰

　　民間信仰往往是各類田野調查中都會涉及的內容，正如我們在前面所說，不同社區在對待神靈以及超自然現象時都有不同的選擇，可能是主流宗教信仰，也可能有民間信仰。

　　時間與空間的交織，構成了歷史的每一個節點。雖然我們記錄的是當下的情況，但是社區的歷史並不是斷層的，而是不斷累積的。我們現在所觀察到的種種現象，都是從歷史上的情形發展而來的，而歷史的每一次轉折，都給社區投射了一層光影。尤其是像中國這種經歷了數千年的歷史歲月，歷史上的每一次叛亂、革命、運動等等都給社區帶來不可逆轉的影響，即使在當下的田野調查中仍然可見，並且還可以回答「為什麼會是這樣」的疑問。所以在田野調查中，除了對空間和場所的掌握以外，還需要調查者對「時間」有一個敏感性，無論是儀式過程還是個人史，都需要對具體時間和當時的事件進行追問。事實上，中國農村很多地區的村民都並沒有一個具體「XX 年 XX 月」的概念，這時可以以歷史事件／歷史人物來提問，例如「三反五反」、「大煉鋼鐵」等來提示訪談人。也可以用個人經

歷來提問,例如「那時候您結婚了嗎?」、「那時候您的孩子出生了嗎?」,再根據年齡來反推具體的年代。

在展開追問之前和進行中時,調查者需要識別出訪談所涉及的「目標人群」是哪些人。就民間信仰而言,雖然村落裡的村民們或多或少都知道一些,但是要尋找完整、全面的信仰框架和分類結構,就得先識別出這個村落裡民間信仰有關的「目標人群」是誰?他們可能是寨老,可能是退休老教師,可能是木匠,甚至也可能是村支書。而且民間信仰儀式的負責人往往並不是只有一個,而是有一個群體負責不同的分工,敲鑼打鼓,購買祭品,主持祭禮等等不同程式可能分別由不同的人來完成。所以,識別出「潛在訪談對象」是事件型追問的第一步,但也是比較重要的一步。

【田野小結】

對於人類學的調查研究而言,民間信仰是十分重要的內容。曾經有人開玩笑說,人類學家每到一個地方首先做的事情就是尋找墳墓和寺廟。民間信仰不是迷信,其中包含了許多文化習俗和地方性的知識。

來到一個陌生的村落,首先要弄清楚當地有哪些信仰;人們如何區分傳統宗教與所謂的「封建迷信」;傳統信仰所崇拜的對象有哪些,分別是什麼職責;信仰的來源如何,當地人在何種情況下會崇拜和祈求他們;當地人覺得它們是否靈驗,能否搜集到有關崇拜對象的故事和歷史傳說;不同社會地位的村民對它們的存在有什麼不同的看

法；對於那些不相信的人，神靈是否會降罪於他們；有沒有人做過破壞民間信仰的事情，這種行為的產生原因；在崇拜和祈求的時候，人們都有哪些活動；如何準備法器、祭祀品等相關物品；祭拜儀式的規模、過程和程式分別是怎樣的；當地人做這些儀式的固定場所；當地政府和村委會怎樣看待這些行為；當地專門從事民間信仰的人是誰，以及他們的個人經歷，他們如何習得這些儀式、通曉這些知識；村民選擇從事民間信仰儀式的人，有沒有宗族的側重；村裡還有其他自然信仰嗎，在諸如天旱、洪澇等特殊的自然環境中，人們是否祭拜等等。帶著這些疑問，調查者就可以去瞭解村民的神靈世界到底是怎樣（田野筆記：編號16）。

對於事件的追問，通常的典型提問和新聞報導差不多，先關注於「5W」，即時間、地點、人物、發生了什麼，對誰起作用。然後才是追蹤每一個環節裡的具體細節，例如空間次序的安排，服飾和飲食的特殊講究，性別的差異，早中晚和一年四季的不同，年輕時候和現在的區別等等。這樣相當於是先搭建起事件發生時的框架，然後才進一步添置使其骨肉飽滿。

人類學的田野調查其實就是把異文化中雞毛蒜皮的小事轉換為、整理成一個體系，立足於當地人生命的經驗，從信仰、婚姻、禮儀等瑣碎的日常生活中體悟到精緻的社會文化體系的過程。

第 13 天・8 月 12 日
消費

　　買賣交易是發生得比較頻繁，同時也是最易於觀察的交換行為了。當地是否有土地買賣和租種的現象？是否受到家族、村落、宗族的限制？買賣過程是怎樣的？現在是否還保存著土地契約？就商品買賣而言，村民一般到哪裡趕集？時間和地點是怎樣確定的？村民主要進行哪些農產品的交易？如何交易？村裡有流動商販嗎？時間和頻率是怎樣？他們一般出售哪些商品？村裡有沒有商店？經營狀況怎樣？村裡人是怎樣互相借貸的？

　　在涉及消費以及當地人的其他行為時，還有一個關於動機的思考，即為什麼他們會買這些商品而不是其他的？關於人的動機，心理學的研究方法也無外乎是實驗法、觀察法、調查法、文獻資料法等等。民族誌的田野調查中所採用的是自傳法，即個人的自述，從當地人的角度去對相關行為進行解釋。然後再根據田野材料來分析在當地人的認知體系裡，各種價值判斷的標準和依據是什麼，其背後的經濟、社會、政治、歷史根源又是什麼。

　　對於農民的消費習慣，學術界一直有「形式論」vs.「本質論」的辯論。在「形式論」的支持者看來，人類是理性的，

人類的經濟活動是為了利益最大化的，由此基礎之上的各種經濟行為都是在理性地計算如何實現各自的利益。但是後者持不同意見，因為這種「理性消費」的論調不能揭示其他非資本主義社會的種種經濟現象，例如北美因紐特人各部落每年都會舉辦誇富宴（Potlatch），這種筵席的目的就是把積攢的財富統統消費掉。在前者的視角裡，這種巨大浪費的行為無疑是非理性的。「本質論」學者們則辯稱，不是所有的社會都會追求「財富」，在某些社會和文化中，物質財富只要能夠滿足基本生活所需就行了，而文化中的其他組成部分，諸如聲望、名氣、信仰、和諧等等，才是他們所看重的東西。而且，在這個資源大規模流動的時代，各種內部因素和外界影響都在互相作用著，政治、經濟、歷史、文化、宗教等因素都在「理性還是非理性」的消費中扮演了重要的角色。在田野調查中，報導人的消費習慣也不能單獨抽取出來考察，而是要回歸到原來的社會和文化中去考量，為什麼他們會選擇購買這些商品？他們是怎麼理解自己的消費行為的？這些疑問都要通過當地人的視角去解答（田野筆記：編號 17）。

像我們通過田野調查所收集到的這些關於消費習慣的數字，可以為定量研究提供基本的統計資料。質性研究並不完全排斥數字的存在，只是運用資料的多少而已。對於質性研究而言，諸如人口構成、年齡組、經濟收入狀況等等數字相當於田野地圖中的座標點，告知我們哪些地方指向何處。質性研究的重要性在於它可以提供一些數位中所看不到的內容，例如為什麼在這個村，這對夫妻婚前只用

了1,000元買衣服,卻花了1萬元來舉辦婚宴?這些看上去不符合「理性消費」的行為,恰恰需要還原到社區所在的文化背景中去理解。

　　涉及到數位與統計的調查,有時候需要調查者自己選取一個時間段或者一個計數方式來考量。例如收入與消費的問題,在農村大部分地方,村民們往往沒有一個月收入多少的概念,而是有按件計酬的計算方法,做一次工的收入是多少,一頭豬賣出去的收入是多少等等。除了記錄下報導人的結算方式和具體細節以外,還可以自己給出一個時間段來讓對方計算,例如春節期間的收入大約是多少,農忙時間的收入大約是多少,冬季的消費是否要高一些,為什麼等等。同樣地是在統計當地商品交易時,理論上調查者應當用窮盡法去數清楚當地多少商品進入交易市場,每一個時間所發生的交易金額是多少。但是就現實而言,這顯然不可能實現。調查者可以通過預調查大體瞭解當地集市的活動時間,再從中抽取一個典型的時間段來統計人流數量、商品交易類型、買賣價格等內容,然後再在不同時間重複驗證這些資料。

　　人類學屬於社會科學,即是科學研究中的一門學科,而所謂的科學研究而不是藝術研究,指的是資料的可驗性和可重複性(Kuznar 2008)。雖然有學者強調人類學所具有的人文和藝術的一面(Clifford, Marcus and Fortun 1986),但Kuznar指出,人類學作為一門學科所需要的科學方法是嚴謹的邏輯結構以及可以被重複驗證的特徵。換言之,人類學家通過田野調查所彙集的資料、案例、事件等都經得

住事實的檢驗，雖然可能在不同時期這些資料、案例等資料會有所不同，但它是建立在事實本身的基礎之上的，其效度和信度也是可以通過內部成員與外部評估、差異比較等方式進行檢驗的。

在論證之前，前提和結論是比較重要的，前提涉及到思路的出發點，結論是思路的終點，而邏輯論證的過程是在這兩者之間勾畫出的合理路線。如果前提本身就不可靠，無論這個邏輯推斷再怎麼看上去具有誘惑力，都無法讓結論站住腳。論證過程的基本要求是越多細節越具體，但同時又要簡明扼要，不拖泥帶水。在尋找論據的時候，孤證往往不構成有效的論據，即在舉例子的時候要考慮到例子本身的可靠性，它是唯一的個案嗎？還是一個普遍的現象的歸納？這種情況發生的概率有多大？小概率事件作為論據也不是很靠得住。在使用田野中獲得的統計數字時要考慮其樣本數和抽樣統計方法所帶來的偏差。無論是歸納論證還是演繹論證，都要考慮其反例的存在，也就是相反情況是否被考慮進去了。類比輪中時，例證必須有本質上的相似之處，而不是毫無關聯。同時還要注意，即使某種現象可能與另外一種現象有所聯繫，例如打工潮與婚姻圈的擴大的關聯，也要考慮是否這種關聯還有其他多種解釋，或許並不僅僅是打工潮對婚姻圈的擴大有影響，每一代的性別比例對婚姻圈的擴大也是有影響的。在論證中可能遇到比這個更複雜的情況，所以要盡量考慮多種解讀，但要抽取可能性最大的那個解釋來論證。

【田野小結】

買賣等交易行為在人們的日常生活中非常頻繁,也是很容易觀察到的文化現象。在涉及消費以及當地人的其他行為時,要注意購買動機的問題,為什麼他們會買這些商品而不是其他的商品。從當地人的角度去對相關行為進行解釋。然後再根據田野材料來分析在當地人的認知體系裡,各種價值判斷的標準和依據是什麼,其背後的經濟、社會、政治、歷史根源又是什麼。

在田野調查中,報導人的消費習慣也不能單獨抽取出來考察,而是要回歸到原來的社會和文化中去考量。所有的疑問都要以當地人的視角去解答。同時,搞清楚當地人的收支情況,分時間段來進行詳細記錄,這樣就會對當地人的生活、生產、生計有一個清晰的瞭解。

在鄉村社會,還有一種「消費」形式不容忽視,那就是「人情消費」。觀察這種消費是非常有意思的,也會反映出鄉村乃至國家發展的許多問題。拿一場婚禮為例,人們交納禮金的形式由糧食等實物變為現金,可以反映出時代和國家經濟的變化,由現金的不常使用到普遍,是哪些因素在起著作用;交納禮金的多少也可以反映出這家人經濟實力的強弱,從而進一步反映了他們生計方式的變遷情況、親屬關係的遠近、社會網絡的大小等等。而「回禮」也是個不可忽視的問題,這些都能夠體現老鄉們的處理藝術。

鄉村社會中的消費問題並不像現代經濟中「一手交錢、一手交貨」那樣簡單。因此,在田野訪談中最重要的事項

之一是調查者不能進行主觀的價值判斷，不能因為代入調查者的個體背景去否定或贊同報導人的行為和觀點。在尊重客觀事實的基礎上搜集調查資料才能真實地再現鄉村發展變遷的圖景。

第 14 天・8 月 13 日
成家與分家

　　一個社區或村落，社會關係是建立在以家庭為單位的基礎上，男女交往及禁忌、男女社會地位如何等等都是家庭規模、結構、家禮、家庭成員關係及地位等的限制。但不同的社區和村落，家庭的形態又不一樣，一般家庭有幾代人共同生活？家庭成員之間的稱謂是什麼？家庭成員之間的勞動分工和消費分配是怎樣的？誰是家庭中的家長？與其他家庭成員之間的關係怎樣？家人之間在言談舉止上有什麼忌諱？村裡有過繼和抱養的情況嗎？分別都有哪些規矩？繼子、養子的權利和義務分別是什麼？什麼情況下會有分家的情況？怎樣分？要舉行儀式嗎？都有哪些人到場？老人如何贍養？這是關於一個家庭的內部情況的追問。對於某一個家族而言，村裡有哪些家族？形成過程如何？到現在是多少代？從哪裡搬來的？有遷徙傳說嗎？有族譜、房支和輩分嗎？村裡有祠堂和田產嗎？家族有沒有固定的祭祖活動？家族內部有族長和家法、家規嗎？

　　就整個村落而言，不同家庭之間的關係如何，節慶假日時是否有往來，相互之間是否有交往禁忌。此外，村裡是否有結社組織？是怎樣形成的？有相關的社章、社規嗎？

其活動是怎樣的？村裡有特殊從業者嗎？他們有自己的行社嗎？村裡的社會等級和禮儀規範上有什麼特殊的地方嗎？最後這一個問題，尤其可以結合到田野調查者自己的情況，在進入社區時，當地人是怎樣與調查者問好，待客之道是怎樣的（田野筆記：編號18、19）。

【田野小結】

之前的調查關注較多的是社區與村落的整體情況，而社會關係是建立在以家庭為單位的基礎上的。在不同的社區和村落，家庭形態差異很大。在研究具體某一家族或者家庭的時候，有一些問題需要考慮到。

一個家庭有幾代人共同生活、家庭成員之間的親屬稱謂是什麼、家庭成員之間的勞動分工及消費分配如何、家庭中的家長是誰、與其他成員的關係如何、家人之間在言談舉止上有何忌諱、村裡是否有過繼和抱養的情況、繼子和養子的權利及義務、分家的儀式及需要到場的人員、如何贍養老人、對入贅的看法等等，以上問題是關於家庭的內部情況的追問。

對於家族情況而言，村裡的家族形成過程、遷徙傳說、族譜及房支、祠堂及田產、家族內固定的祭祖活動、家族內部的族長及家法家規。

就整個村落而言，不同家庭之間的關係，節慶假日的往來情況，相互之間的交往禁忌。此外，村裡是否有結社組織，其形成過程如何，相關的社章社規，特殊從業者的行社，村裡的社會等級和禮儀規範。最後這一個問題，可

以結合田野調查者自身的情況，在進入社區時，當地人對調查者的待客之道是怎樣的。

從調查的開始到中期，需要調查者回顧自己所獲得的資訊與資料，看看資料是否已經飽和，還需要從哪些地方進行補充，是否仍有遺漏。田野中經常性的回顧與反思不僅能夠提醒調查者自身查缺補漏，還會激發調查者的思考，碰撞出思想的火花。調查者每天在村落中行走，就會時常思考，自己將以一個什麼樣的理論，或者框架把田野中的碎片組織成為一個整體，建立世界與理論之間的關係。

第 15 天・8 月 14 日
歷史的記憶

　　社會組織有時候很普遍，但有時候又比較少見，取決於村落形態和歷史影響。華北的一些村落，進香會、觀音會、誦經會等宗教組織比較多，而其他地區的戲班、文會、詩社等行業組織較為普遍，此外南方一些地區還有諸如救火會、義葬會、施茶會等公益組織，在互幫互助方面還有借貸組織。但重大的歷史事件往往也會影響村落的社會組織和社會結構。在解放後到改革開放以前，人民公社是很多地區的唯一社會組織，而這段歷史也在村民的記憶中留下了抹不去的印象。

　　做人生史的紀錄總會聽到報導人把自己的個人歷史與歷史事件結合在一起的敘述，但是除了純粹的紀錄和描述之外，我們還可以思考一下，當地人在運用這些術語和詞彙時，他們是怎樣理解的？這些解讀和「官方詞彙」的含義有區別嗎？為什麼會形成這些差異？即各種詞彙在當地文化的分類體系中到底處於什麼位置，它們的內涵和外延分別是什麼，與其他術語和概念之間的界限在哪裡？同時還可以思考一下，這些現象與什麼問題有關聯，分別扮演了自變和因變的什麼角色？對當下人們的生活有怎樣的影

響？其實田野調查中的一個主導思想便是收集當地人的觀念裡的知識體系以及追問這些知識體系是怎麼形成的。

這個追問的過程，同時也是田野調查過程本身。而且，在記錄這些概念與術語的時候，還可以學會用當地的語言來描述社會現象和文化元素。雖然很多村落的村民們可以聽得懂普通話，但是由於地方性知識的差異，同一種物品和同一個事件在不同的文化中有著不同的名稱，所以逐漸學會用這些詞語來描述，不僅可以使自己更加深對當地社會的瞭解，還可以拉近調查者與報導人之間的距離，讓報導人覺得很親切。

「解放」、「改革」、「國家」、「有權」這些詞彙本身屬於多維度詞彙，即具有不止一個含義，它們可能指向的是官方書面檔中的定義，也可能指向的是當地人的理解。當報導人提到這些詞彙的時候，調查者除了將報導人所述內容記錄下來以外，還可以進一步追問，「解放」指的是什麼？很有可能在當地人的認知體系裡，「解放」就是「鬥地主」，因為當時說解放了，縣城放鞭炮了，國民黨跑了，地主被抓起來批鬥了。這是當地人的認知，而這種理解並不是錯的，只是代表了從當地社區出發的某種緯度下的概念。所以，當調查者在田野時遇到「聽上去」包含了價值判斷以及一些名詞的時候就需要追尋更細緻的定義（田野筆記：編號 20）。

社會科學的研究方法可以分為實驗和觀察，後者又包括了案例研究和大樣本統計分析。但是在田野中遇到的個體敘事，除了驗證其記憶的可靠性以外，還可以將其作為案例研究本身來提供資料支撐。

【田野小結】

　　在涉及人生史等與歷史有關時，除了要注意時代背景以外，也要注意當地人詮釋和描述歷史事件的方式和語言體系。做人生史的紀錄總會聽到報導人把自己的個人歷史與歷史事件結合在一起的敘述，要注意個體對歷史事件是怎樣理解和記憶，這些歷史記憶怎樣在時間和空間中交織，有怎樣的話語等等。

　　我們還可以多思考一些，當地人解讀歷史的術語和詞彙與"官方詞彙"的含義有何種區別，形成這些差異的原因是什麼，各種詞彙在當地文化的分類體系中處於什麼位置，它們的內涵和外延分別是什麼，與其他術語和概念之間的界限在哪裡。

　　同時還可以思考，這些現象與什麼問題有關聯，分別扮演了自變和因變的什麼角色？對當下人們的生活有怎樣的影響？其實田野調查中的一個主導思想便是收集當地人的觀念裡的知識體系以及追問這些知識體系是怎麼形成的。

　　整個追問的過程，同時也是田野調查過程的本身。而且，在記錄這些概念與術語的時候，學會用當地的語言來描述社會現象和文化元素。雖然很多村落的村民們可以聽得懂普通話，但是由於地方性知識的差異，同一種物品和同一個事件在不同的文化中有著不同的名稱，所以逐漸學會用這些詞語來描述，不僅可以使自己更加深對當地社會的瞭解，還可以拉近調查者與報導人之間的距離，讓報導人覺得很親切。

　　在涉及到歷史記憶時，調查者可能會發現，報導人對

歷史重大事件的印象比個體的人生經歷記憶更牢固，每當詢問報導人的自身經歷時，報導人都是通過歷史上的重大事件回憶當時的時間和情況的。這也會引起調查者對那個時代個體與國家之間關係的思考。

　　報導人在敘述自身的人生經歷時，如果經常性的與歷史上的重大事件相結合，那麼也可以考慮做家族或者個人的口述史，將微觀與宏觀視角相互結合，探索微觀視角中的宏觀事件，也是一種不同的思考角度和呈現方式。

第 16 天・8 月 15 日
說吉利話

在上一個禮拜的葬禮上,我們都觀察到舞獅子的隊伍停下來之後,會有一個中年男人大聲地說幾句吉利話。於是,調查傳統藝術和生活禮儀的兩個學生到長沙村去,找到了一位說吉利話的村民,他說:

叫口就是總的指揮,指揮哪個打鑼哪個舉花圈;獅子一頂起,就開始說;玩龍燈,舉起來,說明是玩完;四方玩完了,龍燈就停了,獅子就開始;如果一個一個來,鬥嘴鬥不起;如果兩撥兒,就容易爭場面,還有一種是你沒喊我說,我偏要說,就容易搞架;發生衝突一般就惹不起事,如果容易發生衝突,就有總管來招呼。

「說吉利話」這種口頭藝術屬於民間藝術的一種,而對於民間藝術的考察,除了要記錄其操作過程和藝人的人生史以外,還可以從美學的角度去考量它。美學這門學科本身就是以藝術為審美對象來探討審美意識、美感經驗和美的本質及意義。根據文化相對論的觀點,不同的社區和文化中,對「美」的定義與接納程度也是不相同的。如果

在田野調查時涉及了民間藝術，那麼也可以追問就當地的審美標準而言，哪一種才是「最好看／最好聽的」？為什麼？在進行藝術創作前，創作者本人是怎麼想的？他／她是怎麼理解「美」的？藝術創作過程中他／她的想法又是怎樣？受眾的審美體驗是怎樣獲得的？按照受眾的標準，「美」又是如何被定義的？

一、學藝與傳承

XDF 說吉利話是這麼開始的：以前當村裡會說吉利話的人出去打工時，然後呢，他們只得另請人來說吉利話。就這樣 XDF 覺得另外請人是個困難事情，後來他們就來喊 XDF 來說，而且這個地方又經常有各種紅白會，XDF 後來就去學說吉祥話。之後他們就不另外再請人來說吉利話，就找 XDF 了。XDF 說他老漢也會說，也會打薅草鑼鼓。

XDF 今年 66 歲了，從 50 多歲開始說的。從為人處事說起，說吉利話說了十幾、二十年。70 年代做過手藝人，他說：

> 這個地方是土家族，這個宗教信仰，它需要這些人，玩燈打鑼這些，玩燈打鑼說吉利話是配套的。光玩燈打鑼的話殺不到各（收不了場）。吉利話是四句一套，每句的內容是亂想的，由你自己想，要說的落音，順溜。四言八句，你不能今天走東，你說走西，就是說，說四句，就有三個字，兩個字的尾音要相同。說吉利話的一吼，打

鑼，玩獅子的都要停，你說完了，他們才開始。就是法官說話都沒有人聽，說吉利話的人一說，大家都停。先吆喝一聲「哎」，一說，手一招，他們都停了，聽你說什麼。玩燈的要說吉利話的來指揮；四個人打鼓，有引子，每次打的不同，兩頭兩尾（首尾）是一樣的；這個也是土家族的一種樂器。

　　XDF認為，說吉利話，需要有雄心有膽子才行，上百上千的人，要吼得出來。但是說吉利話的難度不大，聽別人說多了就會了，只不過不能和別人說的重複。還是要腦子靈活，想得出來。

　　目前，橋頭鎮說吉利話的人一般是40、50歲，或50、60歲，沒有年輕人，30歲以下的沒有，因為年輕人不愛做這個活路，覺得錢少，倒是有年輕人在紅白事的時候幫忙放鞭炮。一般來說，講吉利話的人是男的，也有個別女同志也會說吉利話，所付工錢是相同的。

二、時間與場所

　　有時老闆來喊說XDF有沒有時間，請去喊吉利話，反正你也要去送禮，一起去了。斷水酒[4]的場合，只有1、2個人說吉利話，另外還有個接客的。白事燒香的時候，說吉利話多，一處喊一個的。燒香的時候開始叫口，說吉利話就是「叫口」[5]。

4　房子修建完成之後舉行的儀式。

5　說吉利話時，靠大聲地喊，因此得名。

哪時候去，得看約定的時間，如果是下午埋人，上午就要去。如果是斷水酒，一定要在12點以前去，玩燈打鑼完了以後才開席。如果是白事弔唁的話，是晚上去，早上埋人的話就是頭晚去。來喊XDF的人來決定時間，包括住宿這些問題。近一點走回來，遠一點的就包車送你回來，留宿的話，就住在那裡。

　　通常情況下，說吉利話的和敲鑼打鼓的一起去現場，人到齊了，集中了，主人家給裝煙倒茶，然後整隊入場那樣，花圈在前面，火炮開路，然後是禮品，打鑼玩燈，然後才進屋去。

　　三年災荒沒得人玩燈，也沒得人說吉利話。

三、吉利話的內容

　　關於吉利話的內容，XDF說：

> 就是看說哪個方面，有的是說小輩對長輩的孝道，也都是說這些，也沒有章法，沒有學過，自己想的，例如今天燒香的話，你去了以後要看他家的條件，然後根據他家的情況再說；要是換了其他人家，內容就要不一樣，說的話也不一樣，不用提前看，就到時候去看了就即興說；主人家的屋裡擺設是什麼，隨便說，沒得啥子本章。

　　燒香的和親戚去，女婿去，侄兒侄女去，接客什麼的，內容不同，說的吉利話就不一樣；壽筵和打酸棗這些場合

不說吉利話；白會才說，喝端水酒的時候說，玩龍燈的時候也說。比如說：

你在說，我在想，我一時想起國民黨，
國民黨，心豺狼，又捉壯丁又搶糧。
中國出了個毛澤東，他打日本帝國主義最凶。
三年兩年一颱風，牛鬼蛇神全掃空。
廣安出了個鄧小平，改革開放開大門，
實行一國兩制好辦法，收回香港和澳門。

這就是說當前的形勢和政策，總結生活好，看你說哪個方面。

說忠孝方面如：

靈堂的孝子聽清楚，孩兒撫女很辛苦，
為兒為女操的心，三天五夜說不清，
媽媽懷我十個月，那就是造不盡的孽，
夜深場道望不亮，天氣長得難忘黑，
一說可以說幾十個，要說到計劃生育才算結束。

顯出對媽媽的忠孝：

孩兒一下地，忙得不歇氣，
不是抱就是背，不是吃不盡的虧。

半夜三更一身病，沒得錢找周圍團轉割，
聽說哪家醫院好，急忙背起往哪家跑，

要說到讀書，讀小學，讀大學，結婚完，對大人又不孝這些，如：

孩兒長大又入學，從幼稚園讀起上大學，
書一讀畢業，帳都借了一大坨。

讀書回來又不會做活路，急急忙忙到處給他找媳婦兒，
請個人去一看，張口就要一萬。

請個人去一說，衣裳就要一大坨，
一去又借不到，不曉得朗個殺各。

媳婦一說手，就約起去打工，
那個時候他就開始凶，
媽老漢一身病叫他寫點錢回來，
他說你是在屋裡裝瘋。

XDF 表示，說這些都是有道理的，有教育意義的。說吉利話是搶著說，尤其是如果有好幾個說吉利話的都在，大家都要搶著說得最大聲，如：

計劃生育搞遲了，那獨生子女才最好，
兒子多了是騰（意：互相拖延），女兒多了是比起搞（爭相去做）。

年歲好就說年歲，春天說的不同，今天這個氣候不同，

比如說天氣熱的時候是：

天氣伏熱，來得淡白，
孝家原諒，還要體貼。

目前是春耕大忙季節，我們是哪兒來的客。
一屋衷情衷白，還請孝家原諒和體貼。

今天是大雨季節，一定要帶蓑衣才要得，
又是淡白，又是請孝家原諒和體貼。

屬於這個年代的話，說政策的，如：

國家主席胡錦濤，他在北京發號召，
號召全世界人民搞和諧，號召我們中國人民奔小
康，
國務院總理溫家寶，他的政策真正好，
農稅提留都不要，還要看你各自搞。

進靈堂掃孝堂的時候才說二十四孝；有人來弔唁的時候才說，什麼夢中不足，說八仙囉，那些是老年人才說這一套，掃孝堂的時候XDF說他只說三十套：

一掃東南兩方，一掃鑼錘撞鑼昂，
二掃西北兩方，子孫發達家庭安康。

這就是算是全部說完了，然後就是進靈堂，孝子答禮，那就要說：「孝獅給亡人拜個靈」，這個時候獅子才跪得

下去行禮，孝子就在旁邊答禮。「孝子你起來，你下去作安排。」XDF 一喊，孝子才起來，然後說：

> 今天的吉利，東拉西扯說幾句，三下鑼鼓下去歇氣。

這個說完了，後面還有人等著的，所以 XDF 說兩句就下場。只有白會燒香才喊孝獅孝龍，平時喊金獅金龍，這個名字不能亂喊，說錯了要不得。修房子斷水酒說：

> 金獅鑼鼓鬧洋洋，籌集資金修華堂，
> 華堂修得高又寬，後輩兒子會當官。
> 這所華堂很特別，是個紅磚鋼筋合水泥結，
> 這所華堂修得好，四面八方吊得墨。

有人說吉利話的時候，讓人誤解了，會打起來；本地方的人不會出現這個情況，遠了就難說了，這種場合一定都是想說贏的，所以就容易出矛盾，都想掙點面子。過年的時候玩燈的時候，獅子到門口，一停，說吉利的時候就要開始說。正月的吉利話千萬不能說錯，不然別人要找你，說過年就被你說慘了。

四、收入

燈頭（耍龍燈的頭領）提前來通知主人家說，我要去你家吃早飯，是幾個人來吃飯，到哪家吃生活，把生活搞好，煙茶酒要搞好。給紅包，多少由你決定。會頭決定，

要麼都是1元，舉花圈1元，打鑼1元，獅子1元，龍燈1元；有人鑽空子，明明沒有說，也去領錢。

說吉利，主人家一般是給1塊錢／人，現在現金。現在都不流行給說吉利話的人發煙了，因為買一包煙需要5塊錢，不划算。

五、其他的節慶習俗

XDF還告訴了其他的一些節慶習俗，例如大年三十請年客，中午吃團圓飯，初一才出去拜年，初一第一個去的是外公外婆，舅公舅婆家等等。還有一些俗語，例如「大人望種田，孩兒望過年」，因為大人給孩子買新衣裳，所以小孩子都盼望著趕快過年。「三十的火，十五的燈」，大年三十晚上要用很大的木疙瘩燒火取暖守歲，一直要燒到半夜。燒火的時候，不准去敲或戳火疙瘩，不然你一年裡面別人要敲詐你。XDF補充說：「這是我們土家族的傳說」，「少數民族不像漢族那樣」。

傳統節日，是一個社區和村落文化的重要組成部分，一年四季的不同活動，構建出社區的活力。春季的節俗可以從春節一直鬧到清明，有些地方的春節有製作特殊食品的習俗，像臘月開始就準備臘八粥等食物，小年的時候也有不同的講究，就連掃房，誰來掃，怎麼掃，都是一整套規矩呢。年貨怎麼準備？哪些東西是必須準備的？當地有相關的童謠和歌謠嗎？當地有春聯和年畫的講究嗎？大年三十那一天是怎麼過的？從初一到十五，當地分別都有些什麼活動？這期間，有沒有關於敬神、上廟的習俗？二月

二、清明都有哪些習俗？立夏、四月八、夏至、端午、六月六等夏季節俗分別都有哪些活動？當地有關於中秋節的歷史傳說嗎？七夕、中元、重陽、冬至等是怎麼度過呢？這些節日有相關的故事傳說嗎？除此之外，當地還有諸如三月三、潑水節、盤王節、火把節等民族節日嗎？當地有沒有什麼其他的地方節日呢？

六、總結

　　學生在開會的時候，被打斷話題了就再也想不起來了怎麼辦，還有捕捉不到關鍵的資訊詞怎麼辦。我們告訴學生，如果被打斷話題了，那麼可以參考之前的筆記紀錄，而且最重要的是，訪談本身要有一個主題和思考框架，後者不是一時半會兒能夠突然有的，但是可以通過田野訓練慢慢培養，也可以通過人類學理論知識的學習來獲得，因為人類學理論的熟悉程度，往往可以提高調查者對文化現象的敏感程度。

【田野小結】

　　今天調查者關注的是「說吉利話」，這屬於一種民間藝術，或者一種民間表達形式。

　　作為一種民間話語體系，「吉利話」體現著人們從生活中總結出來的智慧，其內容涉及面非常廣，包括氣候條件、宗教信仰、國家政策、婚姻儀式、喪葬儀式等等。從這些語言中，可以看到歷史的變遷，其內容也多有涉及國

家領導人及國家政策的出臺，通過這些能夠從側面瞭解到抵觸國家一角的村落中，人民對國家發展、宏觀政策的看法，對自身族群的認同度。因此，訪談的時候要把吉利話的內容完整地記錄下來，通過其內容尋找問題的切入點。

鄰近調查後期，調查者的資訊可能會有所飽和，這就需要調查者對調查日記進行再次的梳理。自己要有一個明確的主題和思考框架，訓練自己的思維，這個可以通過田野慢慢培養，也可以通過人類學理論知識的學習來獲得，因為人類學理論的熟悉程度，往往可以提高調查者對文化現象的敏感程度。

這個時候，需要再次強調田野的觀察，田野的整體觀非常重要。做田野，感受的是一個完整的世界，每天要不知疲倦地身體力行，把雞毛蒜皮的事情連接起來，把碎片化的內容串聯成知識體系。

第 17 天・8 月 16 日
黃金系列

　　早上走過公路轉彎處，發現路邊臨時搭了一個棚子，三個男的在敲打石塊。走近了才發現他們在刻碑。碑上的花紋是從清末的一些墓碑上拓下來或者臨摹的。刻碑亦是一門手藝，石匠們通常選取質地不硬不軟的石料，通常是大理石，也有其他石料，太硬的話沒法刻，太軟的話容易受到外界腐蝕，沒有幾十年就模糊不清了。

　　與喪葬儀式相關的便是祭祖儀式了，從做頭七開始，周年祭、生日祭、時祭、節祭、歲祭、墓祭、祠祭、家祭、公祭等不同時間段的祭祀，要求出席的家族成員身分和地位也不相同，像祠祭和公祭等重大的祭祀，就會有較高社會地位的宗族成員出席。祭祀過程中可能會有拜遺物、拜遺像、拜木主、掃墓等活動，也可能會有立廟、建祠等行為。雖然祭祀可以是某個家庭或家族的行為，但是村落裡其他家族也可能會提供幫助，這也是一個觀察鄉鄰關係的時機。村民們如何評價一個家族在這個村落裡的地位和聲望，村裡有特殊身分的人物會不會被邀請出席做見證等等，都是判斷某個家族的社會威望的方式之一。

一、習慣法

我的學生蔣DD的調查內容是習慣法。在很多村落裡，為了生產生活的順利進行，村落裡可能會有一些村規民約，這些被稱之為習慣法。例如家庭利益受損時，村民如何維護自己的權益？賠償、討理的方式是怎樣的？普通的鄰里糾紛是如何解決的？當糾紛涉及到親戚之間時又如何解決？此外，對於公共設施和公共財產，村裡有哪些特別的規定和口頭要約？該村落與鄰村之間的關係如何？涉及到村際糾紛時如何解決呢？

（一）案例一：自設法庭

蔣DD今天要去的那一戶人家，曾經出過一件案子。關鍵人物譜系圖（圖6）：

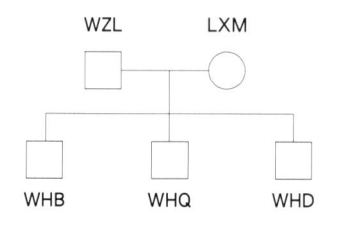

```
         WZL ─── LXM
          ┌──────┼──────┐
         WHB    WHQ    WHD
```

圖6　王家兩代譜系圖

資料來源：作者提供。

WHB是長沙村都岩組的村民，他有兩個弟弟：WHQ和WHD。WHQ結婚後在廣州打工，一般過年的時候才會回長沙村，三弟WHD結婚後就在湖心組安定下來了。

在以前的茨谷1、2隊還沒成為都岩組的時候曾經擔任過幾年的茨谷大隊的隊長和書記，受訪者在WHB家門口還曾

經看到當年他當茨谷大隊書記時，在牆壁上掛的村務公開牆。

1987年，WHD還是當時湖心組那片區域的小隊幹部，當時茨谷和長沙交界的這邊（就是現在的都岩組這塊區域）發生了很多的盜竊案件，很多村民家的雞被偷，剛開始還不多，村民也就認栽了，但是後來小偷越來越猖獗，2天之內村內被偷了30隻左右的雞。被偷的村民被小偷的行為徹底激怒了，其他沒有被偷的村民也因為小偷的行為變得焦慮不安。幾個村民自發組織了排查和抓小偷的小隊伍，當然在雞被偷之後他們也有報警，但是他們並沒有放很大的指望在民警身上，首先他們認為民警調查的不夠仔細，根本不知道村裡的具體情況，抓到小偷的希望渺茫；其次他們覺得等到民警找到小偷之後，被偷的雞早就被賣了，或者說錢被花了，偷雞的人又很窮，還不起他們的損失，到時候民警也不會賠償他們。總之，他們認為還是自己解決這件事情最快，能追回的損失最多。

（二）案例二：水庫搬遷矛盾

都岩組第九戶是馬家，戶主MYD。到他家的時候，已是將近中午，家中除了有孫子、孫女、外孫等4個小孩在家以外，還有他和妻子。馬姓在長沙村都岩組大概有十幾戶人家，MYD描述，在他們家最初搬過來的時候就只有他們一家姓馬（他有五個兄弟）。後來聽說村內有這樣一句諺語：「譚三千，馬八百，劉楊姓向的了不得。」由此可見，至少在都岩組裡面，在MYD搬過來之後，馬家確實得到了穩定擴大性的家族發展。

MYD向我們口述了馬家的字輩（有少數同音字）：「殷亭當邦鬥，千林萬洪宗，光紹明德，茲培世冊，勤學孟修，運尚佳由。」MYD屬於德字輩，他的下一輩是茲字輩。馬家的池塘在石柱縣城內，他們一般也不會經常去。

　　MYD 4個兒女，一個大兒子，三個小女兒。大兒子馬傑茲，已經結婚，有一兒一女，MXY和MXH，兒女都在橋頭鎮上讀小學。MJZ和妻子在廣東打工。

　　MYD家的孫子和外孫都在鎮上讀小學，由於路途較遠，由MYD的妻子在鎮上租個房子陪讀，並且在農忙的時候，MYD的妻子就白天在鎮上照顧孫兒，晚上走幾公里的路回來幫忙（這一點與其他的家庭不同，因為長沙村自己有設小學，我們去過的絕大部分家庭裡面，都把自己的小孩放在長沙村小上學，一般只到讀初中的時候，才到橋頭鎮去讀）。

　　以前的都岩組和茨谷組包括瓦屋的幾個組都屬於茨谷村，有一個茨谷大隊，大隊下有6個生產隊，後來1至4隊併成2個隊，最後併入長沙村。MYD當時是在茨谷一隊，一個隊有30多戶人家，4隊的隊長是MJD，現任隊長是馬貴富（小名），他是MJD的兒子，同時他還是村裡面的蠶桑員。3隊的隊長是MXD，隊長之後又當過村長、村支書、鄉里的蠶桑員。

　　MXD和MND以前在水庫還沒有建成的時候辦了一個電廠，其實那個電廠根本就沒有怎麼用過，但是確實是有個廠房在那裡，所以後來因為修水庫會淹沒電廠，得到了一大筆賠償。

在修水庫之前，每個隊都有自己的林地，但是當時林地都沒有人要，大家當山林地只是一個可以砍點柴的地方，所以很多人沒有分清楚自己的林地範圍，才導致後來修水庫的時候，這麼多的林地賠償糾紛。

　　QDM 和 MXD 關係很好，和 MXD 的妻子 LHC 關係也不錯。QDM 在廣東的時候，LHC 曾經到 QDM 的大兒子家中玩了一個星期。而在 QDM 與 LGH 的大兒子 LSP 的婚禮上，MXD 也上了 800 元禮金。

　　在 99 年，有一天 QDM 在路上碰到了 MXD，MXD 當時問過她，她們那個隊有沒有林地要因為水庫賠償的（這件事其實是應該由 QDM 的丈夫 LGH 來反映的），當時 QDM 想都沒想就說當然有，於是 QDM 所在的茨谷一隊得到了水庫的賠償。後來又一天，MYD 喝酒之後亂說話，說茨谷一隊本來是只有 40 畝林地需要賠償的，現在變成了 400 畝。在 MYD 說的時候，他的兒子 MRZ 是持反對態度的。後來 MYD 當場給 LGH 家中打了電話，當時 LGH 不在家，是 QDM 接的電話，她完整的說出了每家每戶的林地畝數。MXD 對大家說，連隊長的家屬都記得很清楚。

二、自創菜肴

　　吃飯時間快到了。報導人阿姨走進灶房，說要讓我們嘗一下美味可口的菜肴，而且強調說是她自己自創的。我們跟進灶房，一邊跟阿姨聊天，一邊看她是怎樣製作菜肴的。其實在當地社區，如果幾個婦女聚在一起，一個婦女做飯的話，其他婦女也會在旁邊幫忙和聊天。

阿姨用麵粉和雞蛋烙了一張雞蛋餅，然後再疊好，切成片，再煮熟了盛到盤子裡。這是一道菜，另外一道菜是將臘肉裹了雞蛋清，放到油鍋裡油炸。還有一道菜也是油炸的，最後端上來的是滿桌子的金黃色食品。我說，這是黃金系列吧，滿城盡帶黃金甲！

三、討論

　　晚上開會的時候，一位學生說，資料不足，與實際出入比較大，12戶，實際是11戶住在一起，另外一戶單獨住得比較遠。資料問題同樣困擾著另外幾個學生，在追問事件發生的具體細節和時間時，報導人往往沒法一下子記起來。這個就要看自己怎樣縮小範圍，提供一個或者幾個備選答案讓報導人確認，所以其實還是回到訪談技巧和關鍵資訊人身上了。

　　我們在田野過程中時常會使用隨機抽樣、偶遇抽樣和分層抽樣的方法來選擇訪談對象。但是一旦涉及抽樣，就有可能出現抽樣偏差的問題。由於抽樣方法本身所帶來的誤差叫做抽樣誤差，例如樣本具有代表性的誤差，抽樣單位數目太小所帶來的誤差等等。除此之外，由於其他因素所引起的抽樣結果的誤差，被稱之為抽樣偏差。像這種總樣本數本身出現偏差，導致最後統計結果的誤差，則是需要進行其他內容的補充和儘量排除偏差的存在。

【田野小結】

　　身在田野中，待久了同樣可能被當地文化「涵化」，需要提醒自己注意文化慣習，衣食住行的任何小細節都同樣編織在當地文化脈絡之中。這就需要再次強調參與觀察的重要性。

　　參與觀察是田野調查中的重要方法之一，參與到農民的生產生活中，一起搭乘交通工具，一起購買物品，一起吃飯，甚至住在農戶家裡，完整地感知村落生活到底是一個怎樣的形態。但是到底「參與」應當達到何種程度才能保證田野所收集的資料具有效度和信度，學者們所持觀點不同，但基本上與被觀察對象一起吃飯是參與觀察的基礎。這不僅可以觀察到當地的飲食習俗，還可以觀察到村民們的消費習慣，家庭成員的身分、地位和彼此之間的關係，小小的餐桌上，可遠不止「吃飯」那麼簡單（田野筆記：編號 21）。

　　就飲食習俗而言，村民們通常都是一日幾餐？為什麼會有這樣的作息安排？有不同季節和農忙農閒的差異嗎？平時都吃什麼飯菜？主食、副食分別是什麼？用餐上有沒有民族身分的特徵和忌諱？在不同儀式時都有哪些特殊菜肴？各種食品和菜肴是怎麼做出來的？當地還有哪些小吃？是購買的還是自己製作的？當地的餐具、炊具分別是怎樣的？日常飲食和筵席分別是誰主廚？有沒有其他人來幫忙？廚房是否有什麼禁忌？當地有沒有敬灶神的習俗？吃飯的時候座次都有什麼講究？吃飯的時候有什麼忌諱嗎？當地餐桌上的飲料分別都有哪些？對於年老體弱和幼

童,是否有其他特殊的滋補食品?除了飲食習俗之外,還要關注勞動、生活、觀念方面的變遷過程。

這些細微之處的田野觀察,建立的是人類學與個體生命的關聯。一日三餐不僅僅是為了飽腹。中國的飲食是一個非常豐富而重要的文化體系,從食材的選擇到烹飪方法,從餐桌上的菜肴到餐桌禮儀,甚至當地人口中好菜壞菜的評價標準,都是地方性知識的重要組成部分。在吃飯的時候,人們往往是最放鬆的,調查者就可以問問家長里短的問題,效果有時會比專門找時間一本正經地訪談好很多。

第 18 天・8 月 17 日
天方夜譚

　　從前有座山，山上有座廟，廟裡有個老和尚給小和尚講故事：從前有座山……。

　　聽了一下午的太陽菩薩、月亮菩薩、星星菩薩之後，突然覺得我們就是聽講故事的那群小和尚，正在聽老人講天方夜譚。[6]

一、神話傳說

　　一大早，我們就來到長沙村，找到了當地的一位 87 歲老人，老人給我們講當地的一些神話傳說。老人吧嗒吧嗒地吸著草煙，緩緩地講起來：

> 方門山上以前有一座廟，廟裡有 100 多個和尚，夏天的時候他們天天煮稀飯吃，有一次，一個和尚煮飯的時候不小心掉到鍋裡了，沒有人發現，和尚就被煮成肉糜了，其他和尚吃飯的時候也沒發現，所有的稀飯都被他們喝光了。然後，煮稀飯的那個鍋蓋就飛出來，但是山門是關了的，鍋

---

[6] 8 月 17 日記錄整理自村裡老人的訪談。

蓋就飛到田裡面了,現在都還在,變成了石頭了。又挖不動,它要是立起了,就要天干了。就在大田裡。現在一般都是橫著放著的。以前那些神僧,很靈。有一對獅子,神聖指著它,它就活了,到梁上去吃梨子。他看見了,一趕,獅子跳到水潭裡,水潭不大,下面是石板,竹子都措不穿。

說起菩薩,老人說,「廟裡的菩薩都是天上放下來的」:

太陽菩薩,星星菩薩,月亮菩薩,都是放下來的,要喊它。人們一般做啥子要去拜菩薩?
沒有太陽,到處都沒得人活得下來了。種田種地也離不開它,它不出來曬得話,莊家長不了,都無人煙。太陽菩薩是開天闢地就有了,幾千年幾萬年了。星星菩薩是小仙,出幾個星星,稍微有幾個火火。
那個岩口的三王菩薩,它是個強盜。那時候是哪個國家要打強盜,把太陽、星星、月亮都收起來了。三王菩薩說,我要去偷。今天就去。然後,他就去把太陽,月亮偷回來了。他是用生熟的刀頭,鹽茶香紙燭。強盜嘛,他要個熟路,偷回來。不然我們這裡陰都要陰濕了。

敬三王菩薩可不是平常都要做的事情,如果沒有大事,不能敬他,他也不可能天天保佑世人。只能是有事情的時

候,或者逢三月三和過年的時候敬三王菩薩。三王菩薩其實就是「白帝天王」,一般是三尊神像,有的地方稱為「楊公」或「天王菩薩」等。

「川祖廟」幾乎遍及全川,川祖即李冰,傳說其子二郎,跟隨治水有功,父子都被冊封為王,素稱「二王」,傳說川祖菩薩非常靈驗和威嚴。

川祖菩薩管天下,他的法力也還不小,天干就要把它抬去求雨。這麼大的太陽的時候,人們把它抬起,還要往它身上潑水,還要放火炮,還要喊「雨哦!雨哦!」。川祖菩薩非常靈,人們把它抬來,馬上就落雨。雨落了,就要送它回去,放火炮不間斷,還要放火炮。如果抬走得時候給它許願了,就要還願。例如,抬的時候,和尚說,川祖菩薩,我是沒有褲子穿哦,我把我褲子脫給你哦。你把它抬來求了以後,你必須給它褲子,不然它就不走。

你亂說還不行,還要給它穿衣裳,你去搬就要上當。石頭,木頭等等,沒得菩薩在上頭,你搬下來沒有用。你要說一下你搬它幹什麼,它才來。給菩薩穿衣服,請師傅來請它,不能亂穿。

川祖菩薩是老爺,它也收乾兒子。有人沒有子嗣,就去敬它,然後請先生判斷,川祖菩薩給不給他子嗣,如果說有的話,他回去以後,生了孩子,就是川祖菩薩的乾兒子。以前,它有個乾兒

子，把川祖菩薩背到田去，然後說，幹老漢，我田幹成這個樣子了，你看嘛。然後又把川祖菩薩背回去，就馬上下雨了。就只有這個川祖菩薩這麼靈。

有人去求川祖菩薩，用那個褲子包一些豆腐去獻出來。先生說，你這豆腐是褲子包的，不要。他又拿回去了。求川祖菩薩的人多得很，沒得兒子，或者是抬來求雨，或者是去求它，求它的人太多了。

川祖菩薩經常到人間來。有一次，它累了，到鴨子的食槽裡睡了一覺。主人回來之後看見鴨子去吃飼料，吃完之後又有吃的。主人發現食槽裡有一塊石板，他一拿走，食槽就空了。他就把石板放在米缸裡，他們父子兩個吃了多少米，米缸自動補滿。他後來就把米背出去賣，同時把石板放在最下面。賣掉上面的米，不一會兒又自動填滿了。但是在有一次倒米的時候，不小心掉出來了。他一把抓起石板，放在口裡。回去之後，他喊口渴，他媽媽給他舀水喝，不夠喝，他去河裡喝。他想他媽媽，回頭看一眼，就出現一個水潭。

蔡婆也是個菩薩：

她和川祖菩薩是勾起的，不是川祖菩薩的老婆，是勾起的，就是有關係，沒有關係哪個勾得起。求雨都要抬她，不然就求不下來。

除此之外，還有牛王菩薩和四倌佬：

牛王菩薩，就是管牛，用泥塑做成個牛，人在上面坐著，保佑牛不生病。豬也是有個菩薩，也是個人人，在豬上面坐起，保佑豬牛。四倌佬就是管豬的病情。有時間的時候，把那個白色的紙，折個三角形，20釐米大小，插在那裡就是給四倌佬。豬餵了不順，害病的時候才折了插起。過年過節要敬一下他，女的男的（無論未婚與否）都可以端著去敬他，酒肉刀頭端到豬圈大門去敬。不敬的話就算了，它也不得啷個，要死就讓豬死，豬長得比較大的話，就吃了。或者趕快拿去賣了，打電話，專門有人來收的，就拖去了。雞鴨鵝都沒有菩薩。

手藝人通常有自己職業的祖師爺被當作神靈來祭拜：

以前修房子的匠人，土匠、木匠、石匠敬自己行業的菩薩；鐵匠敬老君（太上老君）。有時間就敬。木匠敬魯班，也要紅布搭在菩薩腦殼上，另外有人給它穿衣服，花花的，掛到它身上。衣服是幾色顏料，把之前的刮了，用撣子撢，給它塗顏料。敬魯班的話，要燒香燭，不然就不行。沒得香紙燭就不為敬老爺，倒三個杯杯的茶酒，刀頭也要，過年過節也可以敬，不分男女的敬。

鐵匠敬老君，沒得時間限制，過年過節，平時遇

到了敬。敬它的時候不要紅布。也要相紙燭，刀頭，酒，茶，反正倒上三個杯子，一樣三個，敬三王老爺也是那樣。敬老君，早晚不一定，那時候有空。

二、妖魔鬼怪

川祖菩薩額頭上有一個夜明珠，這夜明珠也是大有作用的：

夜明珠，除了它的話就不行。它是天上放下來的，天上一夜放下來 12 顆，妖魔鬼怪得到了，妖氣，蛇長大了，就有妖氣了，想啷個就是啷個。人得不到。

妖是什麼？

河裡的蛇，長大了，成怪；它要走，在這個地方長大了，要走，它要走就要落雨，天吃三尺，地吃三尺水，各自還要自帶三尺水，三尺深的水，它還走不到路哦。水要送它，不然走不到。就是中壩上去，連個打雷匠，打幾次不行，他吃煙，煙才裝好，煙把上才出了兩條煙，就把壩幹到了。看到一條蛇，準備打，別個喊他不打。晚上就漲水了。他就洗下來，地頭全部都洗掉了。其他的沒有成妖的，來客寶是要遭雷打，落雪是它搞得，來客寶那腦殼一埋，又落雪子，他就遭打

雷匠看到了，把它打死了。所以它成不了氣候。蛇要去喂列籠，還是個盤磐石，圍得到，長了要宰，短了海不行。列龍就是我之前說的，是個人，他要把四川弄個洗澡堂，用鏈子鎖起，要吃童男童女。

老鼠成不成妖呢？不行，它沒得夜明珠，就是不行。蛇要看到夜明珠才能成妖。蜘蛛也不行，蠍子、蜈蚣這些都不得行。癩蛤蟆就要成氣候。但是它出來惹禍了，把包穀地破壞了，就被雷打死了。

什麼是鬼？

人才變得成鬼，蛇那些變不成鬼。鬼也有好的，壞的也有。好的鬼，維護你。壞的，就要害你。那個和人一樣，說起變好就變好，說變壞就變壞。

三、歷史

針對聯方寺的歷史，老人說：

聯方寺那些和尚燒香，每天專門有一個人，每天起來用木棒就敲 3 下，晚上都要敲 3 下。敲的時候，每個菩薩前面有一個香位，要點香。另外還有一個灶屋，還是有三眼灶、四眼灶煮飯吃。和

尚自己沒得田，大地主給他們拿。如果大地主的田在這裡，和尚的廟在這裡，就該大地主拿米給他們。後來這個寺廟只剩下一個和尚，和貧農一樣的，後來就到他侄孫女那裡去了。

那時候，楊家那些都是大地主，他最初發跡是因為老祖人坐在一個梁上，地面垮下去，就把他給活埋了。他兩個孩子就發財了，想做什麼就成功。他背包穀去賣，一筧就能賣出2筧錢，就這樣發財了，買了地，收租子。後來又了後代，又有了後代，加上到窮人那裡抱養了四個，一共是六個老爺。

五老爺在橋頭修了場，叫六合場，三個月沒收租子。管帳的去收租子，佃戶也不好說你三老爺是我家的。那些先生就沒得法，回去了彙報說三老爺，哪裡、哪裡的租金沒交哦。三老爺說我去打他馬棒。第二天先生帶三老爺著去了，三老爺一走去說，拿穀子出來。對方說我沒有。院子裡有一個孤老婆婆，說，三老爺，你小時候是我抱過、餵過的，現在要收我租子了。三老爺把兜子一丟，就走了，沒收他的租子。那些先生狗腿子，那裡有點沒有勻界的，比如說你的田叉起了，他們就回去說，老爺，你那地頭，哪裡哪裡不給過水。然後，老爺就把對方捉去，打了一頓，對方問，為什麼打我。老爺說，你為什麼不讓我的佃戶過水。對方說，哪裡啊，沒有阿。

四、李大菩薩

老人跟我們敘述了李大菩薩的故事：

神兵是山裡出來的，霸占楊家，見到楊家的地頭就燒，就像刮地一樣，畫一碗水，就刀槍不入，槍打不進去，刀殺不轉。過後就要殺得轉了，橋頭來了兩回。神兵來的時候，是在種鴉片的時候，李大菩薩，畫一碗水，喝了就殺不到。我那時候爸媽背著我到羊角寨那裡躲著，吃得都沒有了。神兵見到人就殺，沒有理由，見到是楊家的客戶，就殺了，或者就是燒了。老爺光跑了，還是怕殺。第二回神兵來了，有人來告訴他們，楊家祖墳在哪裡。本來神兵找不到，就曉得了，挖楊家的祖墳，挖開什麼都沒有，一點灰灰。又一落雨又一冷，窯子一垮，就把他埋了，所以就只有一點點灰灰。

神兵老的嫩的都有，他是刮地團，埃一埃二刮過去。走過去，中央兵拿槍打都打不轉。他們還奪你刀。中壩那邊，到處都有路嘛，他們從山上下來。他走來到大寨坎，畫一碗水，走下橋頭壩，下面是我們的人，把寨門關了，打他，都打不轉。就有這麼狠。

他們什麼都不要，穀子也不要，就是要殺楊家。馬鹿山上那些房子都是他們燒的。神兵都是男的，他們是幾條路過來的，他們燒完之後就回山

上去了。他們用杆子刀刀，尖的，殺你一刀，砍柴的刀也有，沒得一排長。見到路上有人就殺。他不管到底是不是楊家的人還是楊家的佃戶。李大菩薩不是一天到晚都有神力，要畫水喝了以後就打不穿。過了那個時候，就不行了，管半把天；過了又畫。神水，不用燒紙不用藥，畫了就喝。神兵每個人都喝。李大菩薩在石柱被抓了，判決以後就把他打死了。那時候有四十五六十歲，很少吃飯。他一個人煮飯。

五、私塾教育

老人告訴我們關於私塾教育的記憶：

楊家有6個老爺，他們是請先生在屋裡教書。那先生還是有個學堂嘛，那是讀私塾。先生請的，一旦兩旦穀子專門教他們一家人，還是讀了幾個字。楊家男女都讀。還是一天上幾道課，他們是一個個的教。

每一個家都請了一個，6個老爺請了6個先生。一個先生只教4、5個，一個個教，用指，教這個的時候，其他的都等著。給先生的錢，1、2擔穀子，管半年。2擔穀子管一年。先生有20、30、40歲的，窮人，跟他老闆同吃同住；開生活是單獨開，請的人，10個8個在一邊吃，老

闆吃是老闆吃。吃飯的時候要敲梆梆喊吃飯，還有兵隊，100多兵，也是敲梆梆，自己帶個碗，飯端到壩壩，你自己去舀。老闆另外有個炊事員。還專門請人煮飯。吃的是一樣的，不在同一個桌子吃。那這些先生晚上住在楊家，另外有個房間。

除了楊家，也有學堂，也是鄉的那一團的，窮人的孩子也去讀「人之初」，老人旋即給我們背了一段三字經，從人之初一直背到「養不教、父之過」，我們都驚呆了。

人之初，我們當時是讀完了的，讀一季，一季就是半年，兩門穀子，叫發蒙學生。6、7歲，7、8歲，送到學堂讀。大一點的，讀四書五經。有錢的讀幾年，沒得錢的，讀哈茲就算了。老人讀了一年。讀了1年之後就開始用殼子，100的，10個為一吊，上面沒得人人，洋錢有人人。中央出的，中央兵也用，錢是圓的，就是幾個字。洋錢都有字。

我們都看到錢變了好多次，小錢用過了，中間有眼，然後就是殼子，洋錢，洋錢是銀子，和殼子一樣大，上面有蔣毛。洋錢是尋白得。洋錢就是一塊，一塊要買50擔穀子。殼子，30吊，40吊，50吊才買得到50擔穀子。

打算盤要學；還是一樣的，學人之初以後，要讀一段時間才學。讀一年2年，笨得要2、3年。

他教你三遍，你自己背得了了，然後就讓下一個跟著他背。還是有幾種，就是教這兩個，碌碌數才教多。

學堂的學生有時多，10個8個，20、30、40個都有。越教得多，先生多得糧。我們發蒙學生，2鬥穀子；4書經的，要給4、5鬥穀子。教1，20個，還是有點苦。先生把我屁股打腫了，我就不去讀了。那個先生惡的很，板子安頓起的，這麼長，打手板，手背打得抬不起了。點點不對頭就打。那點錯了就打。都要被打，反正惡，由他打夠。把你打了還要你讀，不然不准走。沒有說不準回去吃飯。

每天早晨，要早點去，吃了早飯去，拿冷飯去了，中午的時候在那裡熱。要吃晚飯，不打你就算了。天黑了就走，太陽落土就走。也沒得好些人讀。窮人多，哪裡讀得起。

有女娃娃讀書，還是在學堂裡坐起，各自有桌子，一樣的。個把兩個女學生，其他讀不起。都想讀書。10個有9個都窮，給楊家搬磚印穀子，一年才一個人分兩三擔穀子，七、八個人同家，又沒得其他收入。沒得哪個讀2、3年的。

我們讀1年就各自回來玩草疙瘩，割草回來餵牛。牛是家裡的，1個牛都餵不起，4、5擔穀子買一頭牛，養頭豬各自繁殖，一窩，斤把米糠餵不出來。田太瘦了，不好種，沒講畝數，從這裡

走到那裡的一垛，打穀子打好幾背。光光草不能餵牛。撒1、2天才扯得完一個田的草。給先生的時候，黃了就打穀子，就給他。那時候還怕人偷。過完年了就去讀書，正月十五過了就可以進學堂，讀了半年以後才給穀子，度出來才給穀子。學堂的先生，家裡有田地。學堂不敬菩薩。那個學堂後來變成小學，一直都在。三年災荒的時候都在。

六、家庭情況

老人家原來有4個兄弟：

我母親也死了，這輩人只有我一個，我是老三，還有2個哥哥，一個弟弟，還有一個妹妹，一個姐姐，姐姐是最大的，妹妹是我以下的，還有個兄弟，死了，才這麼高點就死了，夭折的；才有妹妹。我們都是80幾了，妹妹也是八十幾了。

老人的哥哥進過學堂讀了幾天書，他記性好，後來就去做手藝，泥水匠。二哥才長成人，遭抓丁，出去坐船，就翻船死了。姐姐、妹妹都沒有進過學堂，在家種莊稼。種來給別人印，吃剩下的，有時還不夠吃。有的人家吃的都不夠，還去繳租。

老人有2個女兒，三個兒子，其中有一個是抱養的。老大在農會餵兔。2個在廣東打工；2個是兒娃子：

這邊的是折給我的，50幾年，災荒年，我去幼稚園搬的。大女兒是排第二，老三是女兒，老四是兒子。摘來那個是一樣大，和老大一樣大。

我也參加過基督教，說有個神，神在哪？說保佑腦殼痛，我坐一天，腦殼還是痛。不信了，腦殼就不痛了。

臨走的時候，老人家問我們：「你們記這些起有什麼用？」我說：「民族文化都記下來。」老人家說：「是不是將來要恢復那個廟？」我說：「有可能，你覺得廟子好不好呢？」老人家說：「廟子當然好，有事就去求它。恢復的話，起碼要多錢，要國家出錢。豐都鬼城都恢復了的。以前那個廟，周圍的人都去，老人死了，後代又去求菩薩，就這樣傳下去。」

七、討論與分享

晚上，師生一起進行集體討論。一位原來負責收集語言材料的學生與我們分享了他的調查經驗。他是東北人，他說，一旦他聽不懂對方在說什麼了，他就說，「我們下去耍嘛」，「耍」是西南官話裡面「玩兒」的意思。這樣的話，就不怕完全聽不懂對方的語言而帶來尷尬的情景了。除此之外，他還收集了很多諺語、歌謠，如：「雲朝工，亮通通；雲朝西，披蓑衣；雲朝南，打破船，雲朝北，下不徹」、「早晨燒霞，等不燒茶；傍晚燒霞，曬死蛤蟆」、「雷公光唱歌，有雨也不多」、「東虹日頭西虹雨，虹在南方

漲大水」、「月亮打傘,曬破岩板,月亮生毛,雨落明朝」、「有雨山戴帽,無雨山抹腰」等通過對雲雷、虹等天象或日月等天體的觀察來預測天氣的晴好的俗語。

也有學生提出困惑,一位學生說,細分之下還是覺得不知道該做什麼了,還是不太清楚具體細節。另外有一些學生說缺乏背景知識,不知道該怎麼問了。這種情況下,除了抓緊晚上時間熟悉調查提綱之外,也要考慮從當地人的認知角度去考慮,什麼是他們認為重要的。

這次田野出發之前,我們還帶了一些關於石柱的書,鼓勵學生去查資料。中國人類學的特殊之處在於有豐富的歷史文獻。早期人類學家往往是研究無文字的社會,例如非洲的努爾人或亞馬遜叢林的印第安人,這些人群並沒有自己文字,也不存在文字紀錄的歷史文獻。但是像中國這種有數千年文明的社會,汗牛充棟的文獻給現在的田野調查者們提供了一個非常清晰的視角來分辨和理解當下的社區狀況。

文獻包括這幾種:史書地方誌、民間文書、政府統計資料、相關研究報告、其他書面報導。中國是一個有數千年歷史紀錄傳統的大國,即使那些沒有自己民族文字的少數民族的活動,都在漢文獻以及其他文字的歷史文獻、史志傳記中有所出現。除此之外,民間有大量的族譜、碑刻銘記、契約文書、私人書信等文書資料,也是非常有用的一手資料。政府的統計資料和檔案可以為我們提供關於社會發展和經濟狀況的資料。其他學者的研究包括同樣可以作為田野調查的參考資料,而報刊雜誌等書面報導同樣也

是讓我們對田野點有所瞭解的有用資訊。所以，在出發之前可以去圖書館、檔案館及其他資料中心查閱相關文獻，還可以在田野調查中對田野點的族譜、碑刻等資料進行收集，同樣也可以向報導人提出請求，請他們講述一下當地的口頭傳說等等，把這些資料都記錄下來（田野筆記：編號 22）。

【田野小結】

在中國很多地方做田野調查，可能會遭遇一個叫「封建迷信」的話語。這個詞語當地人說，外人也說，老人說，年輕人也說，儀式從業者說，其他人也說。這些話題之間的關係如何，作為調查者既要有自己的看法，又要體驗與觀察，與當地話語相符合。

中國是一個有數千年歷史紀錄的大國，民間有大量的族譜、碑刻銘記、契約文書、私人書信等文書資料，也是非常有用的第一手資料。政府的統計資料和檔案可以為我們提供關於社會發展和經濟狀況的資料。其他學者的研究包括同樣可以作為田野調查的參考資料，而報刊雜誌等書面報導同樣也是讓我們對田野點有所瞭解的有用資訊。所以，在田野的準備階段，可以去圖書館、檔案館及其他資料中心查閱相關文獻，在田野調查過程中對田野點的族譜、碑刻等資料進行收集，同樣也可以向報導人提出請求，請他們講述一下當地的口頭傳說等等，把這些資料都記錄下來。

當實地到當地廟宇進行調查的時候，注意帶上卷尺，

可以對佛像進行精確的測量，這樣在描述的時候就不是大概寫上多長多寬，而是精確的數字和描述。可能的話，也可以把廟宇內的設施如何擺放畫成草圖，便於後期的分析與描寫。

一定文化是一定經濟的產物，民間信仰作為一種民間文化一定是與當地人的生產、生活緊密結合的。所以，在這裡強調的一點還是整體觀，從整體出發，眼界會更加開闊，思路可以更好地打開，看待與理解事物的角度也會截然不同。

就以民間信仰這個話題為例，當調查者坐下訪談的時候，你的問題是這樣的：「大爺，請問您這裡有什麼信仰沒有呀？」對方一定會說沒有什麼信仰，於是你的結論就是「某某某地無民間信仰」，這樣的結論簡直大錯特錯。很多地方不是沒有信仰，而是「信仰」、「宗教」等諸如此類的詞語並不符合當地的話語體系。當問到「初一十五燒不燒香啊？」之類的問題時，關於「神靈鬼怪」的話匣子自動打開。而且，如果以整體觀的視角來看，你就不難發現，在民歌當中也涉及到宗教信仰，在當地的俗語當中也會涉及到宗教信仰，甚至小地名中也會包含信仰的成分，當然這些都是需要調查者去深入地訪談、整體性地觀察才會得知。

第 19 天・8 月 18 日
算命

又是趕場天。

我們在街上繼續尋找道士先生、算命的和看八字的。一位算命的婦女也拿了一副神仙牌,石老師抽了 12 張神仙牌後,那位算命的婦女一一解釋出來:

> 你的酸找好,你是個抓錢爪,你的打算好,你文武都來,你自打股來。你要小心哦,你明人暗鬼有點災星,你這個人是個吉利人,良心人,善良人。看,這張是個洋人,你不順當,你運氣有點不好,你七月間進不得臥房。聽到沒。你看嘛,你還是聰明能幹,自力更生,口說心軟,心時利軟,你還是有忠孝,有結果,你結果是好得很的。你這個人是個實意人、善良人。你看嘛,你第一個男朋友不成功,第二個第三個才成功。你這個人啦,今年子有點災難。七月至九月、臘月三個月,你不是有點病災,就是有點折財道路的災難,聽到沒。看嘛,你矮子爬樓梯步步登高,一生平安。你是個抓錢爪,你男朋友不著急,好運在後頭。你太好了!你看嘛,你是個妹妹,實

際像個弟弟一樣,口說心軟,心思細軟,你什麼都不怕,什麼都攔不住你,要說你是矮子爬樓梯步步登高,一生平安。你找男朋友的話,男朋友比你高個耳巴子,聽到不。你看嘛,就是有點災難咯,運氣不好咯,你今年有點災星哦,你各自要小心哦,摔啊災哦,天寬海闊,你今年子有個坎坎哦,就是說,你今年子要把這個險坎邁開,啷個邁哦,我給你弄開了你險坎就走了,你一生平安,可不可以?朗格弄呢[7]?我也不要錢,你個人買香買燭買火炮就行了。我教你朗格做哈,手上左手的中指夾殼要2個,右手的大指甲殼一個,剪來用三塊三角錢包好,放在錢裡頭,然後用三根頭髮,放在地上,朝南方,給別個撿去用,就行了。然後買一塊錢的香,一塊錢的燭,一塊錢的陰紙樣,就是買個火炮,一共25塊錢就行了,就是買這個就行了,好了。你黃金富貴,看嘛,你是天子爺爺,你是有孝心的人,你要照這麼多阿,這是你看男朋友,要找個好的。看嘛,有人明裡暗處要害你。你聰明能幹,你看嘛,你今年有點災星,不平安。你矮子爬樓梯步步登高;這是你,你媽媽爸爸生你的時候那個祖墳在長;在八月、冬月、臘月,要燒個香,運氣不好,要看星斗行路。

---

[7] 「朗格」是當地方言,是「怎麼」、「如何」的意思。

離算命婦女沒有多遠，是那位我們已經遇到過兩次的老頭。這一次，他打開話匣吐苦水了，說有一次我們不在的時候，有學生去問他怎麼算命之類的。算命的老頭不是橋頭鎮的人，他38歲才開始學這些，跟著一位叫王bia子的人所學的。後者原本是四川岳池人，比他小8歲，在勞改的時候學會了看相、算命這些。算命的老頭原本是騸豬匠，從事這一行業10多年後就看時給人看八字之類的。他把師傅請到家裡來學，師傅吃掉了1,200斤穀子，他自己的兩個兒子就恨他了。他有一個女兒，已經亡故。目前他家四個人，有一畝五分地，種了辣椒和其他莊稼，沒錢買肥料，就廣種薄收。他告訴我們，如果跟他解釋清楚我們調查的目的是什麼，他也願意把所有的神仙牌拿給我們看，並且給我們一一解釋，也允許我們拍照。

討論

開會的時候，有學生說進入倦怠期，不想問了。這個時期也是大家精力比較疲乏的時間段了，所以我們跟學生提出的要求是，整理思路，儘快把寫作提綱給寫出來，然後按照現有的資料來對比，看看是否缺少了那些細節，再繼續補上（田野筆記：編號23）。

【田野小結】

今天的趕場，調查者繼續在街上尋找道士、算命先生和風水先生。在算命先生的攤位上，觀察都有哪些人會來算命，為什麼要算命，他們對這種活動的看法是怎樣的。這些都屬於傳統文化方面的內容。

宗族發展的問題也是人類學經常關注的問題。關於宗族遷徙、傳說故事、家族譜系、宗族祠堂、祖墳情況、宗族關係、族際通婚等均需要詳細地進行訪談。可以從較大的幾個宗族入手，探索宗族之間的關係。

在田野調查時所拍的照片和視頻，甚至是從報導人那裡所收集的光碟和照片，也都可以成為後期分析時的資料。事實上，圖像是一種視覺化語言記錄下來的材料，這種視覺語言同樣需要運用符號學的理論來解碼。我們在田野中遇到的最常見的照片是幾十年前的黑白結婚照以及一些全家福的照片，單從照片畫面上我們可以追問，他們的服飾、姿勢、所處的位置分別表達了什麼意思？為什麼是中景鏡頭而不是遠景？為什麼給這個家庭成員特寫鏡頭而不是其他家庭成員？畫面上人物的表情和動作是怎樣，為什麼會有這些表情而不是其他的？甚至還可以追問，為什麼在當時的條件下，這一家庭會想到去拍全家福？他們的家庭經濟條件如何？為什麼結婚照是在攝影棚裡拍攝？這些與婚嫁有關的東西為什麼會被保存下來？越多的追問，就越有可能把圖片上的視覺符號所傳遞的意義解讀出來。

田野調查進行到這個時期，許多學生已經進入了倦怠期，除了身體上的疲倦之外，還有思想上的倦怠，覺得自己搜集的材料已經足夠，問不出來其他有效的資訊了。在這種情況下，要儘快整理思路，儘快寫出寫作提綱，然後按照現有的資料來對比，看看是否缺少了細節，再繼續補上。

無數前輩們經驗教訓的總結是，一定要當天的田野筆

記當天記下來。田野裡每天都在發生各種事情，或者是另一種情況，每天都很無聊，看似沒有什麼事情發生。這就要調查者自己的敏感，去捕捉日常生活的細節。往往在整理筆記的時候，會有一些思考，自己也會產生一些疑問，搞不清楚的地方就是繼續追問的地方，也最有可能是發現問題的地方。

第 20 天・8 月 19 日
壽比南山

　　昨天晚上，劉 M 說她所在的村子今天有老人過生日，是八十歲的壽宴。我們這段時間都沒有遇到祝壽儀式，於是今天我們就跟隨劉 M 去她所在的村落，同行的還有田老師和石老師。前幾天，石老師還教育劉 M，在做記錄的時候尤其要參與觀察，仔細觀察房東太太是怎麼做飯的。社區的每個人都是有地方知識的，連我們住宿的賓館老闆都可以給劉 M 的田野筆記提出參考意見。

　　我們今天要去參加的祝壽儀式，也是許多村落裡比較重要的儀式之一，尤其是老人的七十和八十大壽，很多地方都有「大辦」的習慣。在壽誕上，需要觀察的是當地人對不同年齡段的老人是否有專門的稱呼和問候？當地一般是多大年紀可以舉辦壽誕？壽誕的程式是怎樣的？兒女一般送什麼禮物？有磕頭的習俗嗎？親戚朋友都要來祝賀嗎？分別都送什麼禮物？哪些親戚會被邀請？當地還有其他尊老和敬老的習俗嗎？這些是祝壽儀式中時常需要思考的問題，也是需要在田野中進一步觀察和追問的。

　　早上照例是吃過早餐，到馬鹿村的學生們與去長沙村的學生們揮手再見。清晨的陽光尚未發揮優勢，住在公路

旁的村民們已經早早地將豆莢攤在路邊的水泥地上，一些豆莢曬得非常幹，呈枯黃色了；還有一些仍然是灰綠色。村民將豆莢挑散開，將灰綠色的架在最上面。

　　走到湖心組時，學生們各自分散地往村民小組走去。我們先去了湖心組的一位村民家裡，這位村民昨天就讓學生帶話給我們，邀請我們到他家做客吃午飯。我們去的時候，村民不在家，就只有他的孫兒在，小男孩讀小學，非常懂事和聽話，在家給大人幫忙做家務事。這一點在農村幾乎是非常普遍的現象，尤其是隨著青壯年勞動力外出打工後，農村的留守兒童和留守老人只能依靠彼此。小男孩連忙讓我們坐下休息，他說要去菜地裡摘點蔬菜回來。我們跟著他到菜地，他熟練地挑選了一下，摘了幾個絲瓜放在籃子裡。

　　眼看離正午時分還很早，我帶著劉 M 去了她所進行調查的村民小組。她說要請一位叔叔引領我們去壽誕的那家，於是我們就先到了這位叔叔家。大叔家在公路邊，養了一條黑狗，拴在樹下，兩三位老人坐在屋簷下看著我們走過去。院子裡用兩條板凳架著大簸箕，簸箕裡放了花生曬在太陽底下，臺階上擺放著各種農具，籮筐上還放著育秧的塑膠膜，當地育秧是採用塑膠膜的方法。在這戶村民家，我們還見到了雷子，也就是舂米用的工具。圓背簍裡裝著剛剛採摘下來的茄子、番茄和辣椒。豇豆掛在半空中的繩索上晾乾。

　　我們走過去，介紹了一下來意，老人們不確定是不是有人要過壽，互相詢問了一下。我看著辣椒，問村民當地

種辣椒都有些什麼品種，打開話匣後劉妙拿著紙筆，繼續接著問生計農活的資訊。老人的孫兒和孫女也在家，小姑娘坐在奶奶旁邊安靜地聽我們說話。

說到辣椒的做法時，老人讓孫女去灶房端出一碗碾碎的青辣椒做成的菜。辣椒是本地的主要經濟作物之一，亦是當地飲食中不可缺少的組成部分。沒有辣椒的話，吃什麼都不香。辣椒，原本產自美洲，大約在17世紀傳入中國，而後再在中華大地上生長興盛，尤其是西南地區有「四川人不怕辣，貴州人辣不怕，湖南人怕不辣」的說法。西南地區潮濕多瘴氣，而多食辣椒有助於排出濕氣。辣椒的做法不止一種，可以涼拌，可以熗炒，可以與糯米粉一起做成辣椒釀，還可以作為調料下飯菜。辣椒芯被拔出來後，曬乾再串在一起，吊在門上作為裝飾物，遠看還以為是花束呢。

雜巴海椒：雜巴海椒，是用团寶海椒做的，用小刀在海椒的尾部挖一個口，把海椒把和海椒的籽掏出來，然後在團寶海椒裡灌入糯米粉，放在罐子裡鋪起來。

酸棗肉：把豬腸子切成節，和麵海椒和在一起，鋪起來。

消水兒：把消水洗淨了，依個人口味放鹽、酒、海椒、醬油、味精、白糖等調料濫起來。

辣椒吃法：青海椒切細了和皮蛋調料。

醃菜：放鹽巴、花椒、酸蘿蔔、蒜籽、方青辣椒。

臘腸：把過個，年殺豬的小腸皮子洗淨，把瘦肉剁爛了放調料裝進小腸內，然後用煙熏一下，有一股很香的煙

熏味。煙花叫辣椒，外面有專門的調料。十斤肉一般半斤白糖，放兩三兩白酒花椒、辣椒粉鹽巴根據自己口味添加。

酒、白糖、雞蛋是通常的禮物。

魔芋豆腐的做法：魔芋的根挖出來，皮子去了，打成粉了再煮，冷了就是這個，石灰點，草木灰不得行。

等到大叔回來，我們說明來意，他打電話問了一下確認了這件事情，就讓孩子帶我們去過生日的那一家。走進門，老人的床鋪在堂屋的角落裡，老人耳聾，不太能聽見我們說什麼，只好和他的孩子們交談。當地的祝壽儀式已經簡化了，也就是親人們聚到一起，吃一頓豐盛的飯菜，熱鬧一下就是了。他們七嘴八舌地說，以前祝壽是要讓老人坐在堂屋的椅子上，接受後輩們的磕頭和祝福。

我們正在與老人的兒孫交談，老人時不時也大聲地咕噥幾句，不過已經聽不清楚他的說話聲。坐了一會兒，吃飯的時間到了，男性們坐在堂屋的這張桌子旁，女性和孩子們則在灶房的桌子旁吃飯，飯菜都是相同的。男人們打開幾瓶啤酒，也給我滿上了一杯。我舉著酒杯說，感謝你們的熱情款待，我們這段時間給你們添了不少麻煩。真的，我每次說這句話的時候都是發自肺腑的真誠，因為田野調查對於我們來說很重要，可是對於他們來說未必，而且還打擾他們的休息時間來回答我們的提問。

老婆婆告訴我們，過壽的菜沒有講究，也沒有什麼忌諱。桌上的菜肴中，白菜是買來的，茄子也是買的，老婆婆說，自家種的沒有這個好。說起節慶飲食，老婆婆說，過年的時候，主要吃湯圓、肉，豆腐，魚，這些是主要的。正月初一的時候，吃粑粑和湯圓，大湯圓，包芝麻餡，這

些都是買的,核桃,花生米,芝麻是自己家種的。平時吃小湯圓。

此外,正月十五要吃豬腦殼,端陽吃粽子。插秧的時候吃肉,豆腐這些東西。農村人家裡窮了,以前只有過年的吃。清明粑,毛卷兒,清明草,開黃花,尖尖,拿來做,酒米打粑粑,打出來是白色的,有點青,想吃的石灰就烙起吃,也可以粘糖吃。

麻花是街上買,以前是自己炸,還費油,有4、5個人炸才行,一個人不好炸。農村人家裡真的有好吃的食物的人,不多;只不過是吃得飽。

他們還回憶了以前餓飯的歷史,餓飯的時候沒得吃,25斤穀子過年,那時候我屋裡8個人,半斤米,隔幾天吃點點。自己屋裡沒得吃的,坐月子都沒得。餓飯的時候吃觀音土,吞不下去。

飲食習慣上,有客人來之後,一般主人會以酒相待,土家族有很多喝酒的習俗。喝酒和吃飯一般用同一個碗,一般先喝酒,喝完酒再吃飯。但不可以邊吃米飯邊喝酒,這樣對夫妻雙方父母不好,表示對夫妻雙方父母的不敬。

喝酒時,一般由主人為客人倒酒,主人為客人敬酒時,一般由主人會給客人添酒,並不講究添酒的多少,只要客人說停,主人就不再添酒。

晚輩為長輩敬酒時,要站起,以示對長輩的尊敬。

吃完飯,又和一位村民聊了一下,他是手藝人,專門做瓢瓜的。下午我們又和劉M去了另外一戶村民家,路上遇到了一戶正在蓋水泥房的人家。主人不在,只有泥水匠在,泥水匠告訴我們修水泥房的過程以及什麼是二四磚。

一、房屋修建過程

基本上,房屋修建分成幾個過程如下:

打地基:石匠動土之前要祭土地爺,放鞭炮。石匠 MHZ 表示,主人家某個人(一般為家裡的主事者)在地基的正中央,燃起 3 柱香,祭拜土地,求保平安。祭拜後為石匠發紅包 20 元,放鞭炮。且磚匠動工和砌牆結束都要包紅包。但這並非湖心組普遍流行。

上中梁:上中梁的木材,從山上砍來,砍樹的時候要挑選長的茂盛的樹,這預示著家人身體健康。

上門:上門由木匠來上,上門前木匠把主人家準備好的一隻公雞拿過來,用牙齒把雞冠咬破了,血撒在門上,邊撒血,邊說一些奉承話(祝福的話),如主人家健康平安、財源廣進等。然後主人家給木匠紅包表示感謝,木匠為主人家安好大門。雞公則由木匠帶走祭祀魯班(XDS 提供)。

房屋落成儀式:斷水酒。斷水酒是房屋的落成儀式,在房屋基本格局已初步完成,屋頂製作完成不漏雨的情況下舉行。同其他回頭一樣,「媽屋裡的人」在斷水酒扮演者重要的角色。尤其是孩子的外公外婆。

當日,外婆要帶泡粑、白糖、酒、肉、海帶、粉條等禮物來祝賀。所要來客都要準備禮錢(或禮物)。而外公外婆給錢要多一些,但也要視其家庭情況 1,000～10,000 元不等。一般外婆都要給七八千塊錢。而像舅舅、姑父等一般 100～400 元不等。

拋梁粑:吃過中午飯過後,要舉行「拋梁粑」的儀式。就是把外婆帶過來的泡粑,從「後陽溝」拋起,越過房頂拋到房屋的前面。拋梁粑的人沒有規定,隨個人意願,但

是一般只拋兩三個作為象徵，熱鬧一下。絕大多數的泡粑還是留下來食用的。舉行斷水酒這天要用的泡粑要經過裝飾，每個泡粑上面都要要四個紅色的圓點。這些紅點都是用筷子點成的，首先要把筷子的一端劈開成四分，分成四個枝杈。然後蘸上紅色顏料點綴在泡粑上面，這樣純白的泡粑就增添了喜慶的氛圍。

回禮：由於蓋房要花去家裡很多積蓄，如果家裡沒有多餘的錢財，就會選擇省去這個儀式或者等到家裡有了多餘的錢財再舉辦。另外如果家裡的親戚少，也會選擇不舉辦。

二、房子的設計樣式、結構及其功能分區

長沙村的房屋一般都有兩層，下面一層一般由一個堂屋、小二間和灶屋組成。

堂屋：堂屋位於正中間的一間，較為寬敞。主要作為紅白喜事、節慶日，很多人來祝賀的時候用，如酸糟酒、斷水酒、取同意、結婚、辦喪事等。平時體積稍大的器具，如打米機、電磨機、風車、蓋子等也停放在堂屋。

灶屋：灶屋即廚房，是人們平日做飯、飲食和冬日取暖的地方。依照當地的建築習俗，灶屋要緊鄰房屋建造單獨的一間。有得人家把灶屋隔開，分為火爐屋和灶屋兩部分。火爐屋為冬日烤火和平時吃飯所用，而灶屋則是專門做飯的場所。

廚房布局：當地的廚房布局大體結構都相同，都設有灶臺、水缸、櫥櫃，廚桌。此外廚房的牆壁上都掛有筲箕。

小二間：每家的灶屋上方都放有柴火，柴火是做飯的主要能源。柴火有枯草（稻穀秸稈）、玉米杆、乾枯的數枝、砍來的木柴等。灶屋上方主要存放砍來的木柴。玉米杆、枯柴枝有的放在房屋四周的的屋簷下，有的見了專門的柴房，有的放在豬圈的上方的閣子裡。

烤火現在也有用電爐或煤爐的，但火坑最為常見。

泥水匠的拜師，出師的時候要給師傅買一套新衣服；他老婆也在工地現場幫忙，他還帶了一個徒弟。

房屋樣式和居住空間，雖然是進入田野時就能觀察到的，但是在家居禁忌、建房儀式、遷居禮俗、公共設施和風水觀念等內容上，同樣要經過長時間的觀察和詢問，才能獲知更多詳細的資訊。例如，當地修建房屋的時候對選址有什麼講究？會請專門的人士來看風水之類的嗎？鄰居建房的時候有什麼忌諱和講究？奠基、破土、上樑等過程分別都有哪些儀式？需要請專門人士來主持嗎？會邀請親戚朋友或者家族裡有威望的人來現場嗎？修房子的材料都是哪裡來的？工匠是哪裡人？從哪裡請來的？房屋修好之後有相關儀式嗎？親戚朋友會被邀請來參加喬遷之喜嗎？房屋的居住和布局上有什麼忌諱和講究？不同性別、年齡、代際的家庭成員分別住在哪裡？每個房間的功能分別是什麼？當地有供奉牌位、家神的地方嗎？不同節慶的時候，房間內的布置會有變化嗎？

【田野小結】

匠作工藝，往往是物質文化中最重要的組成部分之一，

但也比較考驗調查者的背景知識。即使沒有相關背景知識，需要調查者帶著「我也要回去造一個」的理念，調查清楚每一個環節，怎樣刻字，在哪裡刻字，刻多大的字，型號、尺寸、材質等等分別都是怎樣？流程細緻到可以自己回家動手複製一個一模一樣的出來，是關於匠作工藝調查的理想境界。

　　房屋樣式和居住空間等是進入田野時就能觀察到的，但是在家居禁忌、建房儀式、遷居禮俗、公共設施和風水觀念等內容上，要經過更長的時間去觀察和詢問，才能獲知更多詳細的資訊。例如，當地修建房屋時對選址有什麼講究，是否會請專門人士來看風水，鄰居建房的時候有什麼忌諱和講究，奠基、破土、上樑等過程分別都有哪些儀式，是否需要請專門人士來主持，是否會邀請親戚朋友或者家族裡有威望的人來現場，修房子的材料都是哪裡來的，工匠是哪裡人，如何將工匠請來，房屋修好之後相關的儀式如何，哪些親戚朋友會被邀請參加喬遷之喜，房屋的居住和布局上有什麼忌諱和講究，不同性別、年齡、代際的家庭成員分別住在哪裡，每個房間的功能分別是什麼，當地供奉牌位、家神的地方在哪裡，在不同的節慶時節，房間內的布置會有何變化。

　　問題是無處不在的，關鍵是要有一雙會觀察和發現的眼睛。在村落中行走與思考的時候，調查者抬眼會發現很多人家大門上會掛一面鏡子，而有的就沒有。深入瞭解，就會發現這不僅是一種建築風俗，還反映了一種風水觀念，蘊含著人們對自然神靈的一種敬畏與用於改造命運的意識。

第 21 天・8 月 20 日
敢問路在何方

　　從馬鹿組後面上去，順利地到達屈J所在的村民小組。按照安排，屈J昨天在村民小組的隊長家住，沒有下山來。但是今天一大早他就在路口等我們，另外還有一位老人也陪著他在等待。屈J的調查內容是資訊傳播與變遷，因此涉及到的內容比較多，不僅要考察傳播媒介、基礎設施的變遷，還要考察資訊內容本身是怎樣隨著時間和空間變化而傳播。

　　在農村做田野調查時，一定要把村落社會和文化與交通聯繫在一起思考，因為交通條件往往是構建村際交往和文化變遷的基礎之一。當地是否有通往外界的道路？路況如何？當地人經常走的是什麼路？除了步行，當地還有其他交通工具嗎？當地人在什麼情況下出村？有什麼禁忌嗎？出行的時候一般會帶什麼東西？誰來準備這些物品？長途的情況下，當地人一般在哪裡停下來休息或者投宿？在地點和時間上都有哪些講究？我們將在田野調查中考察這些與交通相關的問題。在路上，屈J興奮地跟我們說起他這段時間的一些初步調查結果，當地人修路的糾紛，以及公路修好以後對資訊傳播的影響。

在岔路口遇到一對姐妹，我問她們要不要跟著我們上去，到上面那個院子去，姐妹倆跟著我們一起去。其實山上的村子是相對封閉一些的，而且因為婚姻圈的關係，幾乎都互相認識。在路上見到幾座土地廟，一一丈量了一下。

老支書遠遠地就來迎接我們，握手之後將我們引進屋裡，這是一個類似四合院的建築，中間是水泥地的院子，四周是夯土牆的木房子，院落前是開闊的梨子樹林，小孩子們在樹林裡熟練地爬上去摘梨子。

我們到來的時候，正遇上主人請人來撿瓦。我跟著梯子爬到屋頂，問了一下撿瓦人的情況。在當地，撿瓦並不是一個職業，也不算一門手藝，但是有一些人經常被請去幫別人撿瓦，包一頓飯，一天的工錢，或者商量著多少錢。撿瓦是一個費時而瑣碎的活兒，將破碎的瓦片換下，又需要把新的瓦片提到屋頂上，有恐高症的話可不行。

正在石老師與撿瓦人閒聊時，那邊的田老師、張老師與老支書已經聊得正歡。老支書帶他們去看了這個村民小組的第一臺電視機，並且回憶了當時全村老少圍過來看「稀奇」的場景。在鎮上或者更遠的縣城，80年代後期時，電視機可能都走進尋常人家了。但是在山裡，尤其是山上的村民家裡，那時候的電視機，還是一個遙不可及的奢侈品。在這之前，當地的娛樂活動是飯後的閒聊，冬天的時候圍著火鋪擺龍門陣。而今，幾乎家家戶戶都有電視機以及其他家用電器，坐在電視機前看連續劇已經成為當地村民們的主要休閒活動了。

趁主人家都在忙碌，我們簡短地在屋旁的水泥地上召

開了一個小型的工作坊，討論屈J的調查內容（田野筆記：編號24）。屈J用樹枝在地上畫了一個簡單的道路網路圖，用石子標出哪些是正在修的水泥路，哪些是原來的土路，村民的房屋分布在哪裡。看得出來，屈J花了不少時間和精力，調查清楚了道路等基礎設施的情況。田老師思考了一下，要求屈J下一步弄清楚修路時的糾紛，以及這些基礎設施是怎樣改變了當地的資訊傳播方式和內容。

暢談了一會兒，主人家已經做好一桌子飯菜，熱情地請我們入座。都說老支書會唱山歌唱鑼鼓調子來著，薅草鑼鼓車燈花燈啥的一個都不落下。我們和老支書喝酒的時候，老支書說，「我給你們唱支歌吧！」我們說「好啊好啊！」老支書咳咳了兩聲，開唱了：「咱，當兵的人！就是不一樣！」我們熱烈鼓掌，歡呼說：「唱得好！」石老師說，「支書再唱一首別的吧」。支書又開唱了：「你挑著擔，我牽著馬，迎來日出送走晚霞」。在支書的歌聲中，我們揮別了支書全家，踏上返回的山路。

回來的時候，路過一家院子，大約有三四戶，和一位大叔聊了一下。他以前是泥水匠，修房子了，行土牆和木牆都修，他還介紹了一下水磚和火磚的區別。

下山的時候，遇到兩處神龕，一處是位於路邊，有一個是觀音，有一個是土地公婆。另外一處神龕位於棧道邊，地勢非常險要。

中國革命老區專案
平息橋頭土匪暴亂紀念碑

1950年2月15日淩晨5時許，潛伏的國民黨殘餘製造了震驚川東的橋頭「臘二九」土匪暴亂。在原國民黨區長余策劃下，土匪頭子譚等匪眾八百餘人，包圍了橋頭區公所，區公所三十八名幹部戰士和縣大隊一起，與土匪展開激烈戰鬥，我解放軍戰士左漢春、□□□，一中隊戰士譚正興在戰鬥中英勇犧牲。次日凝晨，縣委第一副書記□□□帶領解放軍一零八團兩個連及炮兵、縣大隊一個中隊，火速抵達橋頭，土匪被一擊而潰，四下逃竄，三月十五日，繳獲土匪槍械百余支，活捉匪眾一百二十餘人。在強大的軍事追剿和政治攻勢下，土匪紛紛繳械自新，被威脅的群眾也紛紛回家投入生產，匪患得以平息。2007年6月立。

【田野小結】

進入社區，與當地人的關係始終是決定田野調查是否能順利完成的關鍵，沒有之一，需要調查者結合自身情況作出判斷。調查者要勤奮，用心參與，用情對話，尊重當地村民，從內心深處把當地人與自身平等相待。

在鄉村做田野調查時，一定要把村落社會的文化與交通聯繫在一起思考，交通條件往往是構建村際交往和文化變遷的基礎之一。當地通往外界的道路如何；當地人經常走的是什麼路；除了步行，當地還有其他交通工具；當地

人在什麼情況下出村,有什麼禁忌,出行一般會帶什麼東西,誰來準備這些物品;長途的情況下,當地人一般在哪裡停下來休息或者投宿,在地點和時間上都有哪些講究,當地人修路的糾紛,以及公路修好以後對資訊傳播的影響。在田野調查中要考察這些與交通相關的問題。

　　田野和人類學要與個體生命相互關聯,當地發生的許多故事也許在自己的生活中也有可能發生。調查者以「局內人」和「局外人」不同身分的進行解讀,從田野反觀自己所處社會的構成,從自身所處的社會又可以透視鄉村的生活。當代人類學個體與社會體系的交織就是在這樣的對話中產生的。

第 22 天 ·8 月 21 日
修生基

　　分到梨子組調查的兩個小夥子，一個是內蒙古的，一個是貴州六盤水的，這一南一北的臨時組合也讓兩個孩子能夠在跳查中互相學習。貴州的孩子回來說，梨子組的民間信仰很濃厚，這也讓我們覺得應該去梨子組看看，帶一帶學生。

　　昨天晚上照例喝酒，孩子們喝得很盡興。早上起來，一個孩子說得慢點。他不舒服。我們一路慢慢走。我也因為昨天喝得很開心，第二天得時候，臉還是紅彤彤得。

　　因為馬鹿村得各個村民小組和長沙村一樣，都是縱向沿山脊分布，孩子們路上結伴而行，只不過每到一個組，就有兩個孩子揮手暫別，拐彎進村子去了。二龍井組得兩個則走到最遠得村民小組。

　　路上不斷遇到下山的村民，和我們打招呼，問我們是不是來做調查的。村民們還談起自己那個組的幾個大學生，我們說，啊呀，他們就是我們的學生嘛。

　　今天的上山速度不給力，大約走了兩個小時，到了梨子組的支書家，支書熱情地讓我們進屋休息，來自貴州的學生喝了一碗紅糖水，上樓休息了一會兒，我們則在樓下

閒聊了一下。剛好我們的學生身體不適，我們也藉此機會與支書聊起當地的衛生習俗，飲用水是哪裡來的，怎樣保持水源的清潔？當地人一般是用什麼方式儲存食物？臘製品的食用是否廣泛？村民們怎麼除了腐敗的食物和其他垃圾？村民們怎麼保持身體健康？如果生病了的話，一般會向誰求助？當地有巫醫、赤腳醫生嗎？當地有沒有治療常見疾病的偏方、中草藥等等？村子裡曾經或者現在有沒有什麼流行疾病？婦女和幼童常患哪些疾病？什麼情況下病人會被送到衛生所或醫院？在任何社區，衛生習俗往往與當地文化中關於潔淨的分類有關。

　　支書家張羅了一桌子豐盛的飯菜，招呼我們吃午飯。之後我們道別支書，去找那位據說在修墳墓的老人，中途還走錯路了，鑽過一片玉米地，才看到了這位老人，他正在挑泥沙現場攪拌。田老師向他提問後，貴州的學生也跟著問了一些問題。

　　我們無法推測和考證橫高是不是這裡最初有人居住的地方，如果確實是這裡最早有人居住的院子，那麼現在的整個聚落被外界稱謂橫高便是順理成章的事情了。可是，無法排除的是「院子」以及生基坪的老院子是在橫高的老院子之後修建的。可是，何以是橫高而不是「院子」或生基坪的名稱成為外界的人們指稱這一地區的稱呼呢？人們認為，「院子」是一個極其封閉的地方，直到今天只有一條很小的路通往這個院子。生基坪也具有這樣的特徵，儘管這裡相對平坦，但是並不是交通經過的地方，也較為封閉。而橫高則有所不同，這個院子的高坎之下正是原來從

橋頭通往龍井的主路，這條主路聯繫著這個村落與外界，而人們走在這條路上，在莊稼茂盛的時節，甚至是看不到「院子」和生基坪的，但是他們經常從橫高院子下面經過。所以，橫高很可能因為在這個小村落與別的村落的互動中借助其交通優勢而獲得了至少在知名度上的優勢地位，於是才有橫高而不是「院子」或生基坪作為這一地區的統一稱呼的情況。現在，這裡居住著譚家、李家和向家。

生基坪這個地名的來歷跟當地人們的喪葬習俗有關，所謂「生基」，是當人們還沒有死去就已經準備好在死後所用的一切的活動的叫法，例如人們在還沒死之前就已經準備棺材，為自己選好陰地，也就是死後所埋葬的地方，這些都是生基的主要形式。有一種生基形式在當地曾經十分流行，那就是修建生基墳，所謂生基墳就是在人死之前，自己就找到風水好而且自己也比較中意的地方為自己修好墳墓，直等到自己死去之後由後人將自己葬在這裡。生基坪這個地方正是這樣一塊風水寶地，這裡被大大小小許多生基墳所占據，所以人們一直將這裡喚作生基坪。據年長者的回憶，在農業合作社搞集體大生產的時候，人們為了建設農業生產設施，同時也要破除四舊，於是將許多大墓的石頭和石碑全部拆下來去搞基本農田設施建設。當人們來到生基坪這塊土地上拆墳的時候，許多墳墓裡竟然都還是空的，根本無人在內，原因是一些人儘管在活著的時候修好了生基墳，但是後來因為各種變故而離開了這些地區，在外地終老的那些人不可能再抬到這裡來下葬，於是便會

有這些空墳。這裡叫做「生基坪」自然是名副其實的。現在，生基坪居住著譚姓人家和入贅到譚家的彭姓人家。

今天稱作「院子」的地方一直以來在人們的印象中就是個院子在那裡，它正好處在一個地形低窪的地方，前方也是一處高坎，建築的左右和後面基本上都是靠山而建的，只有前面是高坎，視野可以直接看往幾十裡外的高山。人們之所以一直將這裡叫做院子，原因就在於這個地方作為一個院子已經有很長的歷史，一個 80 多歲的老人曾告訴筆者，在他的印象裡，現在叫做院子的地方一直以來就是一個三面環屋的完整的院子。他的上一輩人都叫這裡做「院子」。現在，這裡居住著譚家和楊家。

橫高的三個老院子裡發展出來的許多小聚落，也都相應地有自己的名稱，這些名稱或者因為此前這一地方的地名而來，或者是在這裡有人居住之後才根據具體的情況叫了一個實用的地名。

學生針對田調地區做了經濟活動的調查（田野筆記：編號 25），並整理表 1～表 3，瞭解當地外出打工情況、基本的收入結構，以及基本的消費結構。在統計時。將養殖業和飼養家畜都歸入牧業收入中。在當地的收入結構中，農業和外出打工所占的比重較大，而只有個別家庭轉變觀念開始發展養殖業的家庭才以牧業為主，不同的家庭擁有不同的資源，他們的收入結構也有所不同，但通過訪談，這幾種是當地最普遍的收入項目，構成當地人收入的主要部分。

表 1 外出打工情況

組別	外出勞動力	常年在外動力	縣內	省內	省外	省外比例	外出打工比例
湖心組	166	166	20	10	136	82%	36.4%
雙堰組	149	149	10	5	134	90%	42.2%
滕方組	143	143	5	3	135	94%	38%
都岩組	89	89	8	4	77	87%	37.2%
茨穀組	72	72	2	6	64	89%	44.2%
合計	619	619	45	28	546	88.2%	39%

資料來源：金 YF 整理。

表 2 當地基本的收入結構

人名	農業收入	林業收入	牧業收入	外出務工收入	其他收入	經濟總收入	農業比例（%）	林業比例（%）	牧業比例（%）	務工比例（%）	其他比例（%）
陳茲元	5,029	30	3,440	9,000	2,000	19,499	26.6	1.5	17.6	46.2	8.1
朱元林	6,331	30	4,510	10,000	4,000	24,871	25.4	0.7	19.5	43.7	10.7
馬六茲	4,672	30	3,480	9,500	5,000	24,871	21.8	0.9	16.7	44.8	15.8
力永洋	5,257	30	8,410	6,500	2,000	22,827	23.8	0.8	38.8	28.4	7.3
馬發茲	5,887	30	4,810	11,000	2,000	23,727	24.9	0.6	20.9	46.4	7.2
合計	27,806	150	20,650	50,000	15,000	113606	24.5	0.1	18.2	44	13.2

資料來源：金 YF 整理。

表3　基本的消費結構

人名	農業投資	日常消費	各種禮金	教育支出	兒女消費
陳茲元	3,050	2,000	2,000	4,000	3,000
朱元林	3,800	3,000	3,000	4,000	5,000
馬六茲	4,250	3,000	3,000	2,000	3,000

資料來源：金 YF 整理。
註：單位──元。

【田野小結】

在田野中，同樣需要不斷「複習」筆記，試著站在「局外人」（你的親朋好友、老師同學等等）的角度去「聽」你的複述，看看哪裡遺漏了，哪裡不夠清楚，哪裡還需要增加內容。注意全面性和整體性，各種類型的材料是否準備齊全。是否需要繼續尋找報導人進行深度訪談。

在本次田野調查結束之前，仍然要抓緊時間進行總結，認真思考自己內心的感受和體會。鄉村的變遷是非常迅速的，這次來到這裡進行調查，等到再來進行回訪調查的時候，說不定村落變化已經非常大了，所以說每次的調查都儘量把工作做細，每次的調查都不留遺憾。

回顧整個調查過程，整個調查期間的圖示是否畫得十分清楚詳細了。如社區圖，橋樑、河流、方向、公共建築、進出道路、水井、商店、邊界；儀式空間圖，逐一細化，如儀式空間的邊界，並將繪圖立體化，標記清楚具體事物的長度與高度；譜系圖，以報導人為核心展開，注意標記的運用。各種統計資料、族譜、風俗藝術手冊等是否已經搜集完備。

田野調查的村落就是一個巨大的博物館，調查者要學

會將收集到的材料進行分類，注意擺放的順序，展廳的分配，展廳順序的設置等等。近一個月的田野調查資料是非常豐富的，關鍵的問題是如何將這些材料分門別類地「放置」好，及時的歸納整理對新思路的形成會很有幫助，後期的寫作也會得心應手很多。

第 23 天 ・8 月 22 日
贈送布鞋

今天是分別帶學生去他們的村,看看學生的訪談情況。我們跟著劉 M,去一位據說是認乾親的家裡訪談。

認乾親儀式:拜認乾親時需要一定儀式,需請乾媒作證。拜認乾親當天,父母請乾媒、孩子到自己家中。在乾媒的見證之下,孩子要向乾父母行磕頭之禮,表明自己對乾親的尊重,願與對方結為乾親。而乾父母當天要送給孩子壓歲錢和衣服。有時認乾親也沒有很嚴格的規定,比較隨意,也不一定有乾媒在場。而如果孩子年齡較大,則可以免去磕頭的儀式。

乾親之間的關係:再拜認乾親之後,雙方之間的關係,就如同親生一樣。乾兒女會作為其家裡的一員看待,同其他的兄弟姐妹一樣。乾女兒結婚的時候,乾親家也要像自己嫁女兒一樣,為她準備嫁妝,但是相比要簡單一些,這也要看自己的家庭情況,如果條件好的便會準備的齊全一些。不過一般棉被還是要有幾床的。下列舉一個案為參考。

個案：CZL，男，70多歲；ZQX，女，50多歲。

ZQX認CZL為乾爸，雙方結為乾親。

CZL的妻子為再嫁，並帶來一個兒子名為TCY。TCY婚後有三個孩子。CZL沒有自己的親生孩子。而且CX也是因母親再嫁，和母親一同到這個村子來的。CZL在當地的親戚不是很多。而曾家也是「獨樹一幟」，在當地家族很小，沒有什麼親戚。陳家和曾家，相互毗鄰，距離不到五分鐘的路程。兩家關係比較親密，ZQX小時候經常到陳家玩。CZL很喜歡這個孩子，就提出要與她結為乾親。

由於拜認乾親時，ZQX已經十七、八歲，不再是小孩子，便沒有行磕頭禮。CZL贈送了她一套衣服，兩家即結為乾親。由於兩家關係比較好，ZQX的女婿和CZL的女兒TLF一家也結拜了乾親。

之後他們要留我們吃飯，但是昨天劉M以經答應了去一位婆婆家吃飯。我們就告辭了這一家，去那位婆婆家。之前來的時候，我讓學生買了兩包軟糖給孩子。婆婆給我們做午飯，還解答我們關於醃菜的問題：

斑鳩豆腐（觀音豆腐）：斑鳩豆腐，是以當地的一種植物斑鳩樹的樹葉為原料做成的。斑鳩樹生長在渝東的石柱、彭水、黔江等地。春末夏初，斑鳩樹長出鮮嫩、綠得發亮的葉子，散發著香味。每當這個時候，當地的人，就採摘斑鳩葉回來做斑鳩豆腐。斑鳩豆腐的做法很簡單。人們將採回來的斑鳩葉，搗碎了，放在紗布裡，擠出其中的汁液。然後把汁液放到鍋裡用熱水煮幾分鐘，舀起來放到盆裡，這時還是漿。然後取適量草木灰，放到水中洗淨，

除去灰渣,把灰湯倒進斑鳩漿裡面,攪拌均勻,放幾分鐘,斑鳩漿就凝固成綠綠的豆腐塊了。把豆腐塊切成小條,撒上鹽、醬油、醋、辣椒等調料,就可以享用了。斑鳩豆腐是風味獨特的消夏佳品,不僅味道鮮美,而且具有消暑解毒、生津止渴的作用。

關於斑鳩豆腐的由來,老人之間流傳著這樣一段美麗的傳說。在很久以前,「男女石柱」的九溪十八洞,發生了罕見的災荒,勤勞、勇敢、智慧的土家人全部成了一個個家徒四壁的饑民,能夠充饑飽腹的食品日漸減少,便留心尋找其他可替代食品,以備急需。正是端午前後,穀物青黃不接。一天夜裡,救苦救難的觀音菩薩給一心地善良的婦女阿香投夢:有一種灌木的葉子,像桃子形,顏色綠茵茵的,有點清香味⋯⋯可採來吃。次日,阿香在山林中找呀找,按夢中說的對呀對,看到了翠綠欲滴的「斑鳩葉」。她想了又想,莫非就是它?能不能吃?她採摘了一竹籃斑鳩葉回家,洗淨入鍋加水煎湯,舀來一喝頓感澀味濃濃。實在難咽下,但總比空腹好多了。於是她就將湯稍煎乾一點,舀起來盛裝入盆內,她就上坡幹農活去了。可是,她那調皮的孩子將灶裡的柴灰取出傻玩,給盛有斑鳩濃湯的盆裡撒了一些灰,但又怕母親知此,就用箸拌均了灰與湯。等到他母親放工回家時,濃湯已經變成了綠色豆腐,她拈點在嘴裡一嘗,頓覺澀味少了、好吃多了,怎麼會有沙子裡?怎麼會變成這樣呢?懼怕挨打的孩子告訴了實情,她方知道了原委,並原諒了孩子。後來,就有了現在斑鳩豆腐的做法。於是,就一傳十、十傳百,老百姓就用它來填

飽肚子。土家族人們為感謝觀音菩薩，就美稱之為「觀音豆腐」。

其實當地的斑鳩樹即為腐婢樹，根、莖、葉都可入藥。《全國中草藥彙編》、《本草經集注》、《湖南藥物志》、《福建中草藥》、《江西民間中草藥驗方》等書籍中有記載和介紹：腐婢，性味苦、微辛、涼；清熱解毒、瀉痢、跌打損傷、風火牙痛、燒、傷創傷、消腫止痛、收斂止血、毒蛇咬傷、酒醉不醒等。

綠豆麵：綠豆麵是以大米、綠豆、和綠色彩葉為原料做成的。把大米、綠豆用水泡漲了，然後和綠菜葉一起打成羹。菜葉主要起到上色的作用。把鍋燒熱了，用肥肉摸一下鍋，然後把羹放到漏斗狀容器裡，由下而上在鍋裡轉圈均勻鋪開，轉圈的速度要求很快，不然會糊鍋，烙熟的面從鍋裡撈起來，放到筲箕上冷卻，色澤鮮豔，清香誘人的綠豆麵就做好了。以後可以直接切成條下綠豆麵條來煮或者是綠豆麵切成條炒來吃。

煮綠豆麵的時候，先把水煮沸了，然後把切好的綠豆麵條放進鍋裡稍微燙一下就可以了，然後用調料拌好了吃。

包穀粑粑：包穀粑粑也是當地的特色飲食，是在玉米剛成熟的時節，用新鮮的嫩玉米做成的。包穀粑分為清蒸和油烙兩種。

油炸包穀粑：在玉米羹除了可以蒸包穀粑，還可以用來炸包穀粑。在打好了的玉米羹裡面放入白糖，把白糖和玉米羹攪勻。把油放到鍋裡漸熱了，然後舀一勺玉米羹放到鍋裡攤成圓餅，用油炸熟了，熟後的炸包穀粑會呈現出

誘人的焦黃色。咬一口放到嘴裡,皮焦肉嫩,滿嘴玉米香伴著油香,讓人欲罷不能。

清蒸包穀粑粑:清蒸包穀粑是把嫩玉米粒脫後,用鋼磨打成羹。然後把羹揉成麵團放到用梧桐葉包起來蒸熟了,就是飄散著清新玉米香的包穀粑粑了。

豆豉粑粑:把豆子放到鍋裡煮熟了,用呢絨口袋,或者豆腐帕子吊起陰乾,然後用枯草遮蓋捂起,差不多5、6天發酵了。捂的期間要用枯草蓋嚴了,不能吹風進去,不然會長蛆。

花豆腐:把豆子泡漲了,然後加水用鋼磨打成豆漿。再把豆漿放到鍋裡燒柴加熱,燒熱後放入街上買來的鹵水,然後繼續把豆漿燒開,豆腐就逐漸顯現出來了。煮好後用鏟子把豆腐裝到筲箕裡面,瀝去裡面的水,就剩下花豆腐了。煮花豆腐的時候要把調料準備好,把海椒、大蒜、薑、鹽、味精、蔥等放到碗裡,然後加水調勻了。把剛做好的花豆腐舀到碗裡,加入調料就是土家獨特美味的花豆腐。

老豆腐:老豆腐是花豆腐稍加工做成的。把做好的花豆腐,放進豆箱裡面,蓋上蓋子,然後放把重二、三十斤左右的石頭壓在上面,把花豆腐壓結實了,就是我們平常炒菜、做湯用的老豆腐了。

花生:嫩花生和老花生有不同吃法。趁花生剛出土,還鮮嫩的時候,可以煮鮮花生。當地人更為獨特的吃法是用來做花生漿稀飯。花生漿稀飯的做法很簡單,把鮮花生去殼後,用鋼磨打成羹,加米,加南瓜葉一起煮稀飯吃,花生漿稀飯因為花生原料的加入口感柔滑、營養豐富。

玉米：主要是剛成熟時節新鮮的嫩玉米才拿來做飯食用。老玉米一般都用鋼磨打碎拿來喂煮，要作用還是餵養牲畜。

新鮮的嫩玉米，可以把顆粒脫下來，洗淨了直接做炒玉米。也可以做包穀粑粑。包穀粑粑也是當地的特色飲食。包穀粑分為蒸和炸兩種。蒸包穀粑是把嫩玉米粒脫下後，用鋼磨打成羹，揉成麵團後，然後用梧桐葉包起來蒸熟了，就是飄散著清新玉米香的包穀粑粑了。

油炸包穀粑：在玉米羹除了可以蒸包穀粑，還可以用來炸包穀粑。在打好了的玉米羹裡面放入白糖，把白糖和玉米羹攪勻。把油放到鍋裡漸熱了，然後舀一勺玉米羹放到鍋裡攤成圓餅，用油炸熟了，熟後的炸包穀粑會呈現出誘人的焦黃色。咬一口放到嘴裡，皮焦肉嫩，滿嘴玉米香伴著油香，讓人欲罷不能。

玉米飯：除了做包穀粑，可以把玉米粉摻在米里蒸，也可以單獨蒸玉米飯，但是這樣吃的很少。

用來做包穀的羹：糯米、麻糖。

泡米：把酒米即糯米，用水泡 5～8 天，最開始用開水泡一道，其餘時間用冷水，每隔兩天換一次水，直到把米泡漲了。

蒸米：然後把米撈起來放在「鄭子」（蒸飯用的木桶）裡蒸。

陰米：蒸熟後用簸箕晾起來，放在通風處，不能放在太陽下曬。稱為陰米。

搓米：米風乾後，用手把米搓散了，搓成一顆一顆的，

為了好搓開有的還在蒸米時放點油。剩餘黏在一起的,用打米機分開。曬乾分成顆粒的米米就稱為英米。

炒米:取來河沙用桐油把河沙煎黑,然後放英米來炒,一把英米膨脹後可以炒出一鍋。現在很少用河沙都用油來炒了。

青糖:以前用麻糖,現在直接在集市上買青糖。把青糖放到鍋裡加熱融化了,再放白糖進去,兩者融化混合均勻了,再倒炒過的英米(也可以加炒熟的花生、核桃、芝麻)進去攪勻。然後舀出鍋,放到桌上,用兩個木板壓平了,壓成四方體,用到切成小塊就可以拿來吃了。

英米飯:先把肉片炒一下,英米倒進去,再加入白糖或者鹽巴、蔥子,甜的鹹的依自己的口味。最後摻點水來煮,水煮乾後就可以端來吃,稱為英米飯。肉片也可以不放。

英米湯:放油和雞蛋在鍋裡,蛋煎熟後,放水煮沸了,把英米和調料放進去來煮湯喝。

英米茶:放白酒和白糖在鍋裡,用火融化了,然後把英米倒進鍋裡炒,抓一把攥在手裡,撒手後英米不粘在一起為宜。然後把英米撈起來放在蓋子上攤冷,冷後把米米倒進鍋裡用菜油炸膨脹了,用絲漏撈起來就可以泡米米茶了。放適量英米在碗裡,倒入開水,用一隻筷子稍加攪拌後,就可以喝了。

湯圓:糯米麵團:把糯米用水泡了,泡的越久越好吃,一般百把天,三個月左右。最開始也是用熱水泡,之後經常更換冷水。然後用電磨打成羹,用豆腐帕子,或者洗淨

的化肥口袋，或者布帕子四個角吊起，掛在屋頂瀘水。一天後左右，水瀘乾後，就可以隨時揉成糯米麵團煮湯圓了。

湯圓有大湯圓和小湯圓之分。大湯圓，就是把白糖、紅糖、花生、核桃、芝麻粉放到糯米團裡包好，揉成一個大圓團，用水或者米酒煮熟了，煮的時候裡面有時放荷包蛋進去。

小湯圓：就是把糯米麵團，直接揉成一個個小小的圓團，用米酒煮熟了吃，也可以把花生、糖、核桃、芝麻粉放到湯裡面。

油炸團子：在鍋裡放入白糖、紅糖用油融化了，把做好的糯米麵團捏成一個個橢圓小塊，放到鍋裡炸，糯米麵團蓬鬆變黃為宜。

一個地方的飲食習慣和其他風俗一樣，不是一朝一夕形成的。從石器時代至今，可獲得的食材範圍在擴大，烹飪方式在增加，料理類別也千變萬化。但飲食遠不止「吃了啥」那麼簡單，什麼身分的人吃什麼類別的食物，在什麼時間進食，什麼時間禁止一切飲食，男女性別不同所攝取的飲食方式等等，在各種文化中是完全不一樣的。飲食和社會、經濟、政治、宗教、性別天然地聯繫在一起的。在歷史上，甚至「生食」與「熟食」的區別也成為劃分民族是否「文明」的標準，吃生食的更野蠻；吃熟食的更文明。現在的學術研究早已摒棄用社會進化論的觀點來看待飲食習俗，而是把飲食與階級、政治、全球化聯繫在一起，觀察它們在當地社會結構中所處的分類以及與其他部分的關聯。就像我們在田野中遇到的，啤酒這種外來的「酒」

被當地人視作解渴的「飲料」，而並不將它看作很嚴肅的「酒」。許多未成年的男孩也在餐桌上大飲特飲，長輩也不會特別阻止他們。在這裡，可以看出酒與男性氣質的關聯，而女孩往往是被排除在這個關聯以外。在我們的觀察中，當地的未婚女孩基本上就沒有喝啤酒的，她們更多地是和女性長輩們安靜地坐在另外的桌子旁。飲食與性別也是人類學研究中興盛不衰的主題，飲食也遠不只這些，它甚至與一個文化裡的宇宙觀也有所關聯，這些都期待田野調查者在田野中去感受「吃貨」的意義。

吃過飯以後，我們問了婆婆一些關於她的人生故事。之後由有一位村婦來婆婆這裡，兩人一起回答我們的提問。婆婆還給我們展示了她親手繡的布鞋，並送給我們兩雙。她說，本來是給她兒子做的，可她兒子現在在城裡工作，不興穿這個了。另外那些女式的，是她給她自己做的。

【田野小結】

在田野即將結束的時候，調查者記錄了一次認乾親儀式。為什麼會有類似的儀式？在鄉村中每個人的親呀戚的都非常多，家庭成員十分龐大，為何還會繼續認乾親？認了乾親之後在生活、交往上會有什麼變化？這些問題都是可以擴充擴展的問題。這天調查者還觀察記錄了斑鳩豆腐、綠豆麵、包穀粑粑、花豆腐、老豆腐、湯圓等食品的製作方法和歷史傳說。一次儀式，瞭解的不僅僅是儀式的本身，還能夠反映飲食習俗、當地人的社會關係網構成等重要的問題。

在田野當中沒有被浪費掉的材料，所以每天都要努力去發現新的事物，去發現問題，去思考和改進訪談的技巧，這樣地方知識才會積累得越來越多。

　　除了認乾親儀式，今天訪談時再次深入地談及了婚姻家庭的問題，從而引發的思考也可以進一步進行討論。調查者發現隨著人們活動交往空間的逐漸擴大，鄉村的社會結構日趨複雜，通婚圈不再像過去那樣僅僅局限在周圍的環境內，而是具有越來越大的自由度。現在的年輕人常年打工在外，嫁到外地的有很多，也有外省市嫁進來的。過去的婚姻因為局限在本村當中，曾作為某種形式的「聯盟」，作為鞏固公共秩序的主要手段。新的婚姻圈會為鄉土社會帶來什麼樣的變化，還是值得我們去進一步發掘和研究的。

　　距離離開的日子越來越近，調查者進入了與村民告別的階段。在田野當中的 20 多天時間，每天都與老鄉一起生活，一同歡笑，一同憂愁，積累了非常深厚的感情。在最後的幾天，更是表達感情的時刻，用相機為老鄉們留下一些難忘的記憶。

　　二十多天的田野調查給調查者帶來了許多難忘的回憶，從與村民並不熟識，對社區一點不熟知，到能夠和老鄉打成一片，對社區情況瞭若指掌，這其中身心的變化用語言是無法描述的。田野帶來的不僅僅是學術的鍛煉，更是做事與為人的提升，讓調查者明白了田野的意義，田野的情誼。

第 24 天・8 月 23 日
離別

　　準備離開了,劉 M 給婆婆家買了一包白糖,我給她家買了一包鹽,讓劉 M 帶過去。王 MY 給他借宿的隊長家留了一百元。中午時,鄉幹部來送別,吃飯以後看到老支書也來了。老闆娘抱著學生哭,捨不得孩子們離開。這短短二十幾天的田野調查中,老闆娘親眼見證了我們的學生是怎樣地起早貪黑,走在鄉間的小路上,汗流浹背;每天飽受蚊蟲叮咬之苦,全身上下到處都是撓破皮後流膿的傷疤;夜晚趴在大廳的桌子上趕田野筆記到深夜的疲憊。這二十多天裡,橋頭鎮的鄉親們見證了我們的學生從懵懵懂懂的「新手上路」逐漸成長到掌握當地第一手資料的「學術青年」。這個轉變過程是伴隨著汗水、淚水、笑聲和痛苦;學生們每一次的自我追問和反思,都促成了他們在知識的增長,加深了他們對社會和文化的理解。

　　在早期的田野調查中,人類學家們被要求保持客觀、中立的立場,即使是參與觀察,也與被觀察的社區保持一定的距離,這樣才能做出客觀可靠的學術研究。但是二戰後,本土人類學的興起以及反身人類學的自我省思,不斷有人類學家追問到底客觀的標準是怎樣的,人類學家自己

的情感因素不能被考量進去嗎？我國人類學奠基人費孝通先生早年在廣西大瑤山進行過田野調查，差點喪身在深山叢林中。但費先生一直與他進行過田野調查的瑤族同胞們保持長期的聯繫，不僅關心當地瑤族同胞們的生產生活，還支持瑤族同胞培養本民族的民族學家。人文關懷，在之所以促成人類學家成為人類學家的過程中，扮演著重要的角色。費先生在《邁向人民的人類學》演講稿中寫道：

> 解放後，我在少數民族裡做調查工作時也就特別感到溫暖和親切，像是在親人中向他們學習一樣。這裡其實並沒有什麼竅門，只不過是因為被調查者是明白並相信調查者是為他們服務的，是要解決他們自己的問題，實現它們自己的願望。其實用調查者和被調查者來區分雙方已經是不切合了，因為實際上是雙方在共同工作，把客觀存在的社會現象和問題如實地反映出來，以充實和提高人們對這些社會現象和問題的認識。（費孝通 1980:113）

人類學家露絲・貝哈（Ruth Behar）在《動情的觀察者》中記述了她自己是怎樣被觀察對象所打動，雖然有時候覺得自己作為個體的無能為力和作為人類的脆弱，但也正是這些情感上的自我拷問激發了她作為人類學家在田野中的「移情」，與報導人們感同身受，去理解他們的文化和他們的世界（Behar 2012[1996]）。

田野結束了。新的旅程才開始。回去之後要把田野筆

記整理出來，訪談錄音要整理成文字稿，需要花上更多的時間，一般而言，一段時長為一小時的清晰錄音需要花 6～7 個小時來「聽打」出文字稿來。每次田野之後，調查者就會長時間地坐在電腦前做「人肉打字機」，不斷地敲下一個又一個地按鍵。即使看著滿屏的文字，也會禁不住地追問，這種田野調查的意義何在？甚至更進一步地追問，人類學研究的意義何在？從最淺的層面來說，田野調查是給一個民族的文化做「檔案紀錄」，不管這種紀錄是以文字還是以影視錄影的方式，都將給使用者們提供最基本的資料。其次，在田野調查所收集的資料和資料，給其他學科提供了分析的樣本。尤其是對於一個還沒有開放各類檔案的傳統以及統計資料有不少缺陷的國家，來自人類學的田野調查資料和案例可以為諸如經濟學、政治學、社會學、跨文化比較等其他社會科學學科提供論據。再次，人類學的田野調查材料可以為政策決策和方案的篩選提供依據。這也是許多知識分子想要實現的想法，即涉及公共政策的方案在確定和實施之前可以參考更多的資料。雖然這是應用人類學家們所努力的領域，但同時也體現了人類學的意義。人類學這門學科所具有的人文關懷和弱勢群體情結使得它負重滿滿，如履薄冰，只求不辱其使命也。

【田野小結】

從來到這片土地的第一天起，同學們就懷著對田野馳騁的想像，有著對學科的朦朧認識，都滿懷熱情希望通過這一次真真正正的田野調查，去探索中國鄉村中的秘密，完成自己學術上的「成年禮」。

田野是快樂的，因為在路上我們會遇到不同的人，不同的風景，它帶給我們的不僅僅是知識上的充實，這種寶貴的經歷更是一生的財富。

田野是艱苦而孤獨的，有被「掛在懸崖上」的尷尬無奈；有問不出有效資訊的苦惱；有每天起早貪黑的汗流浹背；有被蚊蟲叮咬撓破皮後留下的傷疤；也有每個夜晚趴在桌子上趕田野筆記的疲憊。

田野又是充滿關懷與感情的，調查者永遠不會忘記捨不得孩子們離開，一直抱著學生哭的老闆娘，不會忘記老鄉們送給我們的禮物，不會忘記一直捨不得離開的送行的老鄉⋯⋯

橋頭鎮見證了學生從懵懵懂懂的「新手上路」逐漸成長到掌握當地第一手資料的「學術青年」。這個轉變過程是伴隨著汗水、淚水、笑聲和痛苦的；學生們每一次的自我追問和反思，都促成了他們知識的增長，加深了他們對社會和文化的理解。

在這次的田野調查中，最重要的是學生們領會到了整體觀的重要性，學習人類學視野下的人的整體、鄉村生活的整體。結合自身的人生經歷，在自己的生命中體會鄉土社會的整體性。

田野當中的材料多是碎片化的，有很多的生活瑣碎之處，所以在田野中要成為一個敏感而細膩的人。學會從習以為常的日常生活中看出不同之處，在自己和他人的生命中尋找人類學的感覺。返校之後繼續研讀相關的人類學經典，尋找相對應的理論支撐，立足生命經驗的感情，從而

更加深入地從瑣碎乏味的細節體會到精緻的文化體系,將來自田野的「一地雞毛」整理歸納成為漂亮實用的「雞毛撢子」。

在田野調查中,感受到的是一個世界的完整,既需要理性的體系,不斷地去確認,去比量,去計算,不能差一分一毫;也需要感性的生活,在行走中思考,記錄觸動人心的故事,書寫發人深省的道理。在鄉村行走的過程中,體會村民的人生史、幾十年來的鄉村巨變、鄉土社會中個人與國家之間的關係等等,這將是一件非常幸福而有意義的事情。個人的生活和生命,是質感的、鮮活的,我們講好故事,探討其背後的意味,才能夠以小見大,更好地理解人性與社會如何交織。

田野永遠沒有盡頭。一段田野的結束,就是下一段田野的開始。

參與調研的學生姓名

趙亞麗、彭玉菊、屈靖、鄒潮、王鵬、孫靜、劉應科、王明月、高鳳瓊、彭偉、黃興泳、孫婷、羅佳麗、劉妙、張龍、楊少玉、蔣丁冬、袁亮、金亞飛

參考文獻

石柱縣橋頭鄉鄉志辦公室編
 2004 橋頭鄉志（1986～2002年）。重慶：作者。

周大鳴
 2008 總序。刊於水邊人家：雲南羅平縣布依族村寨調查與研究，朱健剛、王超主編，頁2。北京：知識產權出版社。

 2011 人類學田野調查的意義與教學實踐。雲南民族大學學報（哲學社會科學版）2011(6): 45-48。

高丙中
 2006 總序。刊於寫文化——民族志的詩學與政治學，高丙中主編，James Clifford、George E. Marcus編，高丙中、吳曉黎、李霞等譯，頁1。北京：商務印書館。

張海洋主編
 2009 人文社會科學應用研究書系。北京：中央民族大學出版社。

麻國慶
 2006 作為方法的華南：中心和周邊的時空轉換。思想戰線 2006(4):1-9。

 2015 跨界的人類學與文化田野。廣西民族大學學報：哲學社會科學版 2015(4):39-43。

費孝通
 1980 邁向人民的人類學。社會科學戰線 3:109-114。

楊成志
　　2003　　楊成志人類學民族學文集。北京：民族。

溝口雄三
　　2011[1989]　作為方法的中國，孫軍悅譯。北京：生活・讀書・新知三聯書店。

顧定國
　　2000　　中國人類學逸史──從馬林諾斯基到莫斯科到毛澤東。北京：社會科學文獻出版社。

　　2001　　一位美國人類學家眼裡的人類學中國化。刊於本土化：人類學的大趨勢。徐傑舜主編，頁 26-43。廣西：民族出版社。

Behar, Ruth
　　2012[1996]　動情的觀察者：傷心人類學，韓成豔、向星譯。北京：北京大學出版社。

British Association for the Advancement of Science
　　2009[1874]　人類學的詢問與記錄，周雲水、許韶明、譚青松等譯。香港：國際炎黃文化。

Evans-Pritchard, E. E.
　　2002[1940]　努爾人──對尼羅河畔一個人群的生活方式和政治制度的描述，褚建芳、閻書昌、趙旭東譯。北京：華夏。

Frazer, James George
　　1998[1890]　金枝──巫術與宗教之研究，徐育新、汪培基、張澤石譯，王沛基校。北京：大眾文藝。

Haddon, Alfred C.
    2010[1895]　藝術的進化：圖案的生命史解析，阿嘎佐詩譯，王建民審校。桂林：廣西師範大學出版社。

Malinowski, Bronislaw
    2002[1922]　西太平洋的航海者，梁永佳、李紹明譯。北京：華夏出版社。

Rabinow, Paul
    2008[1977]　摩洛哥田野作業反思，高丙中、康敏譯。北京：商務印書館。

Seligman, Charles Gabriel
    1982[1930]　非洲的種族，費孝通譯。北京：商務印書館。

Tylor, Edward Burnett
    2004[1881]　人類學：人及其文化研究，連樹聲譯。桂林：廣西師範大學出版社。
    2005[1871]　原始文化：神話、哲學、宗教、語言、藝術和習俗發展之研究（重譯本），連樹聲譯。桂林：廣西師範大學出版社。

Clifford, James, George E. Marcus, and Kim Fortun
    1986　Writing Culture: The Poetics and Politics of Ethnography. Berkeley: University of California Press.

Kuznar, Lawrence A.
    2008　Reclaiming a Scientific Anthropology. 2nd edition. Lanham: AltaMira Press.

Reigeluth, Charles M., and Theodore W. Frick.
    2012[1999]　Formative Research: A Methodology for Creating and Improving Design Theories. In Instructional-design Theories and Models: A New Paradigm of Instructional Theory. Vol. 2. Charles M. Reigeluth. ed. Pp. 633-652. London: Routledge.

附錄一：社會科學與社會調查方法

人類學屬於社會科學（social science），也就意味著它本質上是一門科學，能夠經得起驗證和重複，其理論和資料具有內在的可靠性和外在的有效性。無論自然科學還是社會科學，研究者們追求的是真實（the truth），通過對有關真實本身的假說進行反復驗證，才能將這些概括稱之為暫時的真實或事實。學者們假設，研究對象是自然的一部分，按照一定的邏輯順序排列的，因此是由自然規律所確定，研究者可以從中找到邏輯關係，進而解釋這些自然現象。雖然任何實驗、觀察、調查都是在某些控制條件下進行的，但其研究成果是可以經受得住其他研究者用相同方法驗證的，即具有可重複性。

在進行科學研究的時候，雖然每個具體研究專案和課題的內容都不一樣，但其關注點集中在與事實相關的內容上，例如「是什麼」、「怎樣發生的」等等。但研究者並不做出價值判斷，即不評價「對與錯」的問題。價值判斷是宗教、哲學或倫理學相關的問題，而不是科學所承擔的職責。

歸納和演繹，是科學探索的兩種常見方法。有效性是指研究者所觀察和測量的結果是否能代表事實本身。外在的可靠性是指在同等條件下，每次測量的結果都相同。內在可靠性指的是每次測量的時候都有可以比較分析的資料出現。

人類學的田野調查所涉及的觀察對象有時間和空間兩

個取徑。空間與地域、活動場所、社交領域有關，時間與社區歷史、人群遷移、年齡結構有關。

　　在涉及到村落的田野調查時，分別需要從概況入手，生產生活習俗、人生禮儀、喪葬習俗、民間信仰、歲時節慶等內容進行調查。村落的概況包括地理邊界、自然環境、聚落形態、公共設施、村落的起源、歷史沿革、人口狀況等等。生產習俗包括農作、匠作、坊作、行販走卒、店鋪集市等。生活習俗則包括服飾、飲食、居住、器用、交通、衛生、歌舞娛樂等細節。人生禮儀囊括了出生前、產子、成年、婚嫁、祝壽、喪葬和祭祖。節慶習俗是節慶節日相關，但有時也與民間信仰有重疊的地方，不少地域的地方神祇有專門的節日來祭拜。社會關係和社會組織是一個村落裡人際交往和村落運行下去的基本保障。

附錄二：田野利器雜談

　　進入村落後，不再像在城市中那樣，可以隨時購買所需設備，因此調查者在進入田野點之前要制定詳細的清單，準備盡可能充足的物品，便於田野調查的進行。

一、脈動或冰紅茶的塑膠瓶

　　尤其是冬天，灌上半瓶開水，擰緊瓶口，從枕頭處慢慢滾下去，然後放在腳處，火速溜進被窩裡，腳踩在塑膠瓶上，一覺睡到大天亮。

二、可攜式電吹風

　　可用來在睡前將被窩用電吹風吹一遍，作用同上。

　　另一個作用是冬天的西南地區，根本曬不乾衣服。用電吹風對著衣服一頓狂吹，速乾。

　　吹乾頭髮，常見用途。

三、解放鞋和老棉鞋

　　前者春夏秋使用，後者大冬天必備。都才十幾塊錢，本地集市都有出售。

四、ipad 3G 版

　　每天記田野筆記，是從人類學「祖師爺」那裡流傳下來的。可是把手寫的「人肉」打字輸出到電腦上，任務量翻番，又折磨身心。傳統的筆記型電腦太重，還沒法上網。ipad 輕便好使，再也不用擔心筆記了。

五、手機軟體

（一）Android 系統：分貝計 Sound Meter 1.4.2 (v16)、溫度計 (Thermo) 3.4 (v26)、瑞士軍刀工具箱 1.3.38 (v248)、色彩索引 1.0CN (v1)。

（二）ios 系統：MegaRecorder、萬年曆、Compass 風水羅盤。

附錄三:調查問卷樣本

總 編 號 _____
小組編號 _____

某市外來務工人員調查問卷 [1]

親愛的朋友:

  為了瞭解您的工作與生活狀況,進行學術研究並向政府有關部門提出改進性的政策建議,我們通過這份問卷向您進行調查。調查不涉及個人隱私,對問題的回答也無所謂對錯,所有資料只進行統計匯總,同時,我們將對您的個人資料予以保密,請您不必擔心。

  謝謝您對我們的支持和協助!

XX 大學
2012 年 6 月

訪問紀錄	被訪者情況	被訪者姓名			
		聯繫電話			
		聯繫地址			
		訪問員姓名		訪問員編號:	
		訪問日期	2012 年 月 日		
		開始時間	時 分(24 小時制)		
		結束時間	時 分(24 小時制)		

---

[1] 調查對象甄別:一、跨市(區)域向某市流動;二、大專學歷及以下的打工者;三、農村戶口。

A. 個人基本情況

A1. 年齡（周歲）：_____

A2. 性別：
    1. 女　2. 男

A3. 您的戶口所在地：
    _____省（自治區、直轄市）_____市（地、州）
    _____縣（區、縣級　市）

A4. 您的受教育程度：
    1. 小學及以下　2. 初中　3. 高中　4. 中專、技校
    5. 大專

A5. 您最後學歷是什麼時候獲得的：
    1. 出來打工前　2. 出來打工後

A6. 婚姻狀況：
    1. 未婚　2. 喪偶　3. 離婚　4. 已婚

A7. 您是否獲得過國家承認的職業資格證書、技術等級證書：
    1. 沒有　2. 有，_____個

A8. 您的宗教信仰是：
    1. 佛教　　　2. 道教　　　3. 拜神
    4. 天主教　　5. 基督教　　6. 回教（伊斯蘭教）
    7. 其他宗教　8. 無宗教信仰　9. 不清楚

A9. 您的家庭有幾口人：_____；其中，有幾人外出打工：_____

A10. 2012年您的家庭總收入：_____元；
    其中，打工收入：_____元；農業收入：_____元；
    其他收入：_____元

B. 目前的生活狀況

B1. 您的企業在吃住方面的安排是（選擇適當的項打勾）：
1. 包吃包住　2. 只包吃　3. 只包住　4. 不管吃住

B2. 請問您一年來每個月自己要開支＿＿＿＿＿＿＿元（如果是集體住，則分攤到個人身上）。其中平均每月：

住宿＿＿＿＿＿＿＿元　　夥食＿＿＿＿＿＿＿元
通訊＿＿＿＿＿＿＿元　　交通費＿＿＿＿＿＿＿元
請客送禮＿＿＿＿＿＿＿元　　生活日用品＿＿＿＿＿＿＿元
服裝＿＿＿＿＿＿＿元　　文化娛樂＿＿＿＿＿＿＿元
其他（請註明）＿＿＿＿＿＿＿元

B3. 2012年，您寄回家：＿＿＿＿＿＿＿元

B4. 2012年您花在子女身上的生活、撫養、教育和醫療費用等大約：＿＿＿＿＿＿＿元；其中由學校收取教育費用：＿＿＿＿＿＿＿元

B5. 2012年以來，您一般每個月的收入有沒有節餘：
1. 沒有；→　跳問 B6
2. 有，一般節餘＿＿＿＿＿＿＿元；
您是否把這些錢存入銀行：(1) 是　(2) 否

B6. 如果您的孩子已經從家鄉出來，您是否希望孩子能長期留在某市：
1. 千方百計地想把他留在某市
2. 支持他留在某市
3. 順其自然
4. 不主張留在某市
5. 很難說

C. 人際關係、感受與社會參與

C1. 在現在打工的地方您有幾個好朋友：_____位，其中男的_____位，女的_____位

C2. 您是否會有以下的感覺：

	從來沒有	偶爾有	經常有	總是有	說不清
1. 我不屬於這裡（打工的地方）	0	1	2	3	×
2. 我受到了老闆的剝削	0	1	2	3	×
3. 這個社會很不公平	0	1	2	3	×
4. 我的收入並沒有體現出我的勞動價值	0	1	2	3	×
5. 城市人很排斥我們外來打工者	0	1	2	3	×
6. 我在城市裡低人一等	0	1	2	3	×
7. 如果我是城市戶口，生活會比現在好很多	0	1	2	3	×

C3. 請問您對目前生活中下列方面的感受如何：

	很好	好	一般	差	很差	很難說
1. 居住條件	5	4	3	2	1	×
2. 衛生環境	5	4	3	2	1	×
3. 治安環境	5	4	3	2	1	×
4. 日常伙食	5	4	3	2	1	×
5. 閒暇生活	5	4	3	2	1	×
6. 看病求醫	5	4	3	2	1	×
7. 當地人好不好相處	5	4	3	2	1	×
8. 城市生活適應	5	4	3	2	1	×

C4. 您在本企業打工期間是否有過下列情況：

	沒有	有時有	經常有	很嚴重	說不清
1. 失眠	1	2	3	4	×
2. 覺得身心疲憊	1	2	3	4	×
3. 煩躁易怒	1	2	3	4	×
4. 容易哭泣或想哭	1	2	3	4	×
5. 前途茫然	1	2	3	4	×
6. 感到很孤獨	1	2	3	4	×
7. 覺得自己沒有用	1	2	3	4	×
8. 覺得生活很艱難	1	2	3	4	×
9. 覺得活著沒意思	1	2	3	4	×

C5. 由於沒有本地戶口，你在工作和生活中是否遇到過以下麻煩（可多選）：
　1. 不感到有什麼麻煩
　2. 因無暫住證而受處罰
　3. 有的工作崗位不能應聘
　4. 受當地政府管理太多
　5. 小孩入當地學校要交高額贊助費
　6. 年年要回家辦計劃生育證
　7. 生活沒有安定感
　8. 不被當地人信任
　9. 感到受歧視
　10. 其他（請註明）_____

C6. 與在家鄉時相比，來某市打工後您覺得自己現在的社會地位：
　1. 提高了很大　2. 提高了一點　3. 沒有變化
　4. 降低了一點　5. 降低了很多　6. 說不清

C7. 您對當地話的熟悉程度是：
    1. 完全可以聽說　　2. 基本可以聽說
    3. 能聽但不能說　　4. 能聽一些但不能說
    5. 既不能聽也不能說

C8. 您與某市本地人交往中的困難是什麼：（可多選）
    1. 語言問題
    2. 觀念不同
    3. 生活習慣不同
    4. 沒有交往的機會
    5. 地位差異
    6. 本地人看不起外地人
    8. 沒有困難
    9. 其他（請註明）＿＿＿＿＿＿＿＿＿＿＿＿

C9. 您覺得自己的身分屬於：
    1. 農民
    2. 不是農民，是（請註明）＿＿＿＿＿＿＿＿＿
    3. 說不清

D. 未來打算及其他

D1. 您對目前這份工作的看法是：
　　1. 這分工作對我非常重要
　　2. 無所謂
　　3. 很不喜歡，想換新的工作
　　4. 其他（請註明）

D2. 您認為在某市重新找工作容易嗎：
　　1. 很容易　　2. 比較容易　　3. 一般
　　4. 比較困難　5. 很困難　　　6. 說不清

D3. 您外出打工以來，有沒有回去參與過村民委員會的選舉：
　　1. 沒有
　　2. 有，回去參與過_____次。

D4. 您工作的企業近一年來是否缺少工人：
　　1. 否　　2. 是　　3. 不清楚
　　如果是，從性別角度來說，請問所缺工人主要是：
　　1. 女工　2. 男工　3. 男女差不多　4. 不清楚

D5. 您是否願意把戶口遷入某市：
　　1. 願意　　2. 願意，但不敢想　3. 不願意，還是回去
　　4. 沒想過　5. 無所謂　　　　　6. 說不清。

D6. 您最希望政府提供哪些幫助（可多選）：
　　1. 可以遷戶口
　　2. 招工資訊和就業公平
　　3. 住房、醫療、保險
　　4. 解決子女上學、入託

5. 提供相應的職業技能培訓
6. 生活救濟
7. 法律援助
9. 不需要幫助
10. 不敢想
11. 沒想過
12. 其他（請註明）_____

D7. 您在打工的過程中，碰到的最大困難是什麼？您現在最大的期望是什麼？
_____
_____
_____

非常感謝您幫助我們完成這次調查！

調查附記（訪問對象的配合態度、現場有無特殊情況等）：
_____
_____
_____

X 市農村村民生活水準調查問卷

尊敬的住戶：

　　您好！我們是 XX 大學調查員。本次調查的目的是瞭解廣州市農村居民的生活水準和需求，為 X 市未來的經濟發展和城市規劃提供決策依據。此項調查採用匿名方式填寫，調查結果僅用於學術研究。您的積極參與對於我們的研究至關重要！

　　非常感謝您的真誠合作！

XX 大學

2012 年 8 月

問卷填寫說明：

　　請您仔細閱讀每一個句子，然後根據您的實際情況，在相應的「□」中打「✓」，並在「＿＿＿＿＿」中填入相關內容。

一、被調查人的基本情況

1. 性別：A. 男　B. 女
2. 出生年分＿＿＿＿＿＿年
3. 文化程度：
   A. 小學及以下　B. 初中或中專　C. 高中或大專
   D. 大學及以上
4. 您的家庭人口數：
   ＿＿＿＿人，＿＿＿＿代人共同居住。您的家人中 60 歲以上＿＿＿＿人，40～60 歲之間＿＿＿＿人，18～40 歲之間＿＿＿＿人，18 歲以下＿＿＿＿人
5. 您的家人中＿＿＿＿人從事農業勞動，＿＿＿＿人外出工作
6. 家庭人均收入為＿＿＿＿＿＿元；其中來自農業收入占＿＿＿＿＿＿%，主要收入來源依賴（可以多選）：
   A. 房屋出租　B. 集體分紅　C. 務農　D. 打工　E. 其他

二、居住情況

1. 您的房子＿＿＿＿年建的？（層數？＿＿＿由調查員填寫）
   A. 1995 年以前　B. 1995 年～2001 年　C. 2001 年以後
   一層有多大面積＿＿＿＿＿＿平方公尺
   （如被調查對象有多處房產，請調查員一一詢問並填寫以下資訊）
   第一處：＿＿＿＿＿＿年建成，＿＿＿＿＿＿平方公尺
   A. 1995 年以前　B. 1995 年～2001 年　C. 2001 年以後
   第二處：＿＿＿＿＿＿年建成，＿＿＿＿＿＿平方公尺
   A. 1995 年以前　B. 1995 年～2001 年　C. 2001 年以後

第三處：_____年建成，_____平方公尺

A. 1995 年以前　B. 1995 年～ 2001 年　C. 2001 年以後

2. 您的住宅的占地面積是_____平方公尺
3. 您是否有房子出租？是□　否□

   如果「是」，出租面積_____平方公尺

   出租收入占家庭總收入_____％
4. 您的房子是否轉讓過？是□　否□

   如果「是」，轉讓價格與市場價格的比較：

   多於或等於市場價格□，少於市場價格□
5. 您的住房基本設施情況：

	有	無
_____個廚房		
_____個衛生間		
冰箱	□	□
空調	□	□
煤氣管道	□	□
固定電話	□	□
寬頻上網	□	□

6. 您是否擁有經申報獲得批准的宅基地？是□　否□

   如果「是」，村裡給您核定的宅基地面積是_____平方公尺
7. 您是否有耕地？是□　否□

   如果「是」，您的耕地面積是_____畝，主要用途是：

   水田_____畝；果園_____畝；菜地_____畝；

   其他（請註明_____）_____畝

8. 您是否被徵用過土地？是□　否□
如果「是」，征地前耕地_____畝，您共被征地面積_____畝，征地補償標準是_____元／畝，共收到補償款_____元
9. 您對您所在村居住環境方面主要存在哪些突出問題？（可以多選）
□垃圾亂扔　□污水亂排　　□飲水用不衛生
□房子亂建　□村裡道路太差　□沒有路燈
□房子破舊　□其他
10. 您需要交納村莊治安費麼？是□　否□
如果「是」，您每月交_____元治安費
如果「否」，是否是村集體交？是□　否□
11. 您需要交納村莊衛生費麼？是□　否□
如果「是」，您每月交_____元衛生費
如果「否」，是否是村集體交？是□　否□
12. 你需要交納村莊綠化費？是□　否□
如果「是」，您每月交_____元綠化費
如果「否」，是否是村集體交？是□　否□

13. 請您對政府提供的以下公共設施作出評價？

	很滿意	滿意	一般	不滿意	很不滿意
小學					
往返方便程度					
校舍新舊程度					
硬體設施配備					
師資水準					
幼稚園					
往返方便程度					
校舍新舊程度					
硬體設施配備					
師資水準					
敬老院					
敬老院選址					
敬老院新舊程度					
內部康樂服務設施					
服務水準					
郵局					
往返方便程度					
郵局硬體設備					
服務水準					
派出所					
派出所選址					
案發反應速度					
辦案效果					
肉菜市場					
往返方便程度					
品種齊全程度					
市場整潔程度					
垃圾站					
設置地點					
處理及時程度					

	很滿意	滿意	一般	不滿意	很不滿意
公交網站					
設置地點					
經停時間表					
文化活動設施					
安置地點方便程度					
設備、器械齊備程度					
工作人員服務					
公園					
公園選址					
整潔程度					
內部綠化					
基本設施（桌椅等）					
商場／超市					
往返方便程度					
商場規模大小					
品種是否齊全					
市政設施					
家用自來水水壓					
水費定價					
生活污水排放					
家裡用電電壓					
電費定價					
灌裝液化石油氣的使用					
衛生所					
往返方便程度					
衛生所新舊程度					
醫療硬體設備					
醫療服務水準					

14. 過去的一年中，您及家人去過衛生院或衛生室嗎？
    A. 從未去過　B. 去過（1-3）次　C. 去過（5次以上）
15. 是否為您及您的家人建立了健康檔案？
    A. 有　　　B. 沒有　　　C. 不知道有該項服務
16. 您獲得過衛生院或衛生室發放的健康檢查嗎？
    A. 有　　　B. 沒有　　　C. 不知道有該項服務
17. 過去三年中，當地衛生所有組織過健康知識講座嗎？
    A. 有　　　B. 沒有　　　C. 不知道有該項服務
18. 您對開展的傳染病防治服務評價怎樣？
    A. 滿意　　B. 一般　　　C. 不滿意　　　D. 無法評價
19. 衛生室為確診的高血壓、糖尿病患者定期入戶隨訪，並進行用藥和健康生活方式的指導嗎？
    A. 有　　　B. 沒有　　　C. 不知道有該項服務
20. 您所在地0～6歲的兒童是否會定期收到接種各類疫苗的通知，並到預防接種點免費接種？
    A. 有　　　B. 沒有　　　C. 不知道有該項服務
21. 衛生室是否對孕、產婦進行定期隨訪並進行免費健康體檢和健康指導？
    A. 有　　　B. 沒有　　　C. 不知道有該項服務

三、您對建設新農村的看法

1. 您知道目前政府提出社會主義新農村的建設這件事情嗎？
   A. 知道　　B. 不知道
   如果知道，您是從哪種途徑知道的？
   A. 廣播　　B. 電視　　C. 報紙　　D. 親戚朋友
   E. 村幹部宣傳　　F. 其他
   如果知道，您瞭解新農村建設的具體內容嗎？
   A. 不瞭解　B. 瞭解　　C. 很瞭解
2. 你覺得政府目前有必要提倡新農村建設嗎？
   A. 沒有必要　　B. 有必要　　C. 無所謂
3. 您對您的收入滿意嗎？
   A. 不滿意　　B. 滿意　　C. 很滿意
4. 如果您主要依靠打工，您覺得目前影響您收入提高的因素主要是什麼？
   A. 自身素質太低，找不到好工作　B. 生活開支增長太快
   C. 工資待遇太低　　　　　　　　D. 其他
5. 如果您主要依靠農業收入，您覺得目前影響您收入提高的因素有哪些？（可多選）
   □缺技術　□缺資金　□土地太分散　□經營規模太小
   □化肥等生產成本太高　□水利基礎設施不好　□其他
6. 您的生活最擔心的是什麼？（限選三項）
   □養老問題　□子女教育問題　□醫療問題
   □治安問題　□溫飽問題　　　□環境衛生問題
   □住房問題　□文化娛樂問題
   □婚姻問題　□其他

7. 您覺得如果政府出錢補貼村民生活,您最希望政府補貼哪項?(限選三項)
   □養老保險　□子女教育補助　□醫療保險
   □交通補助　□社會保險　　　□建房補貼
   □技能培訓　□其他
8. 您所在村的村幹部選舉,您參加投票嗎?
   A. 不參加　　　　　　　B. 參加
9. 您所在村是如何決定村裡關係到大家利益的大事情?
   A. 村幹部討論決定　　　B. 村民代表大會討論決定
   C. 不知道怎麼決定.
10. 您村的村務和村集體經濟財務公開嗎?
    A. 公開　　　　　B. 不公開
    如果公開,您對村務公開和村集體經濟公開滿意嗎?
    A. 不滿意　　　　B. 滿意　　　　C. 說不清楚
11. 對於您村來講,您認為目前迫切需要做的事情有下列哪一些?(限選三項)
    □農田水利建設　　□村道路建設　　□舊房改造
    □建自來水　　　　□廁所改建　　　□建醫療站
    □建設村民活動中心　□學校建設
    □垃圾統一處理　　□發展集體經濟　□村建設規劃
    □建設公園

12. 如果通過採取村民投資和投勞的辦法來興辦下列這些項目，您願意參加哪些項目？（可多選）
    ☐ 農田水利建設　　☐ 村道路建設　☐ 舊房改造
    ☐ 建自來水　　　　☐ 廁所改建　　☐ 建醫療站
    ☐ 建設村民活動中心　☐ 學校建設　　☐ 垃圾統一處理
    ☐ 發展集體經濟　　☐ 村建設規劃　☐ 建設公園

13. 如果政府有筆錢支持您村的建設，您認為這筆錢目前最應該用在下列那件事情的建設上？（限選1個）
    ☐ 農田水利建設　　☐ 村道路建設　☐ 舊房改造
    ☐ 建自來水　　　　☐ 廁所改建　　☐ 建醫療站
    ☐ 建設村民活動中心　☐ 學校建設　　☐ 垃圾統一處理
    ☐ 發展集體經濟　　☐ 村建設規劃　☐ 建設公園

14. 您覺得您村目前新農村建設最大的困難是什麼？（選一個）
    A. 村民不齊心　　B. 缺乏資金　　　C. 不知道如何搞
    D. 缺乏領導　　　E. 缺政策扶助　　F. 其他

15. 目前新農村建設過程中，您對政府工作最擔心的是什麼（限選1個）
    A. 搞形象工程　　B. 幹部搞腐敗
    C. 搞攤派　　　　D. 沒有什麼好擔心的

四、您對對土地政策的看法

1. 您對現有農村土地使用政策的瞭解

	很瞭解	比較瞭解	一般瞭解	不太瞭解	完全不瞭解
農村房地產權登記的規定					
申請建設用地的程式					
建設用地使用權交易的相關規定					
國家對於耕地保護的相關政策規定					
政府徵用農民集體所有土地的政策與賠償措施					
村裡未來的土地規劃					
農民住宅的規劃行政許					

2. 您覺得承包地歸誰所有最好？
   A. 承包戶　　　　B. 集體　　　　C. 國家

   如果土地收歸國有，您是否反對？
   A. 反對　　　　　B. 不反對　　　C. 無所謂

   如果征地，您希望是那種補償？
   A. 貨幣補償　　　B. 住房補償
   C. 貨幣補償和購房優惠組合　　　D. 其他

3. 您認為征地款應該如何發放？
   A. 全部直接發放到村民手中
   B. 全部由村集體經營並按照股份分配
   C. 大部分由村集體投資經營並按照股份分配
   D. 大部分發放到村民

五、您對對未來村莊規劃的看法

1. 您認為村莊規劃必要嗎？
   A. 必要　　　　　B. 不需要　　　C. 無所謂
2. 您認為農村規劃重點解決什麼問題？（可多選）
   □各項土地用途　□村道路規劃　□舊村改造
   □新村建設　　　□宅基地規劃　□公共設施規劃
   □住宅建設與施工方案　　　　　□市政設施規劃
   □經濟留用地規劃　　　　　　　□城市化發展策略
3. 如果村土地徵用，您贊成住宅集中規劃布局嗎？
   A. 不贊成　　　　B. 贊成　　　　C. 無所謂
4. 農村住房改造，您覺得應該規劃建設的那種形式最好？
   A. 聯排住宅　　　B. 別墅　　　　C. 平房　　　D. 其他
5. 您覺得規劃如何宣傳，您才能比較好的瞭解規劃想法？
   A. 示意圖張貼在宣傳欄　　B. 村集體開會介紹
   C. 發放宣傳單　D. 到示範村參觀　E. 其他
6. 您認為，村裡未來的土地規劃應該誰來搞？
   A. 政府規劃部門　　　　　　　B. 村民集體決定
   C. 協力廠商（專業技術機構）　D. 不用規劃
   E. 無所謂
7. 農村土地規劃的主要內容應該包括哪些？（可多選）
   A. 土地徵用用途
   B. 徵用土地補償標準和辦法
   C. 拆遷農民安置（住房）
   D. 拆遷農民就業、子女入學等生活問題
   E. 其他，請標明_____

六、對村改居的看法

村改居後，您對下面各項評價（如果沒有村改居的，問「如果村改居，會怎樣」）：

	更好	沒什麼變化	更差
環衛管理	☐	☐	☐
計劃生育政策	☐	☐	☐
農民轉為居民後的就業	☐	☐	☐
基本養老保險	☐	☐	☐
集體資產分配	☐	☐	☐

再次感謝您的參與！

以下內容由調查員填寫：

1. 問卷編號：_____
2. 時間：_____年_____月_____日_____（時）
3. 調查員姓名：_____
4. 調查住址所屬：_____區_____鎮_____村
   （或_____街道_____居委會）
5. 住址郵編：_____
6. 此芬問卷調查花費時間：_____分鐘

編碼：☐

重慶市石柱縣橋頭鎮_____村民族文化情況調查提綱（農村家庭卷）

調查者姓名：_____；調查時間：_____；
調查地點：_____；主要回答人姓名：_____；
輔助回答人姓名：_____

一、家庭基本情況

1. 你家有幾口人？請列出每個家庭成員的身分，比如大兒子、大兒媳、二兒子、孫子、孫女、父親、母親、爺爺、奶奶、姐姐、哥哥、妻子、丈夫、養兒、養女、養父、養母……。

2. 你家的各位家庭成員讀過書嗎？分別是什麼文化程度？如果沒有讀書或者輟學，原因是什麼？

3. 你家有人在外面工作（正式工作）嗎？在哪裡工作？什麼時候離家去外地工作的？（如果有幾個人在外工作，一個一個記）

4. 你家有人在外面打工或經商（自謀職業）嗎？在哪裡呢？什麼時候離家去外地工作的？（如果有幾個人在外工作，一個一個記）

5. 你們家有人與外省的人結婚的嗎？是誰（記身分不記名字）？哪裡的？

6. 你們家有誰去過重慶市？什麼時候去的？去做什麼（旅遊、打工、做生意、等）？

7. 你們家有誰去過北京、上海、廣州、天津、深圳、杭州這樣的大城市？什麼時候去的？去做什麼（旅遊、打工、做生意、其他等）？

二、家庭經濟收入情況

1. 有沒有地？種植什麼？一年產量多少？收入多少？

2. 有沒有牛、馬、豬等牲畜？分別是多少？一年收入多少？

3. 還有其他收入沒有？一年總收入多少？

三、民族文化情況

1. 您會說普通話嗎？
   A. 會，跟電視裡學的
   B. 會，與外人打交道時學的
   C. 不會
   D. 會一些
2. 您是否會唱土家山歌（情歌．婚喪歌．禮俗歌）？您認為目前已經出現斷代了嗎？
   A. 會，沒有斷代的跡象
   B. 會，但有斷代的跡象和危險
   C. 不會；但沒有斷代的跡象和危險
   D. 不會，但有斷代的跡象和危險
   E. 會一點，有斷代的跡象和危險
   F. 會一點，沒有斷代的跡象和危險
3. 您是否會吹蘆笙、跳土家擺手舞？您認為目前已經出現斷代了嗎？
   A. 會，沒有斷代的跡象和危險
   B. 會，但有斷代的跡象和危險
   C. 不會；但沒有斷代的跡象和危險

D. 不會，但有斷代的跡象和危險

E. 會一點，有斷代的跡象和危險

F. 會一點，沒有斷代的跡象和危險

4. 節日期間，您會用土家族話喊老祖公嗎？

   A. 會

   B. 不會

   C. 不會，但以後必須（要）學

   D. 沒有必要學

5. 您認為土家族蘆笙師、歌師等土家族民間藝人有文化嗎？

   A. 有，那才是土家族文化的真正傳承者或代表人

   B. 沒有，那些人也算有文化的話，我讀那麼多書幹什麼？

   C. 看你怎麼理解文化的概念。

6. 您尊重蘆笙師、歌師等民間藝人嗎？土家族學會是否必要為全縣土家族民間藝人建立檔案並 明有計劃地向政府申報民間藝人名錄？

   A. 尊重，非常有必要

   B. 尊重，但沒有必要

   C. 不值得尊重就不必要了

   D. 無所謂，那是政府的事，與我無關

7. 在公眾場合看到蘆笙師或歌師們對歌、跳蘆笙等，您覺得丟臉嗎？

   A. 不覺得

   B. 丟臉

   C. 喜歡

   D. 親切且尊重。

8. 在土家族生活中能沒有梯瑪嗎？
    A. 能
    B 不能
    C. 可有可無
9. 土家學會對您有影響嗎？
    A. 有
    B. 沒有；
    C. 不覺得有什麼影響
10. 您懂土家族文字嗎？
    A. 精通
    B. 懂一點，但不常用
    C. 不懂，但想學
    D. 不懂，也不想學
11. 學土家族文字是否有用，您認為有必要學習土家族文字嗎？
    A. 有用，有必要學習
    B. 沒有用，也無必要學，又不能當飯吃
    C. 不知道用處在哪裡，可學可不學
    D. 說不清楚。
12. 如果認為學土家族文字有必要，您認為如何做才能讓大家更為快捷地學到？
    A. 土家族文字進學校課堂
    B. 每年由民間組織組織學習一到兩期
    C. 自學
    D. 自己找老師教
    E. 其他（自己註明）

13. 石柱縣土家族傳統文化項目中，你是否關心哪些已經或即將被列為非物質文化遺產？

   A. 關心，也知道是哪些項目；

   B. 一直很關心，但不知道是哪些項目；

   C. 不關心，與我無關；

   D. 曾經不關心，以後要注意關心和關注，並做些力所能及的事。

14. 您認為當前土家族傳統文化受到衝擊並危機了嗎？

   A. 受到嚴重衝擊，且危機四伏，已經出現斷代了；

   B. 受到衝擊，但不是很危機。目前，老中青三代均有傳承人；

   C. 沒有受到衝擊，危機從何談起；

   D. 沒有多大衝擊，但也很危機。

15. 土家族傳統節日中您最關心哪個節日？請舉例說明。

16. 您認為近年來土家族傳統文化節日辦得如何？

   A. 好，有土家族特點

   B. 不好，沒有土家族特點，不如去趕街

   C. 很難說好與不好

   D. 其他（註明）

17. 您上過有關土家族網站嗎？

   A. 知道，但不會上或沒有上過

   B. 知道，沒有條件上網

   C. 知道，經常上

D. 不知道，想去上或瞭解

E. 不知道，也不想去上或瞭解

F. 與我無關

18. 您知道土家族西蘭卡普刺繡的種類嗎？

    A. 知道，有_____種

    B. 不知道

    C. 知道一點，但不全

19. 您知道土家族刺繡的繡法嗎？

    A. 知道

    B. 不知道

    C. 知道一點

20. 您知道蠟染的整個製作程式嗎？

    A. 不知道

    B. 知道一點

    C. 知道，試舉 2 至 3 個程式名稱：_____

21. 您有自己的土家族服裝嗎？

    A. 沒有

    B. 有

22. 您認為穿土家族服裝感到害羞嗎？

    A. 不害羞

    B. 害羞

    C. 有點害羞，但也無所謂

    D. 有人會指指點點的，我不敢穿

23. 您認為土家族傳統服飾與現在的土家族服飾相比,您更願意或更喜歡傳統與現在的服飾?

    A. 都喜歡,原因

    B. 更喜歡傳統服飾,原因:＿＿＿＿＿＿＿＿

    C. 更喜歡現在的服飾,原因:＿＿＿＿＿＿＿

24. 您常常關心並寫過有關土家族的論文嗎?

    A. 關心,但沒有寫過

    B. 關心,但不會寫

    C. 關心,寫過

    D. 不關心,也沒有寫過

    E. 以前不關心,目前想寫。

25. 您認為作為一個土家族人,有必要關心自己的民族嗎?

    A. 有必要

    B. 沒有必要

    C. 無所謂,關心不關心都要吃飯

26. 您認為土家族農村文化生活豐富嗎?已經成立了的土家族文藝宣傳隊受到農民的歡迎否?

    A. 不豐富,歡迎

    B. 不豐富,不歡迎

    C. 豐富,不歡迎

    D. 豐富,歡迎

27. 土家學會如果想收集並編輯出版石柱縣土家族論文輯,您認為可行嗎(可多選)?

    A. 是好事,可行,要全力支持

    B. 品質和層次太低,無興趣,不可行

C. 我不會寫，不代表不可行，精神上要支持

D. 可行，我一定寫文章支持

E. 與我無關。

28. 您認為怎樣才能把土家族傳統文化節日辦好（可多選）？

    A. 政府要投入

    B. 土家族要積極參與

    C. 要融入土家族文化的元素

    D. 整合全縣資源，少辦幾個以吸引更多人氣

    E. 應當多上演一些節目

    F. 土家族一些民間組織或社團應當積極參與（各級土家學會責無旁貸）

    G. 其他辦法（註明）

29. 您認為「文化」這個概念應當怎樣理解？比如土家族歌師或蘆笙師們都是有才的人，但以現在普遍認為的「文化」觀念，他們什麼都沒有；如果認為懂得土家族的也算是「文化」的話，他們就是土家族知識份子。鑒於以上說法，您認為土家族文化人應當指（可多選）：

    A. 身分是土家族，不懂土家族禮俗、文化、蘆笙等，但漢語漢文化文憑或水準很高或有造詣的人

    B. 既懂得土家族禮俗、文化、蘆笙等，又對漢語漢文化水準很高或有造詣的人都算土家族文化人

    C. 只要是懂得土家族禮俗、文化、蘆笙等就可以算作是土家族文化人

30. 近年來土家族傳統文化節日與您印象中最有特色的文化活動相比問題在哪裡（可多選）？

    A. 沒有了土家族傳統文化的元素

    B. 唱山歌的人少了

    C. 土家族年輕人參與不夠

    D. 有點像賭場，賭的太多

    E. 政府投入少，管理跟不上

    F. 人氣不足

    G. 節目內容單一、乏味，不能與時俱進

    H. 其他（請註明）

31. 傳統土家族服飾流向知多少（可多選）？

    A. 美國

    B. 老撾、泰國

    C. 韓國、日本

    D. 香港、澳門

    E. 國內其他省市

    F. 非洲

    G. 其他地區（註明）。

32. 您是否知道土家族服飾流向國內、外是被用作（可多選）：

    A. 收藏

    B. 裝飾

    C. 研究

    D. 穿著打扮

    E. 其他（註明）

33. 您認為現在的土家族服飾與傳統服飾有什麼不一樣（可多選）？
    A. 現在的土家族服飾花哨，傳統服飾典雅
    B. 現在的土家族服飾色彩鮮豔，用料也好，傳統服飾色彩素淡，但也各有千秋
    C. 現在的土家族服飾流行太快，一年一變，傳統的沒有現在的好
    D. 傳統服飾製作太麻煩，工序繁多，現在的土家族服飾簡單易做，不需要大量人力和時間
    E. 不好說，寸有所長，尺有所短
    F. 我更喜歡傳統服飾
34. 您村有多少土家族人口？有多少會說土家族話？不會說的有多少？不會說是什麼原因？

35. 您村會唱土家族歌（情歌、婚喪歌、禮俗歌）和吹蘆笙、打鼓、跳擺手舞的有幾人？請您說出他們的名字和大致年齡。

36. 您知道土家族的歷史嗎？請您簡單說說。讀過哪些土家族歷史書？試舉幾本。

37. 您看過土家族電影／電視嗎？還記得叫什麼名字嗎？有什麼好的建議？

38. 您聽過加工過的土家族音樂嗎？最喜歡哪一首？

39. 您看過或聽過土家語新聞嗎？第一次看（聽）後有什麼想法和建議？

40. 您知道木鼓的製作程式嗎？蘆笙有幾孔？各孔分別叫什麼？製作木鼓有什麼講究？請簡要說說。

41. 您知道從事土家族服飾加工作坊及個體有多少？每年市場銷售額大約多少？

42. 您知道土家族傳統節日的來歷嗎？請您舉例說說。

43. 您認為土家族傳統民俗活動對土家族而言有什麼作用和意義？請您簡要說說

44. 您認為土家族幹部在文化方面應當起到什麼樣的作用？請簡要說說。

45. 你是否遇到過其他省分的土家族同胞（例如貴州、湖南等省）？遇到之後是否會談及土家族傳統文化？怎樣交流？

四、回答人的基本情況

1. 第一回答人
   性別
   年齡
   婚姻
   職業
   學歷
   民族
   月收入
   你有手機嗎？

2. 輔助回答人（如果家裡沒有另外的人，這個第二題可以不答）
   性別
   年齡
   婚姻
   職業
   學歷
   民族
   月收入
   你有手機嗎？

編碼：☐

重慶市石柱縣平橋頭鎮_____村經濟社會情況調查提綱（調查點綜合卷）

調查員姓名：_____
調查點地名：_____省／自治區_____市_____縣_____鄉（鎮）_____村_____組
調查時間：_____年___月___日至___月___日
調查目的：_____

調查點基本情況

一、填空題

1. 所在村屬於_____鄉（鎮），村名_____，離它最近的鎮是_____，有_____公里，走路約_____小時；離縣城_____公里，是☐否☐通班車，需要_____小時。

2. 您所在村有_____戶，總人口_____人。其中，男性人口_____人，女性人口_____人，20 歲以下男性_____人，20 歲至 40 歲男性_____人，40 歲至 60 歲男性_____人，60 歲以上男性_____人；20 歲以下女性_____人，20 歲至 40 歲女性_____人，40 歲至

60歲女性＿＿＿＿人，60歲以上女性＿＿＿＿人。30歲以上未婚男＿＿＿＿人，30歲以上未婚女＿＿＿＿人。離婚有＿＿＿＿＿人，占村總人口＿＿＿＿＿＿％。村裡有＿＿＿＿＿＿男性娶省外女性；有＿＿＿＿＿＿女性嫁給省外男性。

3. 小學文化＿＿＿＿人，其中，男＿＿＿＿人，女＿＿＿＿人；20歲以下＿＿＿＿人，男＿＿＿＿人，女＿＿＿＿人；20歲至40歲＿＿＿＿人，男＿＿＿＿人，女＿＿＿＿人；40歲至60歲＿＿＿＿人，男＿＿＿＿人，女＿＿＿＿人。

   初中文化＿＿＿＿人，其中，男＿＿＿＿人，女＿＿＿＿人；20歲以下人，男＿＿＿＿人，女＿＿＿＿人；20歲至40歲＿＿＿＿人，男＿＿＿＿人，女＿＿＿＿人；40歲至60歲＿＿＿＿人，男＿＿＿＿人，女＿＿＿＿人。

   高中（或中專）文化者有＿＿＿＿人，其中，男＿＿＿＿人，女＿＿＿＿人；20歲以下＿＿＿＿人，男＿＿＿＿人，女＿＿＿＿人；20歲至40歲＿＿＿＿人，男＿＿＿＿人，女＿＿＿＿人；40歲至60歲＿＿＿＿人，男＿＿＿＿人，女＿＿＿＿人。

   專科、本科及以上文化＿＿＿＿人，其中，男＿＿＿＿人，女＿＿＿＿人，請列出名字：＿＿＿＿。

3. 村裡是否有學校？小學／初中＿＿＿＿？年級數＿＿＿＿、學生數＿＿＿＿、教師數＿＿＿＿、建立於＿＿＿＿年？學校是否有電腦？＿＿＿＿臺？如何購置的？購置時間＿＿＿＿？是否接入網路？學校有＿＿＿＿個老師會使用電腦？如何學會的？有□否□經過專門的電腦使用技術培訓？學校是□否□有電腦課？學校是□否□對教師進行過電腦使用技術培訓？

4. 1950 年至 1999 年 12 月，正式外出參加工作的＿＿＿＿＿人，2000 年後，考取國家公務員或參加工作的有＿＿＿＿＿人。都是在哪些地方？＿＿＿＿＿
5. 登記承包土地＿＿＿＿＿畝，人均＿＿＿＿＿畝。其中，地＿＿＿＿＿畝，田＿＿＿＿＿畝（雷響田＿＿＿＿＿畝、水田＿＿＿＿＿畝）
6. 林改登記林地＿＿＿＿＿畝，人均＿＿＿＿＿畝。集體森林＿＿＿＿＿畝，人均＿＿＿＿＿畝
7. 全村牛＿＿＿＿＿頭、馬＿＿＿＿＿匹、羊＿＿＿＿＿隻、豬＿＿＿＿＿頭，全部大體估價＿＿＿＿＿萬元；村人均牛＿＿＿＿＿頭、馬＿＿＿＿＿匹、羊＿＿＿＿＿隻、豬＿＿＿＿＿頭。
8. 有機動車（含摩托）＿＿＿＿＿戶，＿＿＿＿＿輛，村人均＿＿＿＿＿輛；有電視機＿＿＿＿＿臺，村人均＿＿＿＿＿臺；手機（電話）＿＿＿＿＿部，村人均＿＿＿＿＿部；有冰箱＿＿＿＿＿個，村人均＿＿＿＿＿個；電腦有＿＿＿＿＿臺，村人均＿＿＿＿＿臺。是☐否☐通電話；手機是☐否☐有信號。
9. 您村常年以糧食種植的有＿＿＿＿＿戶，以經濟作物種植、畜牧養殖為主的專業（或大）戶有＿＿＿＿＿戶，常年以經商為業的有＿＿＿＿＿戶，村辦集體企業＿＿＿＿＿個，年經濟規模約＿＿＿＿＿萬元，村人均純收入大約＿＿＿＿＿元、您村平均生活水準大體屬於＿＿＿＿＿（小康、自足、溫飽線、其他）。
10. 極端貧困戶有＿＿＿＿＿戶＿＿＿＿＿人，有＿＿＿＿＿戶＿＿＿＿＿人享受國家低保；「五保戶」＿＿＿＿＿戶＿＿＿＿＿人，占村人口＿＿＿＿＿%
11. 2007 年 1 月至 2009 年 12 月 31 日外出打工人數＿＿＿＿＿人，

占您村青壯年人口的＿＿＿＿％，2009 年度外出務工＿＿＿＿＿人，占您村青壯年人口的＿＿＿＿＿％。

12. 您村參與農村合作醫療＿＿＿＿人，占村總人口＿＿＿＿＿％，沒有參加的＿＿＿＿人，占村總人口＿＿＿＿＿％。

13. 您村是□否□通電？是＿＿＿＿年通電的，是□否□完成電網改造？是＿＿＿＿年完成改造的？是□否□通水（井水、塘子水、水窖、自來水），如果是自來水和水窖，是＿＿＿＿年（政府投資、自己籌資、政府投資與農民投資相結合、其他方式）建設完成的。

二、不定向選擇題

1. 您所在村子的經濟狀況與過去的十年相比：
    A. 改善很多　　　　　　B. 改善一點
    C. 沒有明顯變化　　　　D. 不如過去

2. 您村是否通公路？
    A. 通（注：請註明柏油路、水泥路、沙石路、一般土路）
    B. 不通

3. 您村是否使用沼氣？
    A. 使用，有＿＿＿＿口，經費政府支持
    B. 使用，有＿＿＿＿口，經費自籌
    C. 沒有

4. 您村是否列為新農村建設或小康村項目建設？
    A. 已是新農村或小康村
    B. 已列，但未建
    C. 未列，但村民希望政府儘快組織實施
    D. 不知道

5. 您認為群眾對新農村建設的態度積極嗎？
   A. 很積極　　　　B. 比較積極
   C. 不太積極　　　D. 不積極
6. 您認為新農村建設基本要求符合農村實際情況嗎？
   A. 很符合實際　　B. 比較符合實際
   C. 不太符合實際　D. 不符合實際
   E. 其他（請註明）
7. 您認為新農村建設的各項資金主要應從哪裡來？
   A. 國家投資　　　B. 省市投資
   C. 銀行貸款　　　D. 社會和企業捐助
   E. 農民自籌　　　F. 國家投資與農民投資相結合
   G. 其他（請註明）
8. 您認為新農村應該以誰為主體？
   A. 政府　　　　　B. 村級組織
   C. 各類經濟組織　D. 農民
9. 您認為新農村建設應該重點解決哪些問題？
   A. 衣食住行　　　B. 生老病死等問題
   C. 安居樂業問題　D. 結合實際，突出經濟發展問題
   E. 環境保護問題
10. 您認為當前農民最盼望解決的主要問題是什麼？
    A. 發展生產，提高產業化水準
    B. 減少生產成本，增加收入
    C. 農村水利道路沼氣安全飲水等基礎設施建設
    D. 農村教育衛生文化體育等公共服
    E. 社會治安

F. 建立經濟、社會合作組織

　　G. 保護合法利益

　　H. 比較方便地提供貸款支援

　　I. 其他（請註明）

11. 您認為當前該村存在的主要問題是什麼？

　　A. 生產設施落後，產業化水準不高

　　B. 水電路等基礎設施不完善，生產成本高

　　C. 種什麼怎麼種賣給誰的問題沒有解決

　　D. 市場訊息不暢，生產技術落後，經營人才缺乏

　　E. 教育衛生文化體育設施不完善，水準低

　　F. 青年人外出打工，老年人留守種地

　　G. 社會治安問題多，防範措施少

　　H. 其他（請說明）

12. 您認為當前該村農民思想上存在的突出問題是什麼？

　　A. 對現行農村政策不瞭解，需要加強學習

　　B. 對國家政策不瞭解，需要政府進一步加強宣傳

　　C. 脫貧致富信心不足，辦法不多

　　D. 對幹部期望很高，但他們無能力解決實際困難

　　E. 法制意識淡薄

　　F. 對農村公共衛生不關心

　　G. 不供孩子讀書還好，一供讀書就變得更窮

　　H. 其他（請說明）

13. 您認為當前農民的重要消費是什麼？

　　A. 生產投入

　　B. 蓋新房購傢俱

　　C. 娶媳婦送彩禮

　　D. 買衣服

　　E. 孩子上學

　　F. 看病住院

　　G. 跑關係辦事

　　H. 走親戚送禮

　　I. 婚喪嫁娶支出

　　J. 其他（請註明）

14. 您認為當前農村社會保障的重點應是什麼？

　　A. 普遍建立農村低保制度

　　B. 建立農民養老保險制度

　　C. 建立農村合作醫療網路

　　D. 解決五保戶集中供養問題

　　E. 解決失地農民就業問題

　　F. 建立上大學救助制度

　　L. 其他（請註明）

15. 您認為您所在農村經濟改善最多的地方在哪裡

　　A. 交通設施

　　B. 住房條件（包括用水、用電的方便程度）

　　C. 家用電器

　　D. 家用或農用交通工具

　　E. 兒童教育

三、簡答題

1. 您認為本村當前發展生產最大的難題是什麼？（請用自己的話列舉兩項以上）

2. 您認為當前本村農民增加收入的主要來源是什麼？（請用自己的話列舉兩項以上）

3. 您認為當前影響本村新農村建設的主要問題是什麼？（請用自己的話列舉兩項以上）

4. 您對村級組織和村幹部如何在新農村建設中發揮作用，有什麼建議？（請用自己的話列舉兩項以上）

5. 過去的 10 年您對於新農村建設工作最滿意的一件事是什麼？（請用自己的話寫出來）

6. 過去的 10 年您對於本村新農村建設工作最不滿意的一件事是什麼？（請用自己的話寫出來）

7. 您對於本村民族文化傳承與發展有什麼想法？（請用自己的話寫出來）

田野筆記

編號	時間	記錄人	內容
1	--	--	村民一，女，今年 70 多歲，有兩個兒子，大兒子在溫州打工，50 多歲，大兒子家是兩個女兒，一個 20 多歲了，一個 18 歲左右，都在打工；小兒子家有 2 個兒子，老大 18 歲，打工去了，老二 10 多歲，還在讀書。
2	2011.08.01	羅 JL	我們問得第一位報告人是一位年過花甲的老伯，直到了這邊新修的房子，大概是 2002 年或 2003 年修得，他自己的房子是兒子在外打工十多年賺來的錢買的，這個房子是在原來被推掉的老房子的原址上建的，還給了政府 5,000 多塊錢，而房子都是自己修建的。 第二位報告人是一位中年大哥，他是政府修建菜市場的工作人員，這邊整個街道、房屋以及公共服務平臺都是在政府的規劃下修建的。瞭解到年輕人一般都出去打工了，老年人還留在本地，而這些房屋大概修建了 6、7 年了，大多由忠縣或其他地方搬來的，鄉里大概有 1、2 萬人。整個鄉出去打工去浙江的大概有 1,000 多人。據他所說，一般就是去浙江修房子，他本人就是從浙江打工回來，於是我們就詢問了到外地打工的人返鄉的多部，他回答說不多，並且它還說他還會去浙江打工。在鎮上修一棟房子大概需要十幾萬，而建房需要的土地以前是 5,000 多元，現在需要一萬元，而這個土地是政府用 4,000～6,000 元／畝買下來的，邁出去完稅後大概要 1.6 萬／畝。 第三位報告人是一位 50 多歲的大娘，這也是我們後面進行深度訪談的一位重要報告人，但講述的東西還有待考證。這位大娘是 1982 年搬過來的，距今有 30 多年了。她們家還有土地，1982 年的時候有人結婚出去了，那些空下來的土地就成了公田土地，後面就都給她種了。她們主要在土地上種一些玉米和稻穀，

這些供自己吃，不出售，由於天干，所以土地比較幹，收成也不好，她們的土地在六山路往後走，後面的山坡上。老大娘的房子也是女兒、女婿在外面打工掙到錢回來修的。她女兒在溫州的一家帽子廠做工，月收入在 2,000～3,000 元，出去了 8、9 年了，家裡留有一個 11 歲的男孩在鎮上上小學四年級，想再做一年就回石柱了。她們家修的房子是 29 元／平方公尺建的，請鎮上認識的人修的，工錢按平方計算，我們還向大娘瞭解到橋頭鎮姓向、麻的最多，後來由於移民的原因，場鎮上雜姓比較多了（感覺大娘隊歷史上橋頭鎮的一些事情不是很瞭解，因為聽她描述大部分事情都是聽說的）。從大娘那裡瞭解到幾個比較有趣的事情。一是她聽說鎮上有四個「災門」[1]，有兩個分別在橋壩和鄉政府下坎（其他兩個我不是聽得很清楚，也沒有仔細詢問），然後這四個災門把馬鹿村形成了一個福地，後來人們就聚集到了馬鹿村。二是橋頭政府修有一個養老院，裡面住了 32 個小孩和幾個大人。

……。

這次的收穫是對當地鎮上的一個整體情況有了一個大致的瞭解，但是還有很多不足的地方。一、對背景資料不瞭解，像報告人說了很多地名，我們不知道具體位置在哪裡；二、訪談深度有限，瞭解的知識比較泛，不夠深入細緻；三、地理位置分不清東南西北；四、報告人描述的真實性有待考證。

總之還是很開心，對田野有了一個初步的接觸和感受。

---

[1] 應該是「寨門」，學生們剛進入田野，對報告人提到的地方不熟悉就聽岔了。

3	2011.08.01	高 FQ	**感受與收穫** 田野的第一天,帶著一些未知,也有一絲惶恐,走近當地人民生活。首先,他們的熱情隨和干擾了我,晚上開會,經三位老師的一些點評和指引,讓我親自感受到了:田野就在身邊,有人的地方就有人類學。 心理上還是有一些不適應,我在不大熟悉的人群眾我不怎麼愛多談,可是今天自己也算邁出了一小步,還有待進步及發展。 晚上開會彙報了當天情況時,聽了很多師兄師姐的發言,啟發很大,覺得需要學習的地方很多,還需多多積累經驗。 **不足與缺憾** 在交流中,我發現還是很欠缺與別人溝通的能力,對話題沒有很深的興趣,沒有過多地詢問,對所瞭解的事實缺少依據,顯得很膚淺。在交流中,沒有完全專心,注意力不集中,不夠認真。
4	2011.08.02	袁 L	上午主要在集市上走訪,下午我獨自去了一趟瓦屋村,大概瞭解了一下瓦屋村的情況。 今天是農曆七月初三,橋頭鎮趕場的日子。由於上午的雨下個不停,所以街市上的人並沒有我料想的那麼多。集中地走了幾家店鋪問了問,本地居民都説今天趕場的人其實和平時差不多。天下不下雨,人也不會變化太大。原因是橋頭鎮有許多人出去打工,本地常住人口並不多(很遺憾,我沒能問到準確的資料,只能根據被訪問者的回答來寫),導致了趕集的冷清場面。在我所訪問的受訪者中,大家都認為本地集市只有過年前後的一個月最為熱鬧。不用説,這肯定與年終民工返鄉潮相關聯。 我發現昨天許多關門的店鋪今天也開了門,在我走訪中發現,今天才開門的店面都是一些日用雜貨店,它們選擇在非趕場的日子裡關門打烊,均是出於生意冷淡的無奈。其中一個彭姓的大哥開了一家小吃店。他告訴我,他們家的店只在趕場才開,每個月只開 9 天,這開門營業的 9

天生意較好，每天能賺幾十塊錢。在非趕集的日子裡，店中幾乎沒有生意，所以他只在趕場的時候開門。在與他交談的十幾分鐘裡，我也確實發現他店裡來了好幾撥顧客。他的一籠包子不一會兒便賣完了。我遞煙給他，他半開玩笑地說，我戒煙了，生意太差，抽不起煙了，沒錢用，不敢抽煙。

　　街道兩旁出現了很多流動地攤。中午 11 點～ 12 點的一個小時中，我從梧桐街耀通駕校報名點開始，一直走到君仁大藥房，共統計到了 23 個地攤：賣廚房調料的、賣豬肉的、賣光碟的、賣鹵製品的、賣醬油醋的、賣水果的、賣包穀酒的、賣不銹鋼盆子的、賣塑膠盆子的、賣菜種子的、賣茄子的、賣西瓜的、賣菜種子的、賣佐料的、賣雞蛋和粉條的、賣農藥的、賣西瓜的、賣菜種和農藥的、賣斑鳩葉子和茄子的、賣鹵製品的、賣洋芋和其他蔬菜的、賣斑鳩葉子和其他蔬菜的、賣糯米粉和味精的。

　　通過對地攤的瞭解，我發現地攤攤主主要來自較近的馬鹿村，當然也有少部分來自較遠的村子，如瓦屋村、田畈村、長沙村等，但這些攤位的規模小得多，有個老大爺甚至只拿了一小袋洋芋來賣。

　　中午在街上幸運地遇到了長沙村的花支書，他從 1987 年～ 2004 年一直擔任長沙村黨委書記，對整個長沙村的情況相當瞭解。他說長沙村有三個特點，他用自己的話總結就是：水田多旱地少，魚米之村。他說長沙村現已通水、通電、通路、通電華，是橋頭鎮最為富裕的村子。另外他也談到了村裡的社保政策、醫保政策、水庫移民等現實性問題。由於實踐關係，我從他口中瞭解的情況還顯得散亂而淺顯，具體情況還有待進一步深入地實地調查。

　　下午去了趟瓦屋村，收穫頗多。

　　去的時候，我是一個人沿著公路而上。去往瓦屋村的公路修於 2009 年 6 月 15 日，全長 5 公里，總投資 58.32 萬元，是瓦屋村的主要交通要道。全村基本上是沿山而上，路面因山水衝擊而顯得崎嶇不平，運輸條件不是很好。

沿途我記下了瓦屋村的主要農業作物，分別有花生、玉米、毛豆角、西瓜、水稻、辣椒、四季豆、桑樹。

　　在路上我看到了一座合葬墓，比較有特色，其正面和側面如下：

　　在瓦屋村，我一共走訪了五戶人家，與十多位農民進行了交談，在這一過程中瞭解了一些概況：一、狗多，許多人家都養狗；二、治安不好，小偷強盜多，多有盜竊案發生；三、瓦屋村依山形爾見，村民區分為幾個大面，大面內都是幾家人的聚居；四、瓦屋村存在缺水的問題；五、外出務工人員很多，在家的多為老人和小孩自。由許多房屋空置，無人居住；六、由於盜竊案多發，部分村民對外來陌生人有排斥，誤認為我是詐騙犯；七、還有農戶餵養長毛兔，每只兔子一年可剪毛四次，每次可剪一到三兩，兔毛每斤100元左右（現在只有極少數農戶還在餵養，我只發現了一家）；八、也有農戶養蠶，山坡上有很多蠶桑樹，蠶的生長週期為一個月，一年可養三四季蠶，蠶繭的賣價為15元／斤

　　最後總結一下遇到的問題和思考。

　　問題：一、農村人可能懷疑我們是詐騙犯，排斥我們；農民會誤以為我們是政府工作人員，不停地向我們申訴、抱怨，影響訪談工作；二、不能很準確地將專業術語用本地方言描述，引起了許多誤解。

　　思考：一、作為大學生，應該在本地區樹立良好的形象，不能因為一些不良的行為引起當地人的不滿；二、要有一定的人文關懷，要知道我們的工作有一定的社會、人文價值，而不是獲取冷冰冰的資訊；三、田野工作中有很多技巧，但是最核心的是如何做人，先做人再做學問。

| 5 | 2011.08.02 | 羅JL | 每月西曆為數為2、5、8號的日子，是橋頭鎮趕集的日子。我走訪的是梧桐街鹿山賓館一側的前段部分，主要調查的是街邊的散戶，這邊主要賣的東西都是新鮮蔬菜，大約是黃瓜、豇豆、綠葉菜、番茄、土豆、白菜等。水果大概有葡萄、蘋果、梨子、李子、香蕉、西瓜等；幹雜 |

貨有豆油皮、海帶、湯圓粉、小麥粉、調料等；還有雞蛋、豆腐、米豆腐、搬酒豆腐、涼粉、豬肉、面、米、竹簍、糖果、糕點、農藥、化肥、服裝、五金、傳統鐵農具、奶茶、菜籽、熟食鹵菜、電器、光碟、涼拌菜、核桃、噴霧器、補牙齒等攤檔。

據瞭解，大部分賣新鮮蔬菜的都是本鎮的居民，他們都住在鎮上，有幾分土地，種一些蔬菜，只趕橋頭這一個集市。有一個賣蔬菜、水果的倒是用小貨車拉來的，老闆是大沙的，貨主要是從石柱縣進過來的，要趕橋頭、大沙和龍沙三個場。而他的車子花了 2 萬塊錢買的，每次一般是早上 7、8 點開始，到下午 1、2 點結束，但今天他是 3 點離開的，這應該和每次生意好壞有關。還有一家連著門面在街邊擺攤賣蔬菜水果的，他們的貨也是從石柱縣進回來的，門面是租的，2,500 元／月，店主是一位 63 歲的阿姨，已經開始領社保了。

報告人一：雜貨鋪老闆娘

這家店鋪賣豆油皮、綠豆、湯圓粉、小麥粉、雞蛋、自作糕點，老闆娘來自黃水鄉，到這裡已經 3 年了。只趕橋頭的集市。早上 8、9 點開門，太陽曬得慌的話就中午 12 點收攤。她的乾貨是從石柱進來賣的，豆油皮 4 元／斤，雞蛋 5.5 元／斤，聽她說，這裡以前的門面都要收稅，攤點還要攤位費，但是現在不收了。她自擺攤之日起就沒有收過，她們的糕點是自製的。

報告人二：賣化肥、農藥、種子的中年人

這位叔叔是本地人，以前在政府工作，從事農技方面的工作有 40 年了，現在退休了，賣化肥農藥也有 20 幾年了。主要賣農藥、化肥、粘蠅膠、敵敵畏等。農藥有除草劑、殺蟲劑和其他農藥，都是從石柱進的。大多數的時候是石柱那邊送過來，自己有時候去石柱，有時間就順便帶過來。在我們的詢問下，他介紹說，農藥在變化，過去是高濃度型的，現在不准超標了，而且現在的農藥好多不臭了。這個時候，有個來買除草機的大姐和攤主說：「打海椒籽要落葉葉，花

好多都死了。」攤主這時說：「藥有要爛頭頭的，也有不爛頭頭的，只打一種，不爛頭頭的上午打，下午都死了。」老闆還給我們介紹說，打藥是要按作物分商務和下午打藥，「中午太陽太大不能打，因為中午蒸發，對人體有害，蒸發的多，效果不好，粘在人身上也不好。」還聽到他給一個買主說：「打完回家要換衣服，用肥皂水洗，不要用熱水，熱水洗了要不得。」後來有很多人向他買除草劑除「光棍草」，但他都不買，還說不能打除草劑，這種草長在稻田裡，打了的話稻穀長出來但是不長米了，人要有良心。他還說，這是他的經驗之談，不是政府規定不能賣，假如一定要打，就要簽合同，不長米不負責任。他還賣肥料，說是從廣西直接發回來的，牌子是「肥地龍」，他說其他人都賣 50 元／袋，他自己賣 45 元／袋，不進行批發銷售。他所賣的種子都是農資公司的，農業局的貨。

但是挺疑惑得是，上午這位叔叔很熱情，對我們的問題很熱心的回答，但是下午我們再想向他詢問一些有關馬鹿村的歷史概況等問題，他就不願再談了，一直拒絕我們，認為這是一個很敏感的政治問題，還讓我們去政府找資料，明顯和上午的態度南轅北轍。

收穫：一、不要忽視了鎮上的每一個人，因為和向叔叔交談過程中，直到在這樣一個鄉土社會裡，人與人的關係是很密切的，大家都互相認識，很多事情互相都知道；二、多和報告人周圍的人攀談，因為他們之間會互相說話求證，這個時候會有自己意想不到的話題出現；三、比起昨天，訪問要深入一些了，並且能有意識想要去詢問發現的問題的原因，會追問訪談對象。

疑惑：一、在問話多了以後，容易思維突然脫節，忘記和想不起應該問什麼問題；二、瞭解的問題很少和歷史、文化有關，對政策等背景資料還是不熟，但是在慢慢積累中；三、對農村社區傳播真的很驚訝，一個趕場過後，感覺整個村的人都認識我們了。

| 6 | 2011.08.03 | 彭YJ | 今天,單槍匹馬上陣,去馬鹿村興隆組進行了訪問。總的說來,早上感覺很不舒暢,在醫院陪了三個多少的病人,才和解決好外婆問題的阿姨去了興隆村。下午,有一定的收穫。

早上,在醫院,聽阿姨的母親描述,她自己是殘疾人,丈夫也是殘疾人,因為阿姨的母親躺在病床上,又是高齡老人,丈夫剛去世不久,母親又要離去,老婆婆情緒特別激動,她告訴我,她自己有2個女兒,一個兒子。女兒也是殘疾人,而且在她們村裡還有幾個也是殘疾人。我後來詢問中知道,她們大部分殘疾的都是在14、15歲左右得了小兒麻痺症,我想,這可能與她們的飲食有關係,值得深入。

今天的重點訪問是在午飯過後,中午一點半吃完午飯,隨興隆組的阿姨到了她們家的養兔場參觀,發現養兔在此地可能是一個比較專業的養殖地。它有專門的小兔屋,餵的是一些蔬菜加麵粉的食物。生長狀況感覺良好。後來到了馬阿姨的一個弟弟家,他們家種植大量的辣椒,從馬叔叔口中得知:這種辣椒名叫朝天椒,並且是細的那種朝天椒,到生長期中期施肥一次。在今天和他們的帶動中,得知了他們施肥一般是施複合肥,並且這種辣椒的種植不需要給它澆水,讓其自身生長。

另一個比較引我關注的是他們居住的房子。是土木結構,但有一定的住法:房子的一樓一般是廚房和堆放雜物的地方,並且分成一塊一塊的。說到廚房,印象深刻。她們的灶臺是由三個圓弧形組成的,從裡到外,一般安裝的是三個鍋,每個鍋都有自己的蓋子。然後是他們房子的二樓,主要是人來居住。

關於院落結構,我走訪的興隆組,即原來的馬鹿三組,他們的院落則會用石頭砌成三尺左右的地基,然後平整地用泥鋪平。原馬鹿四組的院子則是用石條一條一條地鋪砌而成。石條厚度都比較厚,也是平整地鋪出來的。

另外,在走訪居民的時候,有一個發現,大多數的人家都種有一種梨,聽馬叔叔說,這種名叫蘋果梨。它的外形比較亮眼,比較青綠,有 |

李子一般大，成熟之後果實也是這麼大。藉著這個問題，我從旁邊一位帶孩子的阿姨口中知道，這些地方種植果樹的比較少，因為氣候、市場等因素，大多數人都不願意去發展這些種植果園的投資。還有像茶葉、核桃這些，種植得也比較少。

在今晚的小會之後，發現自己可能對親屬關係這方面感興趣，感覺稱呼、親屬之間，與外鄰之間這些複雜的關係，進行一些深入的瞭解，通過瞭解社區關係，簡單幾家人的關係就有了一個定位，訪問應該可以更進一步。

最後就是個人的喜好問題，特別是地理方面的東西，在我看來都很有趣。今天觀察了興隆組種植辣椒的土壤，都是那種沙土狀地，為什麼在沙土種植？產量的多少跟土壤會不會有一定的關係？都是我思考的問題，這方面也許是我的一個突破點。

7	2011.08.03	--	女，55年出生的，59年的時候父親去世，60年的時候媽媽去世，有一姐姐，嫁在長沙村；家裡有4畝多田，2畝地，生了兩個女兒，大女兒有一兒一女，兒在讀初三；小女兒生一女，饑荒記憶，女兒在打工，一個月1錢多，女婿打工，一個月3、4千，愛打牌，打成都麻將，現在在溫州打工，孫兒放假的時候去溫州旅遊過。外公外婆照顧第三代，生活才好起來。
8	2011.08.03	袁L	今天的田野工作很簡單，就是走路。

吃過早飯，我們一行人來到距離橋頭鎮十幾裡之外的長沙村。長沙村的花支書很是熱情，為我們辦了一個歡迎式。村中的飯館很是簡陋，但做出的飯菜非常可口。加上村幹部們的熱情款待，也讓我感覺舒心、自然。

我和楊SY被分到了長沙村的雙堰組，並且很幸運地得到了朱村長的引領。朱村長50多歲，身材瘦小，為人忠厚老實，頗為熱情。整個下午，他都是我們的引路人，在他的幫助下，我和楊少玉把雙堰組跑了一個大概。

去往雙堰組的途中，朱村長偉我們介紹了雙堰村村名的由來。據他說，這個村民小組有兩條大堰，一個是新峰大堰，一個是五七大堰， |

			所以該小組被稱為雙堰。途中我們也去看了一下這兩個堰溝。五七大堰的源頭海拔比新峰大堰更高。五七大堰由擴村並組前的五隊、七隊共同修建，所以被稱為五七大堰。新峰大堰的中游段有兩個調蓄池，一個叫排灌站，一個叫西鴨子水塘，主要用於調節和分配大堰中的水。
今天是初入雙堰組，我的主要任務是瞭解這個小組的地形地貌、居住格局。由於時間緊，我們只做了一家訪問，也只是和村民叨叨家常，還說不上什麼調查訪問。雙堰組的村民十分熱情，很樂意跟我們談話。他們對我們同樣也抱有濃厚的好奇心，更多的時候，我和楊 SY 都在回答問題，反倒成了受訪者了，哈哈！
下面說說我接下來的訪談思路：
一、用 1～2 天的時間充分與村民接觸，讓他們盡可能多地瞭解我們的來意。這期間我會回答村民對我們的好奇和疑問。
二、利用前 1～2 天的初步接觸機會，大體繪出雙堰村的地形地貌圖和居住結構。
三、儘早在近兩天之內確定自己的研究主題，開始做主題性研究。
9	2011.08.04	高 FQ	在龍井進行田野調查期間，我跟著龍井組組長的妻子及其兒子向學良親自上山挖了一早的折兒根。在沒親自去挖折兒根之前，就只是在組長家食用過折兒根，並不知道折兒根的生長環境和狀態是什麼樣的。一大早，吃過早飯後，我跟著他們就上山了，太陽剛剛升起，山裡的早晨總是格外清爽，沿著山路，聽得見清晨的鳥鳴，聽得見在山間流動的水聲，田野調查從來都不只是人與人之間的對話，同時也是人與自然地交流，甚至是人與心的交流，走在上山的路上，心裡無比的沉靜，讓我不由得想起「歲月靜好」這個詞，陽光透過密密麻麻的樹林，在山路上灑下清涼斑駁稀疏的光，這真的是一個愜意又美妙的早晨，全身只有一種感覺，無比輕鬆的感覺。走了大約 40 分鐘，我們到達了目的地，於是阿姨放下背籮開始挖折兒根，而我也放下包，幫阿姨將挖好的折兒根歸攏在一起，中途阿姨歇息的時候，我

			也嘗試著掄起比較沉重的鋤頭挖折兒根，而阿姨就在一旁笑著看著我挖，還不時地告訴我怎麼拿鋤頭比較好使力。大概12點左右，阿姨就挖了好大一背籮折兒根，將折兒根都放進背籮後我們就下山了，沿著山路，阿姨走在前面，勞動過後，看著收穫而來的東西，心裡更加愜意了，阿姨走在前面，背著背籮，一步一步踏實地走著，這般山路，是石頭和泥土鋪墊而成的，看著被磨得光滑的石頭路，我想這些就是勤勞的人們用自己勞動的腳步將它們磨得如此光滑。同樣的，還是能聽見山上林裡的蟲鳴鳥叫聲，也能聽見搖曳的樹在風的吹拂下沙沙作響，如果一定要形容這時的心情，我想心情應該是像湖水一般，寧靜，有漣漪卻沒有波浪，感受著這一切，我甚至體驗到，在大自然的任何事物中，都能找出最甜蜜溫柔，最天真和鼓舞人的生存方式，哪怕對可憐的憤世嫉俗者和最壓抑的人也不例外，只要生活在大自然之間而且感受著這一切，就不會有太過絕望的憂鬱。我突然很羨慕他們的生活，也可以說很想念這樣的生活，可以如此地親近自然，種種自然景物，似乎永遠都在為人們提供好心情。我突然想起梭羅在他的經典心靈之作《瓦爾登湖》裡面有這麼一句話：一個人若生活得誠懇，他一定是生活在一個遙遠的地方。我想這些勤勞的人們，這些生活在如此自然的地方的龍井人民就是生活得最誠懇的人。回到家後，阿姨就將剛從山上挖來的折兒根洗淨一部分，然後涼拌，到中午吃飯的時候就吃到了剛從山上挖來的新鮮的折兒根，感到無比地愉快。
10	2011. 08.04	金 YF	今天我們來到都岩組LGF的家裡，剛開始，家中只有他母親在家，一位八十多歲的老奶奶。我們就開始與老奶奶訪談，著重瞭解了以下幾個方面： 一、節日：土家族有自己本民族的風俗節日，但現在的人們大都不記得這些節日了。他們現在過得節日也就是春節、元宵、端午節；春節是中華民族最重要的節日，也是土家族最

重要的節日;過年的時候,家家戶戶要玩獅子、龍燈、花燈和敲鑼打鼓,由專門的表演者來每家表演。現在是由一些專門的樂隊來表演,但是要收取一定的費用;土家族過年三十帖春聯,寓意迎接新年的到來。但年初一到十五要去走親戚。接下來就是元宵節,在元宵節裡,家家戶戶要吃湯包,就是湯圓,餡大多由花生、白糖、芝麻製成。還有一種豬油湯圓,就是用豬肚邊的油包在中間。他們都是自己做湯圓。再接下來就是端午節,這也是土家族最重視的節日,在這個節日裡,土家族的人們除了吃自己做的粽子之外,家家戶戶會在自己正堂屋門口兩邊插上艾草,用於驅除蚊蟲,消毒,身上不長瘡癬。艾草要一直掛到來年的端午節,然後再換上新的艾草。中秋節在土家族的傳統節日中並不太重要,只是吃一些和平時不一樣的食物,例如餃子、包子、饅頭和糍粑。土家族不過清明節。

二、生活傳說:據這位老奶奶介紹,這裡的土家族有許多關於植物和食物的傳說。她首先給我們介紹了一種叫觀音豆腐的食物傳說。就是以前得人們因為生活貧困,食物缺乏,沒有食物,大家都餓肚子哭泣。後來人們都在夢中夢見了觀音,觀音在夢中教他們用斑鳩草做成了一種豆腐,所以人們紛紛開始做這種豆腐,解決了溫飽問題。另一個就是燕子窩。老奶奶介紹說,以前土家族有一個傳說是「水往低處流,燕往高處留」,就是當時燕子只停留在有吃的東西的人家中,如果家裡有燕子停留,表明這家有東西吃,家裡興旺,所以,人們都希望停留在自己家中。有的人家自己搭燕子窩。這裡有一種比較普遍的燕子,叫夜壺燕,因為這種燕子搭的窩非常像夜壺,從此得名。老奶奶還介紹,以前人們用生薑、黃瓜葉、水燈芯草煮水喝,用來治療頭疼和感冒發燒。

三、婚姻：我們與老奶奶大概訪談了三個小時，他的兒子從地裡回來。我們與它訪談了這裡的婚姻狀況，以前人們結婚都是由媒人介紹，但現在很少有專人介紹，大多都是人們從外面打工自由戀愛，結婚對象很少是鄰村人家，大多是娶外地的女孩，或者本地的女孩嫁到外面。土家族結婚還是有許多講究，訂婚時男方要送給女方四萬訂金，結婚的好似乎女方要配嫁妝，結婚的時候要向親戚朋友發喜帖邀請人們參加。親戚朋友要送禮物，一般是毛巾、布料、毯子和被子，有時也送禮金，由專人記錄禮金。經濟條件好的，給得多。結婚儀式是男方家舉辦三天，第一天請人幫忙做飯、打雜，要在家裡吃飯。第二天舉行婚禮，婚禮上要有喜沙肉這道菜。以前，只是豆腐、白菜和青菜。第一天一般要殺豬，請專人來做，要給錢，以前是一塊兩塊錢，現在要幾十塊錢。吃飯之前喝茶。而女方家舉辦婚禮要兩天，第一天請人來吃飯，第二天出嫁。男方來接女方，在女方家吃早飯，中午飯就到男方家了。男方來的時候要帶著衣服去女方，女方要穿著男方帶來的衣服跟著男方走。這些衣服大多是民族服裝，男方要帶很多套衣服，一年四季的都有，這些衣服放在盤子裡。第二天出嫁後，一般要到第三天，女方要回門，也可當天就回門。以前人們結婚要十天以後才能回門。

四、信仰：土家族以前有許多人信菩薩，村裡有許多菩薩廟，在山間也能在山洞裡看到許多菩薩。以前人們家裡有老人死了要建一座菩薩放在觀音洞裡。逢年過節，人們都會敬拜，表達晚輩對長輩的紀念知青。觀音洞因為建水庫被淹沒。李大叔給我們介紹說，以前許多人都信觀音菩薩，是說能夠保平安，保健康。還有就是傳說當時有人生病，觀音菩薩就在夢中告訴人們一種治病的方法，就是人們扯些草，煮著喝，喝了之後就可以

了。那些喝了之後就好了的人，就信觀音了，沒啥效果的，就不信。現在大多數人都不信了。另一種就是山王菩薩，它管理著山上的野生動物，保佑人們出行平安和上山勞作的安全。還有觀音菩薩，在人們的生活中起一種見證的作用，當人們起糾紛時，人們就會求菩薩，向菩薩燒香拜佛，希望菩薩能夠主持公道，當然是在沒有其他見證人的情況下。如果某一方將來遇到什麼飛來橫禍，就說明菩薩已經證明了那個人是錯誤的，違背道義的。

五、手工藝：土家族保留了許多手工藝，在土家族中有許多石匠，他們家裡許多生活用具都是由當地人手工製作的。將不規則的石頭打製成各種形狀的器具，甚至建房時的地基和支架都是他們自己打制得。另外一種就是自己燒制的瓦片，用專門製造的瓦片磨具來做成瓦片的形狀，然後曬乾，再拿到自己挖的窯洞裡去燒一段時間就成為建房用的瓦片。

| 11 | 2011.08.05 | 劉M | 訪談對象：長沙村衛生站站長及其姐夫。
訪談地點；長沙村衛生室。
壽禮：壽齡在60歲以上，整數年齡。
拜壽人員：鄰居、親戚、朋友、同事；鄰居主要是主宰一起的，可擴大到整個村子，只要願意都可以去。
過程：遞信（帶話），一般是提前半個月左右通知，只要是生日前就可以了；去通知的時候，有一定規則地對話，形式如下：

辦壽方：哪天請你到我那兒耍哈兒啊？
被邀請者：啥子事哦？
辦壽方：過來泡生酒（指過生日）。
被邀請者：哪天？
辦壽方：某月某日。

通知的時候請人帶信，到家裡去說。現在都是打電話打手機通知了。 |

壽禮結束後，要給祝壽的客人送壽碗，碗外沿刻上「X旬壽辰紀念」，意思是祝壽的人可以和壽星一樣長壽。「X旬」要與過生日的人的年齡一致，例如主人是六十大壽，則可刻上「六旬壽辰紀念」。

祝壽的時候也講究禮尚往來，一般要看以前的本子。結婚、斷水酒、過會頭的禮單，如果神秘時候主人家沒有在自己「辦會頭」的時候到，他可能就會拒絕參加。

建房

斷水酒：在房屋落成，主體完工之後（不漏雨了），實行斷水酒。

人員：親戚朋友、鄰里同事，名單擬定由一家裡的人（包括父母、夫妻等等），根據以往的本子（禮單）。

禮錢：出錢多的一萬、壹千、一百、幾十塊的都有，視個人經濟情況而定。

斷水酒並非所有人家都舉辦，有的人家拿不出錢來就取消，因為蓋房子的花銷大。也有的是先不住人，等到打工賺錢回來再舉行斷水酒。

房屋初建時：打地基，石匠第一天去的時候，主人要給他們包紅包，每人20左右。最後一天也要包紅包。木匠是做門的，把門放在旁邊，準備一隻公雞，用牙齒咬住雞冠，把雞血灑在門上，木匠說一些奉承話，然後給木匠包紅包，木匠安門。公雞就送給木匠，木匠帶回去祭魯班斯，也有吃了或賣了的。

以前斷水酒的時候請「獅子」，「大腦袋和尚」、「猴子」。由媽屋頭的人（媽媽、舅舅等）請來隊伍，紅布、青布（黑布）、鞭炮敲鑼打鼓送去。共有兩套鑼鼓8個人，每套鑼鼓4個組成。一個是兩個對著敲的（鈸），一個是一隻手提著，另外一隻手敲（鑼），一個有點像木魚，還有一個是鼓。

和尚和猴子的表演（分為三張桌子和五張桌子的）。開始獅子不動，和尚耍猴。大腦袋和尚逗猴子過來，讓猴子做動作，猴子裝不聽話，主人家吊紅包在很高的地方，大腦袋和尚哄猴

子,猴子就是不去。和尚想盡一切辦法讓猴子拿紅包,把牠逗上去。紅包少了不幹,達到猴子滿意了才行。然後扯掉最上面那條板凳,逗引獅子上去,和尚和猴子的表演就完成了。

一般獅子屁股先上,因為後面的人上去較難,扶著前面的人的肩膀(獅頭),獅頭直接站著。然後再在桌子上表演。

結婚儀式

結婚宴席:男方三天(從結婚前一天到後一天早上);女方是兩天,從結婚前一天到結婚當天。

結婚前一天:雙方家裡均請人幫忙,準備食材,宴席,第一天請幫忙的吃飯,幫忙的人自願來,無限制規定。

結婚當天:男方去女方家娶親,人數在1~20位不等,一般是15、16人。主要是男方的親屬,一大早過去,在女方家裡吃早飯,很豐盛。

搬東西的人只要自願都可以去,但不能和女方同姓。吃飯意味著女兒要離開之隔家,到婆家。

中午的時候,女方送親的人(同男方一樣,但要有四男,都是親屬範圍)同娶親的人到男方家,午飯、晚飯都在男方家吃,還要在男方家住宿,第二天吃過早飯了再回來。

吃飯的時候,宴席是八人一桌,規模視自己經濟情況、人脈而定。60多桌的有,100多桌都有。娶親和迎親的一樣,一般是三桌。

打酸糟:孩子滿月以後,媽屋頭的人用背簍背棗子到女兒家去而得名。

狀元酒:現在稱為開學酒,為考上學校的人慶祝。

| 12 | 2011.08.06 | 高FQ | 地點:馬鹿村龍井組。
一、野生菌的採集:當地叫大腳菌,山上採集,可直接拿回家炒著吃,也可曬乾後幹炒;加大蒜、薑等佐料炒,味道鮮美。
二、地瓜:有野生的,也有自己種的,可挖來直接食用。 |

三、折耳根：野生的，從山上挖來，曬乾後賣，作藥用，2元／斤。

經濟作物

一、黃連：喜陰，5年生，搭棚的方法是打樁，在樁上留X，然後用竹竿搭，上面及周圍都覆蓋樹枝；使用工具為鋤頭（松地）、耙子（抓草），用鐮刀挖，炕籠烤。

二、辣椒：過程是先用種子撒下去，待苗子長到一定程度後又移栽，熟透後賣，1～2元／斤。

外出務工的情況：3個實例

第一個是60多歲的村民，在外打工，幫人掃地，800～900元／月；第二個村民是42歲，地質隊，農閒時外出，2,000～4,000元／月不等，每次出去2個月，一年外出2次；第三個是40多歲的村民，在東莞當保安，2,000多元／月，工人加夜班也是2,000多元，以上都是男的。

外出務工的原因：農閒，增加工資收入；外出又回來的原因：工資低，不給加班費；為了和家人待在一起。

糧食作物

水稻：插秧，有互助（當地稱為換工）習俗；薅草；收割。

土豆：製作洋芋粉（洋芋洗盡切成片煮熟，然後曬乾，油炸著吃，香脆可口）。

養蜂（義大利蜂沒有，在7、8月過後取蜜）：賣80元／斤。

| 13 | 2011.08.06～08.07 | 羅JL | 石柱縣橋頭鎮馬鹿村89歲老人RLZ葬禮儀式 |

該戶靈堂搭建在梧桐街頭的一個街邊的門面裡，一共用了三間門面用於設靈堂，小賣部以及閒聊時的場所。在靈堂外靠近街沿邊擺了一個拱門，在拱門的正中間寫著「祭奠」字，在「奠」的下方懸掛著「靈堂」二字。在拱門的兩側柱子上上面纏繞著代表思念和追憶的松柏枝，

依靠著竹竿和街邊政府種植地的樹幹上，同時在門面柱上兩邊也懸掛著松柏枝，從街沿上的拱門進入到靈堂的門，當地人稱之為「進門」。拱門的柱子和靈堂的正門的兩邊都懸掛著輓聯。拱門上的輓聯寫的是「孝堂種悲音淒淒幾時休喪帳內哭聲哀何日止」，靈堂大門兩側的輓聯寫的是「母今亡子當孝三叩九禮哭戚父早逝娘遺嬬萬難盡一世度」，靈堂的上方還懸掛著四個大字「古柏霜推」。

「進門」以後便可以看見靈堂的全貌，在靈堂的左邊牆中間張貼著來幫忙的名單，名單的開頭列下本次儀式的名稱，然後開始就是幫工的名單，上面寫幫工人的名字，下面寫他這次幫工的對象和名字。

在靈堂的正中間擺放著由兩張方桌拼成的靈臺，在靈堂的最中間擺放著一個綠頂紅體的兩層樓的紙房子，紙房子的前端放著香案，香案的正中插著香蠟，在香案的後方插著亡者的靈牌。在香案的兩邊擺放著十幾封寫有字的紙錢，這樣的形式在當地稱之為「寫袱子」，這些紙錢一共有 21 封，左邊有 12 封，右邊有 9 封（「寫袱子」的內容和形式在後專門進行描述）。在紙房子的背後是一張從房中央垂下直至方桌沿下面的白布，白布的左邊懸掛著白幡，白幡上書寫著老人的生平，從出生到死亡的時間地點，白布的正中間房子的上面懸掛著老人的遺像，遺像的左右兩邊掛著三條長錢。

在方桌的下面，8 月 6 日的晚上正前方放著兩個麻布口袋，左邊放著一個麻布口袋，到 8 月 7 日白天，正前方只有一個麻布口袋，左右兩端分別放有一個麻布口袋。前方的麻布口袋是用來上靈用，左右兩端的麻布口袋是家屬還禮之用，左邊的是給直系的女性親屬，右邊的是給直系的男性親屬。

靈堂的背後就是老人的遺體，由於天氣炎熱所以將遺體放在租用的冰棺裡面，頭朝向裡面，腳朝向門口。

在老人遺體的腳的下方的地上擺放著一個腳盆，腳盆上面橫搭了一塊木板，木板上點了一盞燈，燈焰用菜油點燃，當地人稱之為「長明燈」。腳盆裡面有水，當地人稱之為「金水」，是老人去世以後給她抹汗的水，象徵著家庭的財富源源不絕。其實這是源於一個傳說，說是孫悟空把他師父腳盆裡的水全喝了，就學到了他師父的一身法術。而點亮長明燈的菜油也有傳說的典故，說的是張飛死後有一塊油地，每個去敬他拜他的人都要去給他的地勢上油，但是再多的人都倒不滿，必須要是結拜的兄弟和最忠誠、忠實的人才能夠倒滿，所以老人死後必須點這個長明燈而且不能熄滅，以表示自己對老人的尊重和深切的懷念。

　　在棺木的後方放了四個純白花圈，只能是亡人的兒子、兒媳、女兒、女婿、姪兒、姪女、孫子、孫女等直系親屬的花圈才能給進到靈堂裡面擺放，親屬關係還是以男方為主。在靈堂門口靠著牆邊的位置放了一張桌子，周圍放著三條長板凳，在門口的右邊豎著放了兩條長板凳，在以前只是假如是一老婦人去世，那麼久就有她的娘家人和女兒、兒媳等直系的親屬可以坐，但是現在就是隨便誰都可以坐在那裡，大家聊聊天說說話，同時也是表示著在陪伴著死者。

　　在面向靈堂的右邊的街沿上是歌舞團的表演，他們的舞臺背倚著街邊的房子，面向大街，地上鋪著紅地毯，一張大的「XX 歌舞團」及其聯繫方式的幕布掛在門面上面直垂落在地上，紅地毯的左邊是音響設備，有一個人負責設備的調試，演員有 7 個人，換衣服的地方就在舞臺背後的門面裡面，整個表演場所被三面觀眾所環繞。她們表演的內容有唱歌、跳舞、小品、相聲、快板等等各種各樣豐富多彩的節目，引來圍觀群眾的哈哈大笑。歌舞團一般是由女兒、女婿請的，亡人的孫子、孫女以及他們的家屬，亡人的內姪兒、內姪女、外姪兒、外姪女以及他們的家屬也可以請，亡人的娘家人也可以請，其他的人就不能給請歌舞團了。請歌舞團也算是送來的禮金

登記在禮金簿裡面，寫「XX 請歌舞團支出 XXX 元」。請歌舞團是按各個家庭情況的不同進行的，家庭環境好的，家裡人丁興旺的，在設靈堂的期間的每一天都可以請歌舞團，家庭條件不太好的一般就請一次。設靈堂期間，歌舞團的表演時間一般是下午和晚上，按小時收費，在出葬的那天就是上午開始表演到中午，然後下午就上山下葬。由我們觀察所得，來看歌舞團表演的人一般是擺設靈堂的周邊的人群，以及和亡者及亡者的某一個親屬有關係的來自亡者生活的地方附近的人群。在觀看歌舞表演時，他們的臉上少見悲傷，更多的是快樂，看到開心的地方還會哈哈大笑，我們詢問了幾個來觀看歌舞表演的人，他們都覺得是看來令大家開心的，覺得歌舞團表演得很好，覺得很熱鬧。來觀看歌舞團表演的人群囊括了各個年齡段的人，從小孩到老人，其中不乏戴孝的人，他們都站著圍繞在舞臺周圍，饒有興致的觀看著表演。

在靈堂的左邊那個門市裡面，擺放著一個玻璃貨櫃，裡面放著煙、糖、打火機等，用於出售，據我們觀察是亡人的姪子在收錢售賣貨物。這個門市裡面還放著一張木頭沙發，上面放著枕頭被子，應該是守夜的人晚上輪流睡覺的地方。晚上 11 點左右，就會從這件門面的內房裡面做一些宵夜給還在場的人吃，不論是否有親屬關係，也不管是否熟識都可以去吃，他們家的宵夜做的是包穀粑和麵條，在我們詢問夜宵的內容是否都一樣時，亡人的姪子給我們介紹說這個夜宵一般是按照當時季節生產的農作物來決定的，像 8 月分，是玉米的產季，所以就做了包穀粑，這個包穀粑是用嫩玉米磨成粉做成了。一般任何時間的宵夜都是麵條，這是任何時間都有的東西。

再左邊的一個門市，裡面堆積著一些木材，然後門口放著幾根長條板凳，上面坐著幾個人在交談著，其中也有戴孝的人。

再左邊又一個門市過後就是一戶才修幾年還比較新比較氣派的大院子，在以前詢問這戶院子左邊賣傢俱的老闆娘，據她所說這戶院子裡的人都去石柱縣城裡面生活了，只是偶爾天熱或者有事的時候才回來住幾天。據我們觀察，在下葬的這一天，亡者的大女兒在靈堂拜望過老母親以後，就回到了這戶院子裡，而亡者的大女兒在石柱縣的啤酒廠工作。

　　在下葬的當天，這戶院子大門的兩頭都擺著席，一共擺了 15 桌，吃輪席。席的對面的房子就是菜房，內房裡有三個人，分別是一個大師傅負責炒菜，一個婦女負責燒火，一個婦女負責打下手。在菜房的外廳，左邊坐著幾個婦女，面前放著一些做菜的原料，右邊的門口放著涼菜，正在準備著端出去。而菜房外面的路邊，擺放有一個專門洗碗的、收剩菜的小攤子。在離菜房不遠的正在修房子的前面，放著一個大的滾筒，經詢問是蒸「扣碗」用的，一般一桌是上四個「扣碗」，假如家庭條件比較差的就上兩個「扣碗」。

　　在靈堂對面的路的轉彎處，放著一個放鞭炮的支架，一串又一串的鞭炮從下葬的那天的早上一直放到下葬的時候沒有停過。支架旁邊又撐了一個支架，上面掛了一個牌子，用來提醒過往行人這裡有喪事要放鞭炮來往注意安全。

　　到 10 點 50 分的時候，葬禮開始「上靈」，即亡人的親屬等一家人前來給亡人磕頭祭拜。當時來的第一家是亡人的「媽屋頭」，即亡人的娘家人，他們排成一列舉著從面向靈堂的右邊走來，在隊伍的最前方的一個人拿著一個花圈，到了靈堂處便將花圈堆放在街的對面的街沿邊，在還未到達靈堂之前，有一個人會拖著一串長鞭炮點燃以後從右邊拖著往左邊走，然後來「上靈」的人就跟隨在放鞭炮的人後面，後面來「上靈」的每一大家人都如此。他們到達靈堂以後，就拿了一大塊豬肉給亡人的大兒子，然後放在了靈臺上面，這個豬肉在當地沒有特別要求，一般是豬的腰坊肉，但是只要不是豬頭和豬腳都行，一般送豬肉是 4～6 斤，不能送母豬和小豬，因為當

地人認為「母豬是懷了孕的吃了要不得」，這些肉都是送的人在市場上割的，很少有人為了這個去專門殺一頭豬，因為殺了豬的話送個幾斤剩下的根本吃不完。整個來「上靈」的一群人在靈堂門口排成一縱列，然後依次進去磕頭，每個人磕三個頭，而磕完頭的同時，亡人的真孝子也會還禮，男人在右邊還男人的禮，女人在左邊還女人的禮，還禮的男人一般是亡人的兒子，而還禮的女兒就一般是亡人的女兒、兒媳婦、孫女、孫媳婦、重孫女、重孫媳婦。來「上靈」的人磕了多少個頭，就要還多少個禮，然後「上靈」的人等到真孝子還禮結束起身以後，就會走到孝子的面前表示自己的哀悼和安慰之情，再然後這一批所有來「上靈」的人從靈堂的右側進入擺放著亡人遺體的內堂，然後坐在裡面擺放的板凳上，右邊的坐滿了再坐左邊的板凳，接著邊開始「哭喪」，邊哭邊呼喚著亡人，並且訴說著對亡人的無限懷念和思念的感情，訴說完以後邊所有人又從靈堂的左側依次出來然後離開。在整個上靈期間，拱門處會有一支獅龍隊，他們會先由女人組成的腰鼓隊打腰鼓，打完以後緊跟著就開始舞龍，結束以後又開始舞獅，然後邊打邊舞還會有一個專門的人在前面說著「利勢話」，然後每一輪結束就會有專門的人給獅龍隊「利勢錢」，一個人一塊錢一輪，「上靈」結束以後，獅龍隊也緊跟著就結束了站在一邊休息。

　　第二個來「上靈」的是亡人的大女兒的一大家人，大女兒家住石柱縣城，同時也在縣城裡工作，當時在跟著放鞭炮引路的人來了以後，他們自己請的樂隊就開始奏樂，他們緊跟著樂隊後面，當他們到了門口然後排好隊準備入內「上靈」的時候，樂隊就開始在拱門內側面向靈堂的右邊奏哀樂，然後這一隊人就只是胸前戴著白花跟著哀樂魚貫而入，到了靈臺處奏樂停止了，他們沒有向靈牌磕頭，而僅僅是在靈臺前站著鞠躬，然後樂隊又開始奏哀樂，一群人在大女兒的帶領下從靈堂的右側進入然後再由靈堂的左側出來，沒有經過哭喪的環節，僅僅只是在亡人遺體的周圍繞了一轉，他們出到大街上隊伍就散了，

在「上靈」的同時，拱門外的獅龍隊依然像前一個來「上靈」的人一樣敲打著，只是這次是和洋號隊的號聲重合了，在他們離開以，洋號隊的奏樂及時停止，隊伍也隨之散去。

第三個來「上靈」的人是亡人的姨姪女、姨姪兒的一大家人，整個程式和前面的一致。

第四個來「上靈」的人是亡人的孫媳婦的媽那一家，在到靈堂的路上就有專門幫忙的人去接過他們送的一床棉被，然後在靈堂的上方的住房裡，又有人直接放了一根掛鉤下來將棉被從下面拉到二樓放著，然後和前面一樣的形式到了靈堂內，來人帶來了一大塊臘肉，放在了案臺上，然後開始磕頭、還禮、慰問、看望遺體，然後離開，在此同時獅龍隊也和前面一樣的舞著、敲打著。

第五個和第六個來的都是亡人的兩個乾女兒一家人，他們各送了一床棉被一大塊臘肉，然後整個程式都和前面的一樣。

在每一家人在靈堂內「上靈」的時候，外面的獅龍隊都在打，他們一共有七個人，最先的是四個人敲鑼的、敲鼓的開始，在通知大家說有人來看望亡人了，緊接著便是打腰鼓，有五個婦女穿著綠色的長衣長褲在外面打著腰鼓，接下來便開始舞龍，每說一句利勢話打幾下鑼鼓龍便會點幾下頭，然後又換一個人說利勢話再敲鑼鼓龍就舞幾圈，然後在換人說幾句利勢話再打幾下鑼鼓就換成舞獅，一共有兩頭獅子，兩個人裝作一頭獅子，先是一個打鑼的男人說一段利勢話，然後獅子舞幾圈，再是腰鼓隊的一個女的說一段利勢話，獅子再舞幾圈，再然後是發利勢錢的男的說一段利勢話，獅子便跟著舞幾圈，最後是打腰鼓的那個女人說一段利勢話，獅子舞幾圈。整個流程會在「上靈」的時候進行三輪，每一輪每一個人1塊錢，整個一共7塊錢，每一輪結束了都會有掌管著利勢錢的人將一輪一共的7塊錢拿給打鼓的人，接著再第二輪第三輪。

關於送鋪蓋卷，只要是亡人的親屬都必須送，其他人可以送可以不送，關於鋪蓋卷的顏色是沒有限制的，就算是紅色也可以，同時也沒有樣式的限制，一般是在鋪蓋卷上都有帶點白色。

　　關於戴孝，分為戴重孝和一般的孝，重孝是由亡人的直系親屬戴，一般是亡人的兒子、女兒、姪兒、姪女以及他們的家屬，就會戴孝帕，而亡人的兒子還會在腰間披麻，即捆上一根麻繩。而一般的孝則是將孝帕折成一根長條形然後纏繞在頭上。

　　到了下午二點四十分，開始做上山的準備工作，先是將靈堂內的所有花圈拿出來和別人送的花圈一起堆在路邊。然後便開始撤靈堂，從拱門處開始向內，將所有纏繞的紙條、輓聯等全部撤掉。在做準備的同時，獅龍隊就在一直敲鑼打鼓，洋號隊也在吹號。然後亡人的大兒子就拿著引魂幡到了這條路房子的盡頭處的路邊上跪著，後面緊跟著亡人的女婿，拿著靈牌，再是亡人的兒媳婦，拿著亡人的遺像，再然後是亡人的二兄弟的女兒的老公即亡人的姪女婿，拿著一棟紙房子，再是亡人二兄弟的兒子即亡人的姪兒拿著放在靈臺上的那個紙房子。後面緊接著就是一長串的花圈，第一個拿花圈的人必須是亡人的大女兒，第二個是亡人的外孫，後面的人就隨便怎麼排列，拿著花圈就好，這個拿的花圈也不分的，就隨便拿著誰的就是誰的。在列隊的同時，靈堂這邊也在做著最後的準備，即抬老人上山的八個人在靈堂內包裹著內棺，他們將一條床單裹在內棺上，然後再用用長的白色的布將內棺纏繞幾圈，好在上山的時候方便抬上去。

　　發喪的時間經過看期的人算過，必須是下午三點以後，但是不能夠超過三點零三分，最好的時間是在三點零兩分的時候出發。其實在十多年前，橋頭鎮也和其他地方一樣，一般都是上午發喪，但是後來由於有人覺得這樣非常不方便，因為上午發喪一般就是早晨7、8點，這樣的話來幫忙的就必須前一天晚上就要到，然後就必須要解決他們住宿的問題，有時候人多了光是棉被

就要去借 100 多個，還要找地方給他們住，很是麻煩，也極其不方便，所以後面就改革，把時間放到下午，這樣的話那些幫忙的人就可以自己在自己家睡舒服，上午的時候慢慢過來都可以，這樣很是方便，所以普遍為大家所接受，到最後就直接所以的葬禮發喪都變成下午。

到了發喪的時間，這個時候就會點燃一個大鞭炮，前面拿著引魂幡、靈牌的一長列隊的人聽到鞭炮一響就馬上起身向墳那裡跑，後面的人會一直喊「前面的快跑，前面的跑快點」，然後就一直不停的快速跑上去。而後面的一聽到鞭炮響也馬上抬上亡人的棺材跟在隊伍的最後往上跑，在隊伍的中間和最後面分別有個人放鞭炮，一路都不停歇的從下面放到墳那裡，是在通知大家已經山上了，傳說這是為了催促前面的人跑快點，不要停下來，同時也是在驚嚇路上的鬼魂，把他們全部嚇跑然後就能順利的送亡人上山。而抬棺材的人在送棺上山的路上不能將棺材放到地上，因為這樣會讓棺材沾染地氣，會被陰間的鬼纏上，那這樣棺材就會越來越重，最後會抬不走，就不能把亡人抬上山，這樣亡人也會被陰間的鬼拉走，被搶走，成為遊魂，這樣是非常不好的。所以用 8 個人來抬棺上山，是有 6 個人在路上輪流的換著抬棺材上山，剩下的兩個人就一人扛著一根長條板凳，假如在路上需要休息，就把兩條板凳放在地上，把棺材放在板凳上休息，反正就是棺材不能放在地上。

在發喪的路上，我們向一個跟隨上山的人瞭解到，幫著抬人上山的 8 個人一般主人家是不給錢的，就是會給些煙，然後有的會買一雙鞋子，有些還會買些毛巾。

到了上山以後，首先映入眼簾的是整個墳是一個斜向的，而這個墳還只是一個土堆堆，然後在上山的左手邊堆放著花圈、紙房子等物品，正中間是墳，墳的周邊站在很多人，正對著路口的這邊站著獅龍隊、腰鼓隊、鑼鼓隊，都在準備敲鑼打鼓、舞龍舞獅。當棺材抬到了墳上的時候，就先把土堆裡的外棺蓋抬起來，然後就將包

裏棺材的白布條撤下來，用來將外棺的底部擦乾淨，然後將白布條丟出來，再然後拉過一條床單遮在棺材上，直到蓋棺後才將床單撤去。再將內棺輕輕放進外棺，放的時候腳朝著來的路那段，頭朝著山裡面這一端，然後亡人的親人將亡人的腳抵住棺材邊，再用內棺底的白布從亡人的腳慢慢向上裹一絲一逢都不露出來，直到亡人的腰部，亡人穿的是黑色的外衣，黑外衣上還搭著一層紅色的布。亡人的頭上用黑色的布套著，頭下墊著一個枕頭，亡人的親人將一遝紙錢墊在亡人投下，用枕頭下包裹好。然後就準備蓋棺了，這時候，亡人的女兒、媳婦等親人癱倒在墳邊放聲大哭，其情之悲，讓我們都不忍側視，在悲痛聲中，緩緩的蓋上了棺，然後由大家都講自己的孝帕扯下放在墳裡，表明自己是真孝子，然後最先由亡人的大兒子捧三捧土灑在墳內，接著其他人也都捧三捧土，這個沒有人的限制，只要你願意都可以去捧土，但是一般都是亡人的真孝子，真孝子就是族人中比亡人小一輩的人被稱作是「真孝子」，同輩人不是孝子，所以不用捧，其他人就更不用捧了，他們也不想去捧，捧了土在當地的老話說就是捧了財回家，捧完土後亡人的真孝子就回家了，剩下的只是些幫忙抬棺材然後再填土的人，還有一些幫忙的人坐在旁邊休息。

在大家都潑土完後就開始就開始打腰鼓、然後是敲鑼，再是吹號，然後是敲鼓，接著便開始舞龍，一共有兩條龍，都是婦女舞的龍在右邊，男人舞的龍在左邊，兩條龍從右向左的繞圈，同時也會有敲鑼打鼓的人說利勢話，然後就是舞獅的，一共有五條獅子，在前段舞出各種動作，還會繞著棺木轉，同時也會有人在那裡說利勢話，當獅子繞到棺木後方的時候就會給錢。當獅龍隊的表演完了以後，就開始填土了。填好土以後，將所有的花圈、紙房子、靈牌、引魂幡等全部要燒掉，只餘下一個亡人最大的子女送的花圈插在墳頭，最後一個步驟就是將鞭炮橫穿過墳身，然後點燃鞭炮，將所有的鞭炮全部燃盡以後，就再也不放火炮了，整個葬禮在下午三點半的時候也就隨之結束了。

最後只餘下一件事，就是從下葬的這天晚上開始，需要在晚上送三束火把上山插在墳頭，一般是三天晚上，每天晚上 6 點鐘的時候送一束，但是現在也有人圖簡單一個晚上送三束火把的。送的火把是用枯草裹起的，「一歲一轉」，也就是老人死的時候有多大年紀，就需要纏多少轉，送到墳上來以後才點燃插在墳頭，火把是由亡人的兒子送上來，假如亡者沒有兒子，女兒、女婿也是可以的，送上來也是插在墳上腰部位子的正中間，送上來是為了讓亡人可以吃煙。

　　在整個擺設靈堂的期間，都不能打掃屋子，假如掃的話就是將財往外掃，所以在下葬後回去就要開始打掃屋子。假如家裡兄弟姊妹多，大家關係都很好，那麼大家就可以同時拿起掃把開始清潔家裡面，假如關係不是很好，那麼就是在誰家擺的靈堂就由誰來清掃。

　　關於靈牌的寫法，靈牌是用一張紅色的紙沿著中線對折，然後用膠水黏住，再在兩端折橫處插上兩根竹簽，然後插在靈臺上。在最後那一天送亡人上山下葬的時候，就要由大兒子（假如沒有兒子則由大女婿）舉著靈牌站在第一個上山。

　　寫靈牌有許多講究，首先由它的內容而言，靈牌上面的正中間需要寫：「正薦轉逝亡人故顯考老大人靈位」。在左右兩邊會寫上一幅對聯右邊是：「金童報信去」，左邊是：「玉女往魂返」。這一幅對聯沒有固定的要求必須是哪兩句，也可以是右邊：「一炷冥香通信去」，左邊：「五方童子往魂返」。但是對於對聯唯一的要求就是左右兩句必須對稱，不能給有不同結構的詞相對。而對於正中間的那一列文字也有要求，在「轉逝亡人」後面的「故」字必須向右移出一格單獨成一列。緊跟在後面的「考」字，假如亡人是老母親的話就必須用「妣」字，而且跟在後面的「老大人」也必須跟著變為「老孺人」。最後的靈位兩字和前面的一列字隔開單獨而立。

　　對於寫靈牌還有字數的講究，在這裡就有「小黃道」和「大黃道」。

「小黃道」則是「生、老、病、死、苦」，在寫靈牌的時候就需要在旁邊的紙上寫下這幾個字，然後靈牌中間那一列字從上到下依次對應「小黃道」中的字，例如圖中「正」對「生」，「薦」對「老」，就這樣依次對下去，到中間那列字對完「苦」以後，下一個字又從「生」對著走，輪迴迴圈直到中間那列字全部對完。當靈牌中間那列字的最後一個字對在「老」字是最好的，對在「生」字也可以，但是對在「小黃道」中間的其他字的時候就是不吉利的，這個時候這個靈牌就不能用，寫得不好。

「大黃道」則是「路遙何日還鄉道遠吉時通達」，對於「大黃道」中的字的對應法和「小黃道」一樣，也是依次輪迴迴圈著對應，當最後一個字對應的字是帶有「　」這個偏旁的，就說明這個靈牌的寫法是很吉利的，否則也不能用。

寫靈牌必須同時遵循「大黃道」和「小黃道」的吉利方法，只要有一個顯示出這個靈牌對應的字不是所沿襲下來的吉利字，那麼那個靈牌都不能用。

關於「袱子」的寫法，「袱子」就是石柱縣橋頭鎮小輩用來表達自己不會忘記自己的祖輩而使用的東西，他們是用一整張製作紙錢的紙包裹住一疊紙錢，然後在最外層寫一些內容，在人死以後放在靈臺上的紙房子裡，也是在過年過節或者上墳去需要使用到的東西。但是在葬禮上和平時敬拜老輩子的「袱子」是不一樣的，葬禮上擺放的「袱子」被稱之為「過殿袱子」，而平日裡敬拜老輩子的「袱子」就叫做「袱子」。

在橋頭，除了死人以外一般敬拜老輩子都是在三十天、端陽、七月半和八月十五這四個日子，「袱子」需要寫這四個日子上去，但是是用另一個稱呼，三十天寫在「袱子」上為除夕，端陽寫在「袱子」上為莆節，七月半和八月十五都可以在「袱子」上寫為中秋。「袱子」中所有文字均以繁體形式寫成。

「過殿袱子」需要二十一封，分放于紙房子底層的兩端，每一封「袱子」上都需要寫字，二十一封「過殿袱子」中一共有十二個殿，還有九個配角。十二個殿分別是：一殿秦廣、二殿楚江、三殿宋帝、四殿閻羅、五殿五關、六殿卞城、七殿都市、八殿泰山、九殿平等、十殿轉輪、十一殿東役、十二殿南役，從一殿到四殿是陰曹地府裡的掌權者，從五殿到十二殿都是陰曹地府裡的關口。十二個殿以外還有九個配角，分別是：引魂將、引魂童子、開路將軍、開路童子、當方土地、橋樑土地、酆都城隍、大江土爺、舟夫。寫「過殿袱子」還需要一個「總袱子」，謂之曰：凡遇關津渡口橋樑土祗勿潯阻滯驗時放行。

「過殿袱子」是從右寫到左，豎排從上寫到下，內容為：「虔備冥紙一封奉上一殿秦廣大王案下了納轉逝亡人XXX天運X年X月X日化煉」。在「奉上」那裡，「上」不連接在「奉」後面，而是單獨提成一行，放在頂頭。內容中有空格的地方均為另起一行頂頭開始寫，而內容中的「秦廣大王」的「秦廣」可以替換成其他的十二殿的名字，然後到剩餘的九封寫到配角的時候就將「秦廣大王」全部替換成配角的名字即可，其他的均不變。

平日裡敬拜老輩子的「袱子」的內容和「過殿袱子」不同，但大體格式一樣，也是從右寫到左，呈豎行排列，從上寫到下。內容為：「恭逢除夕之期虔備冥錢X封奉上故祖母X氏／父X公學孝老孺／大人正魂僅用孝男／女XXX具天運XX年X月X日化煉」。其中內容中有空格的地方均為另起一行頂頭開始寫，而除夕也可替換成莆節或中秋，在「故祖」後「母X氏」呈豎行在「祖」的左邊排列下來，父X公則並排在「母X氏」的右邊，「學孝」則又呈豎行在「氏和公」的中間從上排列下來，在「老」後面，同排左邊對應著上面的母則用「孺」，右邊對應上面的父則用「大」，再下來又是「人正魂僅用」從上依次列下，在最後一豎行的年月日裡，要用天干地支的年號，然後月分則採用橋頭鎮人們對

每個月分的專門稱呼，一月為春月，十一月為冬月，十二月為臘月，月分是以農曆為 。後面的日子則要用 XX 數字寫成。

還有一種敬拜老輩子的「袱子」的寫法是：「今逢莆節之期 X 封奉上 X 氏歷代昭穆考妣高曾烈祖內親外戚左鄰右舍孑孤魂普通普均享孝仕 XX 具天運 XX 年 X 月 X 日」。內容中有空格的依然是另起一行頂頭開始寫，而「高曾烈祖」則是家族中的九代人，後面的日期的寫法均和上一條「袱子」的日期要求一樣。

關於花圈的寫法，花圈一般會分成三種格式的寫法，分別是孝子女的花圈、姪兒女的花圈以及其他關係的花圈。花圈的寫法分為上款和下款，上款在右，下款在左，下款的起始位置在上款的下面一點，呈從上到下豎列的形式，分別貼在花圈的兩邊。

孝子女送的花圈的格式是上款：「故顯考 XX 老大人仙游千古」。下款：「孝男／女 XXA／B 敬輓」。在上款種的「故顯」後面的「考」字要向右移出一格單列在豎行外，假如亡人是老父親的話，「顯」字後面就用「考」，假如亡人是老母親的話，「顯」字後面就要用「妣」。而「顯」字則只是老父親老母親才能用，其他的像叔叔叔母等都不能使用。在後面的「老大人」則是指的亡人是老父親，假如亡人是老母親的話，則要用「老孺人」或者「老安人」都可以。在下款中，假如家裡的幾個兒子要一起寫一個花圈給亡人，則用「孝男」後面跟上孝男的姓氏和字牌，然後將幾個兒子的名字的最後一個字則在下面一排分列左右。孝女也是同樣的寫法。

姪兒女送的花圈的格式是上款：「尊謀府 XX 老大人西逝千古」。下款：「愚表姪 XX 率族親友恭輓」。「XX 老大人」的「XX」是亡人的名，「姪」字是用於外姪、姑姪等親屬關係較近的姪兒姪女，而「姪」寫在花圈裡面則只是只該人和亡人是同姓，按字輩排能排到姪子的位子，但是不能給說和亡人是有特別親近的關係。

而在其他關係送的花圈的格式則是：上款：「大德望謀府XXX老大人仙游」。假如亡人是個婦女則寫作：「上款：承命下謀X母XXX老孺人仙遊」。下款均為：「愚XXX率族親友哀輓」。在後面假如亡人是個婦女的上款中「X母」中的X是指該婦人嫁入的夫家丈夫的姓氏，再後面的「XXX」則是亡人的名字。而在假如花圈是送給同輩分的人的話，「仙遊」必須被換做「安息」，因為「仙遊」只能用於長輩，表示對長輩的尊敬。而在最後面的「哀輓」也可換作「叩拜」等表示對亡人尊重的詞語。

關於引魂幡的寫法，引魂幡是懸掛在靈堂中間懸掛的白布的左邊，沿著白布的邊緣垂下。而引魂幡的最上面呈一個紅色的三角形狀，中間是一個記載了亡人生平的長條形的白紙，再下面又是紅色的，紅色底端有三個尖，每個尖上又會垂下三條白條，整個引魂幡的形狀如右圖所示。

引魂幡上寫字的部分也是用一張白紙沿著中線對折起來的，然後兩面都會寫字，在面向外面門口的這一面寫的是亡人的生平，他的出生他的死亡。而引魂幡的背面則是在正中間寫上佛教的經語，經語又由於亡人的性別不同而不同。然後在經語的左右兩邊又會寫上一幅對聯。

寫引魂幡的正面時需分為三列，分別為右、中、左，從右寫到左，右邊一列寫亡人出生的日期、時辰和具體的地址，中間一列寫亡人的名字以及引魂的文字，左邊一列則是寫亡人死亡的日期、時辰以及具體的地址。這是我們訪問劉支書知道的，在訪問到這個問題時，劉支書給我們寫了一份範例，是以當時馬鹿村的譚婆婆為例，內容如下：右列：「東來也：陽命生於辛卯年七月初七子時在重慶市石柱縣橋頭鎮馬鹿村興隆組興隆保生長全人民春光80歲止」，中列：「旛寶蓋騰空接引揖召新逝亡人故顯妣譚婆婆真三魂七魄四十八願籲速赴神旛之下」，左列：「西去矣：陰命歿於庚寅年八月初十亥時在重慶市石柱縣橋頭鎮楠木村橋頭組梧桐

街4號正寢病故享年80歲告終」。而中列的格式和靈牌等其他寫的格式一樣，內容也同時因性別的不同而不同。

　　寫引魂幡的背面同樣也有要求，也是呈三列豎行狀，中間為正文，兩側為對聯。當亡人是婦女時，中間的內容為：南無南海岸上紫竹林內救苦救難大慈大悲觀音菩薩金蓮之下。兩側的對聯可以為：金童報信去，玉女往魂返。對聯的內容不定，只要形式能對上即可。而當亡人是男人時，中間的內容就需要寫成：南無西方極樂世界阿彌陀佛接引導師寶座之下。兩側的對聯任意。這樣就寫成了一個完整的引魂幡，懸掛在靈堂之上。

| 14 | 2011.08.09 | 羅JL | 今天參加了長沙村聯方組陳華家的打酸糟，即當地小孩滿40天的請客酒，但並不是每家每戶都會打酸糟，這個是按各個家庭情況的好壞來決定的。

　　新出生的小孩是第三胎，戶主的第一、二胎都是女兒。打酸糟並不會放鞭炮來通知大家，都是通過村民口相傳得知的。然後同組／隊的河附近隊上的男女在第39天的時候就會過來幫忙。來得早的，早上過來。晚到的，就下午過來，然後就在「老闆」家吃午飯、晚飯和第二天的早飯。正餐是第二天的午飯。

　　幫忙的男人去借一些桌子、板凳，把他們搬過來，還有端菜、搬酒等事情，幫忙的女兒就是擇菜、做菜、煮飯、盛飯、刷碗等事情。

　　在小孩出生第40天中午是打酸糟的正席。開席前沒有什麼儀式，就是在上菜前，給每個人碗裡盛四個探源，然後就開席了。今天的正席擺在堂屋，採用輪席制度，一旦有新桌子收拾出來，客人就坐席。今天一共有五張桌子。

　　吃晚飯，鄰里親戚見聊會天就散席了。

　　進入堂屋的左邊一間屋子就是新生小孩的母親和小孩所在的屋子，同時也是禮房，禮房的旁邊就是廚房。 |

據介紹說，產婦的娘家（當地的術語是「媽屋頭」）在以前就會送傢伙，例如櫃子、碗等，然後還會送給小孩子穿的衣服和吃的，例如雞蛋、糖、肉等等，而現在就送一些衣服和吃的。而外人一般在以前就送穀子的多，關係好的會送50斤，100斤。一般的就送10塊錢或者白糖，而現在一般就送錢。現在送禮的人，在禮房中登記了名字以後就會得到主人家送的一個紅雞蛋和一把「香村麵」（速食麵），而還禮的習俗是從4、5年前開始的。

一般幫忙的，一般就是主人家送給男的一包煙，女的一包速食麵。

| 15 | 2011.08.10 | 彭YJ | 今天主要是對昨天田叔叔一家做瞭解，還有訪問了周阿姨一家。相比前幾天，我覺得自己瞭解的更細了一些。

報告人田爺爺，今年70歲了，甲子庚生年生，大概是1940年。據他介紹，是1965年結婚，跟老伴是在修公路的時候認識的，老伴是湖北人，來這邊親戚家玩，然後參加到宿公路路中認識，女方親朋介紹的。戀愛的時候也沒有給對方送特別的東西，一年以後他們就訂婚了。

訂婚的時候，女方給男方送了一支鋼筆，這個與田爺爺的職業有關。當時他是生產隊的文書。他自己描述說，當任文書有20多年了，在部隊的時候就是政治輔導員。男方給女方送的是一條正方形的帕子。

結婚的時候，報告人穿的是斜邊有口子的衣服，長褲，顏色為蘭色，鞋子是純手工做的，納的布鞋底，鞋面是藍黑色。他的老伴因為家裡比較窮，結婚的時候是穿的別人的衣服，並且是半長半短的衣服；穿藍色的長布褲子。

號稱扣碗肉，主要有土豆和麵，沒有真正的扣碗肉，是用南瓜切成薄片和麵一起充當扣碗肉，其他的就是一些素菜。請客範圍，親朋好友，鄰村的人；擺桌子10多張，喝的是紅薯酒，新房設置只有一張床，在女方嫁入後，還擺設了女方帶來的箱子和櫃子。

田應還，與妻子認識的過程，妻子原來是杭州人，打工的時候認識的，戶口留在杭州。妻子到自己家來以後，只是簡單地辦了結婚證，沒有舉辦婚禮。

　　LGB，原中益鄉人，現嫁入馬鹿村。認識，她跟她丈夫是通過介紹人認識的，介紹人是自己的舅娘，也是自己姐姐的婆婆。

　　說親：到她家去過 3、5 次，每次去的時候都要拿糖之類的東西，先看一下，認識一下，然後瞭解一下對方。在說親的這段時間，她和他很少一起趕場，因為兩個人趕場的時候去的場鎮都不同。當地有一種說法是一次看同意，二次看人戶，三次以後就可以定下來了。她選擇他的原因是因為自己比較相信舅娘和姐姐的眼光。在 2 年之後，也就是 1993 年，他們訂婚了。

　　訂婚的時候，男方帶女方去縣城耍，錢由男方出，並且給女方買衣服。女方家到男方家來訂婚，並且把自己的親朋好友帶到男方家裡來。請客範圍，親朋好友，並且雙方的親朋好友要互相認親，男女雙方都是。訂婚當天，男方給女方聘金 1,000 元，2 套衣服。並且男方要給女方的親朋好友給煙。飯菜主要是由扣碗肉、炒菜、涼菜等 13 個菜，9 個碗，4 個盤子，和的主要是白酒和啤酒。

　　結婚的時候聘金 1,000 元，10 套衣服，幾雙鞋子，像衣服、鞋子這些婚禮的時候就帶到男方家來。把煙、酒、糖之類的拿到女方去。女方家準備的嫁妝包括：鋪蓋、桌子、椅子、板凳、衣櫃、鞋子、床架、梳粧檯、衣服、鍋碗等。

　　正席當天，男方家到女方家迎親，還要帶上吹嗩吶的隊伍去，一路吹著到女方家裡。並且男方需根據離女方家距離的遠近來制定從家出發的時間，以免中午 12 點到不了女方家裡。阿姨還提到，如果男女兩家的距離較近，則在迎親時，男方需要繞到距離長一點路線到女方家裡。中午 12 點之前必須到女方家吃飯。吃過飯以後 3 點多，接親的人從女方家到男方家。女方到男方家時要進堂屋拜堂，三鞠躬，拜堂時主婚人念證婚詞，然後進入洞房。

鬧洞房，就是晚上的時候，有男方比較好玩的親朋會去心囊加吃瓜子、糖、花生，聊天等。

　　在男方家吃飯時，女方吃男方家擺的第三組飯，並且只能和送親的人在一起吃飯。男主人仔所有客人吃完以後才愛能吃。回門是第二天的儀式，在第二天吃過早飯後，送親隊伍先回去，然後新郎、新娘要給自己帶點糖，以表示心意，再回到丈夫家。

　　新郎結婚的時候穿西裝、打領帶，頭髮為短髮，帶著新郎的紅花標標誌。舅舅給紮達紅花的話，就斜挎栽身上。新娘穿紅色的衣服，紅色的褲子，自己做的布鞋，頭髮要紮起來，紮上由男方送的花，手上要帶手鐲，襪子顏色隨意，帶新娘標誌的紅花。

　　吃的菜肴有炒菜、扣碗肉等 9 個碗、4 個盤子的菜；喝白酒和啤酒。

　　結婚，領結婚證的過程亦很簡單，並且領證時沒有挑選的日子的習慣。陸阿姨描述，當初自己和他領結婚證時候結婚證上有兩人一張合影，然後雙方在結婚證上簽上同意就算是結婚了。她們舉辦婚禮的的當天，男方在婚禮當天給了聘金 1,000 元，有 10 套衣服，幾雙鞋子（衣服、鞋子一類的東西女方到男方家時，不留在娘家而是要帶到男方家裡。）聘禮當中，男方還要給女方家送去若干的煙和酒。並且所有的聘禮必須在正喜的前一天送到女方家裡。女方帶去男方家的嫁妝則主要有被子、桌子、椅子、板凳、涼席、鍋碗瓢盆、衣櫃、床架等一類的生活用品，數量的多少由女方的家庭經濟條件決定。

| 16 | 2011.08.10〜08.11 | 羅 JL | 在 8 月 10 日的時候，從長沙村村志上瞭解到幾個故事比較有意思，一個是胡紹奎孝仗之死，一個是八聖堂，一個是八個餵斷龍脈，一個是雙獅臥伏。從對這四個故事的簡單描述中，應該蘊含著當地村民的民間信仰有關的東西，但還未向村民們具體請教這四個故事的來源、發展等，所以還需要繼續挖掘。

在 8 月 10 日中午對譚文書的父親進行了一個簡短的訪談，在訪談中得知，他養了 11 頭牛，4 箱魚（每箱有一噸吧），18 頭羊，20 多個鵝，從上午到晚上的時間幾乎排滿了，按他算來，一年有一萬多的收入，在談及飼養牲畜有無什麼祭祀鬼神的儀式時，他談了自己對鬼神崇拜的看法。他認為：神鬼都是假的，是讀書人想出來的方法來逗人的，就是專門逗我們這些年輕人，那些看相、算八字的人，一天可以找幾百塊錢，安歇出去打工和出去讀書的，就會找那些人看，他認得那些人，會看人的外表，出得起錢的人，八字就算得好，淨說些好話；出不起錢的人，八字就算得差。

在 8 月 10 日晚上對雙堰組的曾老師做了訪談，從他那裡得知聯方寺以前有兩百多僧眾，但具體情況他不太清楚，後來回到他姨爹家時，他講到在文革以前，堂屋中間會擺天地君親師位，還會設神龕，家裡比較有錢的還會放一個做的很精細的香凳來放香燭，有的還會在家裡擺放祖先的牌位，一般按照男左女右、從上到下順序排列，但到文革時期，堂屋中二神靈等都被毛主席像代替，然後人們就會站在像前鞠躬，俗語云早請示，晚彙報。就是對當時人們對毛主席像的描述，但現在改革開放以後，國家尊重各自的信仰自由，所以有些人家也有復興家神崇拜，在堂屋正中間牆上貼上天地君親四個字。

11 日中午，對聯方組向傳江家裡進行了一個訪談，由經濟作物的耕種打開話題，瞭解到一些關於信仰的大概情況，拜土地菩薩就是放火炮，在大年三十的時候常常要祭拜祖先。吃飯之前要端三個碗和一雙筷子放在桌子上，請老輩子們過年，然後大家再吃飯，吃完飯以後就去墳上燒紙，向川江的妻子說，「如果不燒紙的話，就要托夢來說差錢，假如漿水的話也要托夢來說溝溝都要淹起了」。 |

17	2011.08.12	楊SY

去了馬之發家，調查了他們家才過門幾個月的兒媳婦和兒子的結婚消費問題。因為兒媳婦是福建人，所以結婚程序與當地相比起來，簡單了許多。

結婚的消費主要是：婚前夫妻兩個買衣服花了 1,000 元；婚宴的花費在 1 萬元左右（500 元酒錢、煙 1,000 元，菜肉等 8,000 元），共擺了六七十桌。新房子是在 3 年前蓋的，花了 8 萬多。當時的工錢是 30 多元／平方公尺，也不管三頓飯，現在是 60～70 元／平方公尺而且要管三頓飯，但是他們家受到了 4 萬多元的禮錢。村民給紅包是 20～100 元不等，但是舅舅一個人給了 7,000 元。總的說來，馬家結婚消費不算高，如果是當地人結婚的話就要差不多 5～6 萬元。在男方家到女方家取同意的時候，拿 100 元禮錢給女方，女方再回給 100 元。在這次中，女方拿錢，男方辦席，大約要在 5,000 元左右。男方要拿 2 萬元給女方，等結婚的時候，男方再給女方 2 萬元，並舉辦酒席。酒席一般與馬家的酒席類似。女方家送嫁妝給女兒，價值在 1 萬元左右，包括 10 套鋪蓋，和一些電器、傢俱以及生活用品。馬發之在結婚的時候只花了 50、60 元，但是吃了 1,000 多斤穀子，花費主要是酒（8 角錢一斤，花了 30 多元），衣服是去公社領了 30 套衣服，搬了六十張桌子。

現在，辦葬禮也要 1 萬元左右，一般是停放 3～4 天，具體時間根據看期而定，鞭炮一般是 2 箱，250 元／箱，主要是在吃飯之前放，告訴別人吃飯了。煙是 50 元／條，一般要 2,000 元。棺材是自己做好的，但是買木材也要 2,000 元左右。其他的就是肉、菜等亂七八糟的東西，親戚朋友要來追悼，一般給 30 元。親戚就要根據自身的情況給幾千元錢。

馬發之家一共有 12 個人的田，4 個人的地，4 畝多地，養了 5 頭豬（結婚的時候殺了 2 頭牛），2 頭牛。

12 畝田，一畝田產 1,100 斤，一年吃掉 1,600 斤，剩下的賣掉，剩餘 17,550 元。一畝辣椒約 4,000 元，還剩下 3 頭豬，賣 2 頭，約 3,000 元。養鱉一年養 3 次，一次賣 2,000 元，一年收入 6,000 元。打工收入在 2 萬元。

成本
包穀：種子 30 元／包 × 10 ＝ 300 元。
　　　肥料 18 包×100 元／包 × 3 次＝1,800 元。
　　　農藥 400 ～ 500 元，主要是除草劑。
辣椒：成本 200 元左右。
洋芋：施肥 100 元／包 × 1 包＝ 100 元。
水稻：種子 300 元／包 × 10 包＝ 300 元。
肥料：100 元／包 × 10 包＝ 1,000 元，主要是磷、氨肥、尿素。
牛：吃青草，枯草，少量的包穀粉和洋芋。
豬：一年吃豬草、洋芋和包穀，一般要吃上千斤包穀，9 角多錢／斤包穀，要上千塊的洋芋和包穀，豬仔一般是 20 元／斤，一般在 20 ～ 30 斤左右。
砍柴：天冷得時候山上砍柴，背下來用，男的一般不去，女的去砍柴，一年要燒 1,000 多斤柴，也有人燒包穀杆。

閒暇時，女的在家吃瓜子，烤火，擺龍門陣，男的一般打牌，主要是玩鬥地主、金花、三張，和打麻將，但是打麻將的比較少。

金花：一般是 N 人玩，每人 3 張牌，然後對比大小，規則是對子比單張大，連子比對子大，金花（同花順）比連子大，聖金花（連子＋金花）比金花大。

農事安排（農曆）
1 月　　栽洋芋
2 月　　農閒
3 月　　犁地，撒秧，灑包穀種子（清明前幾天都可以），穀雨以後灑水稻種子
4 月　　栽包穀（栽了 3 天以後打除草劑），栽辣椒、水稻，收油菜
5 月　　水稻
6 月　　除草、施肥
7 月　　除草、施肥、收包穀
8 月　　打穀子
9 月　　打穀子、曬穀子
10 月　犁田，種油菜
11 月　冬閒，挖冬土
12 月　冬閒，栽洋芋（打春之前必須栽下去，不然影響栽水稻），灑辣椒種子

| 18 | 2011.08.13 | 黃 YX | 橋頭鎮田畈村有 19 個核心家庭、13 個擴大家庭、4 個聯合家庭及 46 個其他類型的家庭組合形式。其中，入贅 10 例，外地人嫁入本地 5 例（沙子 1 例，湖北 2 例，中益 2 例）。本地人到外地者，三和 2 例，山店 1 例，龍沙 1 例，本地聯方組 1 例。

本地對入贅的一般解釋如下：外地入贅至本地，大多是高山上的，條件比本地更為艱苦。那些地方的女人通過社會逐漸發展，與外界接觸，瞭解了外面的世界和情況，因而想要改變現狀，所以很少嫁到本地，大多嫁到外地。所以高山上的男人很少能在該地找到老婆，又因為條件太過於辛苦，外地女人不願意嫁入，而男方家裡本來就有幾個兄弟，所以可以入贅到女方家。而本地女方家只有女兒，老人為了養老，照顧家裡的生活，並且家裡條件好一些的，就想要招女婿。

本地區外地上門的，也是女方條件比本地好，家裡不錯，而且女方要求如此，男方家裡也有一些兄弟姐妹。

另外，瞭解到有 1 例上門的是女方不願意嫁到高山上去，男方自願上門到此。

承上，三和 2 例入贅至外地的是兩兄弟。父母死後，兩兄弟全部入贅到了三和鄉。湖北入贅到本地的也是兩兄弟，兩人是湖北恩施和利川的，條件差於本地，哥哥是舅舅在本地介紹過來的，弟弟則是因為哥哥的關係，介紹過來的。

另外有一家入贅到山店，女方是老師，男方是本地人。

其中有一例較年輕入門，家裡還有女兒，兒子上門，今已離。

另外，問生育觀念，大多數人說生男生女都可以，只要養成人，成才，有能力就可以了。問及是否擔心生女兒沒有人養老的話，對方說可以上門（招女婿的），不用當心無人養老的問題。

與正常婚姻相比，入贅的婚姻是男方到女方家居住，但親屬稱謂是一致的。男方的為爺爺、奶奶，女方的為外公、外婆，後代跟著父親姓，而非是跟著母親姓。

女方對於招女婿的解釋是，找到一個勞動力做活，可以養老。 |

調查對象

ZXX，女，48 歲，原為都岩組人，WHX，49 歲，兩人當時是經過媒人介紹，由父母包辦的婚姻（女方），男方為男方自己找的媒人。那時女方父母覺得男方家離得近，家裡條件差不多，兩人在一起能夠吃飽飯，能過一輩子，便答應了。至於男方當時看中女方什麼，男方開玩笑說，因為她當時比較厲害。

問當地人找媳婦的時候是傾向於本地的還是外地的，他們說本地的還是比較瞭解情況一些，且來來去去花不了多少錢，方便一些。

當時他們取同意時，女方送男方用帕子包住的筆記本、筆以及盆、牙刷、牙膏等日用品，男方則是衣帽鞋襪，取完同意，又稱為吃定心湯圓。

如今，王、趙的一兒一女都已經結婚，女兒是同村 PXB 介紹，嫁到附近都岩組，兩家住得很近。

2009 年當時雙方同意時是在男方家裡，女方送男方衣襪鞋帽一套，男方送女方衣襪鞋帽一套、戒指、項鍊，趙稱，如今同意的話，一般是 2 萬元起。

結婚的時候由於兩家隔得比較近，酒席雖說一個辦 2 天，一個辦 3 天，但是由於客人差不多，早飯在女方家吃，娶完親，午飯人就都往男方家去。

之後第二天一早二人就回門，吃完午飯就回去了。

報導人

XXL，69 歲，58 年結婚，當時 16 歲結婚算年齡大的了。家裡有 3 個兒子，都已經分出去。當時還沒有計劃生育，所以有了就生。當時是小兒子的兒子也長大了，大概有 1、2 歲了，三兄弟回來一起分家的，自己覺得與他們合不來，且人多嘴雜，口角、紛爭多，決定全都分開。由於大兒子自己在石柱有成立新家，房子分了一棟，如今已經賣了，田分了 1／5，沒有分糧食，也沒有另立新灶。二兒子分了一部分房子，2／5 的田，分了一部分糧食，夠吃一段時

間了,生產工具什麼的都是自己重新購置。小兒子亦如此。當時小兒子是不想分的,當時他年紀不大,覺得老人住到一起,能夠幫忙照顧家裡,做活省事得多(兩老人的田分別分給二兒子和小兒子)。規定每個月一個人100元給XXL。過年時每人也會憑狀況給點,500,800元的,生病什麼的也是由三個兒子統一分布,輪流照顧。

| 19 | 2011.08.13 | 王P | |

今天我和孫J準備去合堡組住下,收拾東西準備離開時,王MY師兄給我們打電話説今天不用住下了,我們把東西都拿出來,就上山了。

我們大概8:40從鹿山賓館出發,改變路線後,約10:20到達合堡組的譚家。因為當時天氣炎熱,陽光毒辣,所以田地裡幾乎沒有人,只看到一兩個村民在包穀地裡除草。

我們現在一戶村民的屋簷下休息一會兒,閒聊中得知他家二兒媳為了照顧公公從外地趕到家裡,幫公公打理田地,準備收割包穀和稻子。隨後,我們去了合堡組唯一的五保戶[2]家裡。

訪談紀錄
報告人:滕某,男,71歲
　　時間:11:30　地點:報告人家裡

由於報告人妻子生病,在街上的關愛醫院,所以家中只有他一人。報告人見到我們到來,馬上去摘梨子、蘋果。談話中得知,他種了20棵梨樹,4棵蘋果樹,其中梨樹是報告人自己嫁接的,使得一棵梨樹上長了兩種果子。

報告人今年71歲,原籍是湖北恩施,妻子是橋頭鎮人。結婚數年後,由於橋頭鎮條件比原來居住的地方要好,所以1965年移到本地,至今已經有46年了。報告人有兩個女兒,均已過世。報告人主要收入有養老保險90元／月,五保補貼200元／月,種辣椒收入500元／年,梨子每年賣200元。由於報告人年事已高,無力將梨子運下山,所以今年無此項收入。

---

[2] 農村五保供養制度是中華人民共和國在農村地區實施的一種社會保障制度。「五保」是指對符合條件的供養對象提供保吃、保穿、保住、保醫、保葬(孤兒保教)等五項生活保障措施。

報告人說，他家用的是沼氣，任何時候都有，十分方便，因此很少燒柴。沼氣池以及其他設備和技術都是國家提供，個人沒有出錢。沼氣池在報告人房屋前面，由其一家專用。由於報告人是五保家庭，免去了他的稅費，但電費要交。電費是 5 角／度，兩個月收一次，由鎮上專人來收取費用，報告人家中每個月用電 30 度左右。

　　報告人告訴我們，水稻治蟲咬打三次藥，第一次是栽苗成活以後；第二次是在栽秧 50 天以後，即水稻生長的中期；第三次是在水稻抽穗的壞死後，大概為陽曆的 7 月底、8 月初。一般打藥的時間是下午即太陽下山以後，因為白天陽光照射強烈，藥性容易揮發，導致效果不佳。但下午以及晚上溫度低，農藥易沉澱，持續時間長，藥效較好。報告人表示包穀收穫時間為 8 月中旬，水稻收穫的季節是 9 月下旬。

　　經觀察，報告人家中門上右下角有一個長寬約為 30 公分左右的洞。報告人說是用於貓、狗、雞、鴨、鵝等進出用的，因為外出的貓、狗在晚上回家。報告人告知，紅白事、過年或天啟不適宜上坡的話，村裡少數人聚起來打麻將，一般是一個院子的人，男性比例大，並且一般都會玩錢。報告人每個月大約會趕 4～5 場，一般是買些生活必需品，還有賣辣椒或梨子等。

　　報告人告知，在解放前，石柱縣內農民大範圍種植鴉片，那時水稻、包穀種植量很少。那時，鴉片是在農曆 3 月種植，農曆 7～8 月收穫。其間也要除草、施肥。一畝能產 20～30 克鴉片，當時人們種植鴉片規模為每戶 3～10 畝。當時的石柱、恩施、黔江都大面積種植鴉片，但是 1949 年建國後漸漸禁止此類活動，鴉片種植也隨之消失。前幾年三益鄉還有人偷種鴉片，但如今在馬鹿村已經完全消失。

　　報導人向我們結婚介紹了當地的一些儀式細節。土家族採用土葬，老人去世後，會在靈堂停放最少 3 天才會下葬，為防止屍體腐敗，兒女們大都會租用冰棺來存放。葬禮前，去世人的子女會找風水先生定日期，選墓地。葬禮一般會舉

行兩天，下葬時採用雙層棺木。土家人一般會在60歲以後就開始準備自己的棺材，棺材選材、製作等過程，自己都會參與其中。老人去世後，兒女首先會給他換上專為去世的人做的衣服和鞋子。這種衣服在土家族被稱為「喪服」，顏色不分男女，主要有藍黑兩種，喪服一般是死者的女兒、兒媳來做，現在購買的也很多。喪服上不能縫扣子，用布條來固定衣服。有些比較富裕的人家，兒女會給去世的人準備很多套衣服，多則七、八套；少則四、五套，無論多少，都要穿在去世的人身上。去世的人穿的鞋子，土家族的人們稱其為「壽鞋」。鞋面有黑、藍、綠、紅四種顏色，男的一般以黑色為主，女的有綠紅兩種，但綠色更常見些。鞋底以黃、白兩種顏色為主。壽鞋一般做成方口鞋，鞋面用單層布就可以。鞋底類似於常見的千層底，把多層布疊在一起，用線縫起來。壽鞋鞋底的特殊性在於，鞋底的布必須是奇數層，三層、五層、七層最常見，每層布之間還要墊上筍葉。據說，這種鞋子，可以讓去世的人在另一個世界行走時，不會感到疲憊。去世人的親人，都可以幫他（她）做壽鞋。

壽鞋上香

在土家族，家裡如果有人去世，會立即通知死者的兒女親戚前來奔喪，然後會請風水先生確定舉辦葬禮的時間。到了舉辦葬禮的時間，辦葬禮的人家會放三個大炮，伴著若干小炮告知村裡人。同村的人無論關係親疏，都會前來參加，稱為「上香」。村裡人上香後，就會加入到葬禮的準備隊伍中。用松柏、竹子等搭設靈堂，靈堂裡要燃燭、焚香、點燈，寫用來懷念死者的白對子，準備陰符幡（用白紙做成，正面寫著死者的生辰八字，死亡時間；背面寫著觀世音菩薩），設禮房（收禮金），然後開始為第二天的酒席做準備。

陰符幡葬禮

死者的親朋好友在收到消息後，都會前來弔喪，並帶來禮金還有禮物，禮物有肉、糖、被子等，禮房會一一記錄在冊，弔喪的人會放火炮，以示對死者的懷念之情。如果是死者的晚輩，會在孝子的陪同下去靈堂叩頭。三作揖三叩頭，孝子也要陪行禮。主人家會給來弔喪的人送上孝帕，親朋的孝帕與孝子的寬度相同，但長度不同。孝子中，大兒子的孝帕長七尺，後面一個比前一個短一尺，女兒比兒子再短一尺，腰間會繫著麻繩。親朋的孝帕長五尺，沒有麻繩。除了親朋要給死者獻禮，兒女也要為死去的父或母親準備去另一個世界使用的物品。這些物品大都是紙做的，有靈屋、家電、動物等，有些還會紮童男童女送給死者，傳說到了另一個世界，童男童女會做死者的僕人和丫鬟。靈堂女兒或姪女還會專門為死者擺「賺碗」。「賺碗」是一種用來孝敬死者的禮物，用碗裝著水果、肉類、蔬菜等食品，擺在靈堂，為死者上恭。如果兩個老人有一個去世另一個健在（如父親去世，母親還在），會擺八個碗；如果兩個都已經去世，就擺九個碗。要求每個碗裡的東西不能重複。為了表達對去世的父親或母親的懷念，女兒女婿還會為去世的人請歌舞團。女兒多的情況下，可以幾個一起請，也可以單獨請。如果女兒家的經濟狀況不允許，也可以多放些火炮或鞭炮來彌補。親朋好友都到齊時，會給死者行三迎九叩的大禮。行禮時，兒子、女兒、孫子、孫女、外孫走在最前面，其他的親朋好友在後面，三步一叩頭稱為三迎，一共迴圈九次稱為九叩，一般會在距離很遠的地方開始，一路走一路叩頭，一直到靈堂結束。這種禮節，真的讓人覺得震撼，子女對父母的緬懷與不捨可見一斑。

八大夯

八大夯是葬禮中的一個特殊群體，他們是從同村來幫忙的人中特意挑選出來的人，在葬禮一開始就要選好。葬禮的第一天，他們會去墓地把墳坑挖好；下葬時，需要他們抬著棺材走在前面。這八個人選出後，主人家會給他們提供特殊招待，用最好的酒、肉、水果、香煙，回禮的時候得到的東西也會比別人多。

下葬

　　土家族的葬禮中，最隆重的就是下葬的時候。送葬時，「八大夯」抬著棺材走在最前面，後面跟著兒子、女兒、孫子、外孫，然後是其他的親朋好友。給死者的陪葬品也一起帶著，大兒子捧靈位，二兒子拿靈屋，花圈、紙紮的禮物由其他人拿著。棺材下地時，要舞龍舞獅，敲鑼打鼓，放鞭炮火炮等。表演結束後，由兒子帶頭，每個人都會向棺材上灑三捧土，向死者做最後的告別。然後，由八大夯做最後的埋土工作。下葬後，葬禮就基本結束了。辦葬禮的人家會給前來參加葬禮的人回禮，死者的晚輩會得到一個碗，兒子會把收到的禮物分一部分給女兒。來幫忙的人在每頓酒席後也會發東西，男的給煙，女的會給速食麵。下葬的當晚，會有人來給死者「送火」，幫他照亮前往異世的路。送火的燃料是由死者的兒子親手編的一種草辮，由稻草做成，很粗，分三股，然後編成跟髮辮一樣的東西（形狀跟清朝時男子的髮辮類似），髮辮的節數與死者的年齡相等，一節代表一歲。一共三根，分三次送，在下葬後的三個晚上，每個晚上送一根。送到墳上後點著，燃的越乾淨越好，如果碰見陰雨天，草辮熄滅了也不會重新點燃。葬禮結束後，死者生前用過的東西都要燒掉，房產由其兒孫繼承。以後每逢死者生日或逢年過節時，兒孫都會去墳上燒紙放炮，清明節時，要將白紙剪成條狀，掛在墳上，稱為「掛清」。死者的兒女，在經濟實力允許的情況下，在葬禮結束一段時間後，還會幫死者修葺墳墓，立碑等。

特別之處

　　在土家族，如果去世的是女人，還有特別的要求。死者的娘家人（可以是父母，也可以是兄弟，也可以是晚輩），可以到婆家對葬禮的舉辦提各種要求，這些要求一般是針對葬禮的規模，棺材的用料，壽衣的布料、件數等。在以前，如果雙方意見不統一，兩家還會發生衝突甚至出現流血事件，如打架燒房子等。關於衣服，一般娘家人會要求準備好幾件，不管要多少件，入棺時，都要給死者穿在身上。

| 20 | 2011.08.14 | 金 YF | 今天我來到都岩組一位老人的家中，向他瞭解人民公社時期的經濟狀態。這位老人介紹，當時一個鄉或一個鎮屬於一個公社，公社下面有許多生產隊，生產隊是當時基本的核算單位，他說當時他們生產隊共有50多人。每個生產隊設隊長一名，隊員的勞動實行工分制，隊員按照各人所得的勞動工分來換取報酬。1949年，中華人民共和國成立，打倒了地主階級，國家收回了最基本的生產資料──土地。1949年到1953年，土地所有權屬於國家，1952年國家實行土地改革，將土地的所有權給與農民。當時這裡是按照人口平均分配土地。農民擁有土地後，每家每戶成為一個基本的生產單位，自家生產的糧食歸自己支配。因為當時新中國剛成立，工商業發展程度較低，再加上生產技術和工具的落後，每家所產的糧食僅夠滿足自己的需求，基本上處於自給自足的狀態，土地與家庭勞動力的關係相對比較穩定，家庭勞動並沒有明確的分工，如果有多餘的農作物，人們也會拿到市場上去賣，因為當時沒有其他的副業，家庭經濟收入來源比較單一。

1952年到1958年期間，農業生產的合作化趨勢加強。1957年，國家實行「以糧為綱」政策，要求各地不惜一切力量提高糧食生產，當年家庭的勞動力幾乎都被束縛在土地上。當時的生產狀態已經是合作社的雛形了。1958年，全國各地紛紛建立起人民公社，當時這裡的公社一共有9個生產隊，每個生產隊的人數不等。實行人民公社後，土地所有權又從農民轉移到國家，土地歸人民公社所有和管理。在之前的幾年裡，農村普遍實行農業生產合作社運動，實質上是人民公社的前期階段，當時土地屬於國家所有，實行集體生產，集體所有和統一分配。在初級合作社階段內，土地和其他生產資料仍為私有，社員除了參加社內勞動之外，還可以耕種自留地和經營其他副業。社員的生產工具、樹木、家禽、家畜和其他生活自理和其他生活資源歸於全體社員所有。在高級合作社階段，社員的土地無償地轉為集體所有，家庭經營副業所用的生產工具和所得仍然歸社員私有。 |

集體時期，每個社員的日常勞動和生活都由公社統一管理和分配。當時最重要的生產資料是土地，而社員的日常生活就是統一勞動，沒有較大的自主性。那時候，他們年生產隊勞動一天可得 4 個工分。當時社員的勞動時間也是統一的，8 點出工，12 點放工，如果某一天社員出工遲到，會扣當天所得工分，如果哪天沒有去勞動，就當曠工。不但當天沒有工分，還要扣除前天所得工分。由於當時計劃經濟體制，社員的流動性和自主性較差，幾乎所有的勞動力都被安排到田地裡勞動。整個集體士氣，全體社員的日常生活都有公社統一安排，當時的勞動力的流動變遷僅僅與國家經濟政策有關，很少有其他因素的趨勢。社員勞動所產的糧食歸全體公社所有，由公社集中統一分配。當時公社分配糧食的順序是：國家公益糧，根據每年的生產狀況不同而比例不同，一般在 30～50% 之間。之後分配每個社員的基本糧，每人每年 360 斤穀子，無論男女老少都是一樣的。如果交的公益糧不能滿足社員的基本糧後，則按照所剩糧食數量按照人口平均分配。如果分配完基本糧之後還有剩餘，則按照家庭勞動力的工分平均分配。當時每個生產隊有隊長一名，屬於公社內部管理者，管理公社內部的各種日常事務，並不參加日常勞動。他們有固定的工資，每年二十幾元，這在當時是不少的數目，具有很強的購買力。公社內部的勞動力也有勞動力報酬，每人每個勞動日可得 8 分錢的報酬。當時公社對家庭經營其他副業有嚴格的限制，因為當時經營副業所需的生產資料歸全體社員所有，各種家禽、家畜也歸公社所有。所得也有嚴格的分配制度，他們公社的分配制度是二八分，即家庭經營副業所得 20%，歸家庭所有，80% 交給公社，歸全體公社所有。到 1958 年，國家要求各地大量鋼鐵，大幅度提高鋼鐵產量。根據當時國家政策指引，各地紛紛興起煉鋼鐵，許多年輕的勞動力流動到各地的鋼鐵廠，家裡只剩下老人和小孩。鋼鐵廠並沒有固定的工資，只有每天 2.4 斤糧食。鋼鐵廠的糧食由國家公益糧供應，工廠食用的糧食包括穀子和各種雜糧，

因為年輕的勞動力都脫離土地了，造成農村生產勞動力不足，加上之後的自然災害，糧食產量銳減。當時生產的糧食優先供應鋼鐵廠，造成家庭可食用糧食不足，各地處於饑荒狀態。這位老人年輕的時候就在當地的一家華西鋼鐵廠工作了7年，後來被下放到田地上。當年各地為了滿足鋼鐵指標，幾乎傾盡一切的生產和生活資料，家庭裡的各種生產和生活用具都被當成煉鋼的原料和燃料，甚至挖各家房屋的泥土來建煉鋼爐。在這一政策下，當地農業廢弛，生產下降，生活秩序處於混亂狀態，生活極端貧困，因為當時家庭的勞動力幾乎都被束縛在土地和鋼鐵廠，缺乏勞動力和生產資料，家庭根本無力經營其他的副業，沒有其他的經濟收入。後來國家政策改變，鋼鐵廠的勞動力又回到土地，當地的經濟狀態又恢復之前的狀態。

直到1978年，黨的十一屆三中全會的召開，家庭聯產承包責任制，實行包產到戶，當地在1981年開始包產到戶政策，土地所有權屬於國家，家庭只擁有土地的經營權，可以出租，不允許買賣。單個家庭成為基本的生產單位；但是分田地的原則是水田和其他土地分開，年輕勞動力和老人平均可分得1畝水田和1畝土地，小孩只能得到大人的80%，即一個小孩可分得8分水田和8分土地。實行包產到戶後，人們的生產積極性和自主性大大提高。家庭勞動所得歸自己支配，各種生產生活資料也實行私有制，當時人民公社集體所有的生產工具由各家各戶出錢購買成為私有財產。當時人們除了種植莊稼外，也有力量和資源來發展經營其他副業和飼養家畜，之後當地的經濟狀況有所好轉，集市比較活躍，當地開始出現明顯的貧富差距，擁有各種生產資料和較多勞動力的家庭開始富裕。

1978年後，國家實行改革開放，東南沿海各地紛紛建立工廠企業，各種企業發布招工資訊。但是因為當地交通比較閉塞，資訊傳播管道較少，招工資訊傳到當地時間比較晚，主要是一些在外面的當地人聯繫本地親戚，得知這些資訊後再當地互相傳播，從80年代中後期，當地年輕人紛紛走上了外出打工的道路，家庭經濟來源從土地轉移到外出打工和經營其他副業。包括現在的年輕一代，都外出打工，將老人和孩子留在家裡。

| 21 | 2011.08.16 | 楊SY |

一、勞作篇

雙堰組的田地並不差,分田之後每人 1.1 畝田和 8 分地,並且實行的是「生不添、死不收」的原則,人糧矛盾一直得不到解決。後來農作物新品種改良,產量得到了大幅度的提高,人糧矛盾得到了緩解,有的人家已經有餘糧了。到了 1995 年,大量人口外出務工,人糧矛盾得到了徹底的解決。

耕種方式和施肥方式也改變了。現在的耕種方法一是把在家把種子撒在秧盤裡,然後把秧盤背到坡上,把秧盤放在磨好的地上,上面撒上細土,覆上地膜,待秧苗長到 20 公分的時候,就把秧苗栽到大田裡去,但是現在人們很少使用這種方法,原因是雖然在栽秧的時候這種方法比較省勞力,但是還要將秧苗進行轉移,總的來說耗費勞力時間。另外一種方法就是在事先犁好磨好的地裡撒上農家肥和化肥,然後把種子撒在秧床上,上面用竹子搭一個棚子,覆上塑膠膜。不論是現在的那種方法,較比之前的方法都省了很多的勞力。隨著科技的發展,機械的使用率越來越多。

在人們外出務工之前,人們在冬天會種植小麥和土豆,但是現在只是種植土豆,因為種植小麥需要勞動力,青壯年去打工了,老年人就不願意再種植小麥了。

在大量外出務工之前,這裡的收取來源主要是農業和畜牧業,現在的比較富裕的人家都是在外面打工的人家。人們出去務工之後,由於青壯年勞力減少,一般只剩下老人和小孩。在農忙時節比如栽秧或者收包穀時,人們就會與自己的親戚或者是關係比較好的鄰居換工。這種換工互助的形式即解決了因為人力單薄而錯過農事的困難,也增進了村民之間的感情交流。但是現在換工的規模和範圍越來越小。

二、生活篇

長沙村雙堰組的居民是主要居住在 3 層樓的土房子裡面,一樓主要是廚房和廁所,以及可供堆放雜物的空間。二樓一般是臥室,三樓人多的人家是用來做臥室,人比較少的人家就一般閒著或者堆放雜物。

近十幾年來由於人們出去打工，思想觀念有了很大的變化。再加上經濟條件的改善，只要有經濟條件的人都開始修建瓦房，人們修建瓦房一般也是修三層，分配格局和原來的土房子沒有很大的差別，但是大部分人家會裝修二層，第三層並不居住也不裝修。修建瓦房的大部分是年輕人，人們會留著第三層為將來兒女長大後居住或者結婚使用。大量的村民外出打工，閒置的房子很多。

　　雙堰組所在的地方是石板，缺少儲存水的地質條件，以前是村民幾家合打一口井，水井水位很高，周圍用石頭砌上，村民只需要提著水桶，用瓢舀水便可，但是若是遇到乾旱的年分，吃水便沒有保障。後來為瞭解決這種情況，由政府出錢和物資，為村民修建了自來水，所以現在村民每戶每年要繳水電費六、七十元。

　　在雙堰組，每家都有自己家的山林，平常煮飯的柴是去自己的山林砍來的。在大量人口外出務工之前，這裡存在著社會矛盾，其中最主要的原因是人口眾多，再加上當時建造房屋，需要大量的木材。另外，當時的山林規模和樹木沒有現在這麼的茂密和樹木高大，只是一些很小的樹木，而現在山林裡的大樹很多。現在修房子都是用水泥、樓板等，樹木的消耗很少，在加上現在能源的多樣化，有電飯煲、電壓鍋以及即將投入使用的沼氣，都將大量減少木柴的使用。另外人們還會燃燒稻杆、包穀杆等，包穀杆大約也有可以一樣燒1、2個月，但是更多的人家是用包穀杆和稻杆來做引火的。其實在2000年政府出資修建了沼氣池，但是由於施工品質不合格，導致了全村的沼氣池原來僅僅有3家可以使用，其餘的人家全部不可以使用。

　　以前，大米、豆腐和玉米都是用人工磨的，是很傳統的石磨，效率非常的低，但是後來通電後，人們開始了用機器。1982年，長沙村開始通電，發電站是在現在的趙山溝的位置，但是發電站的發電量很小而且很不穩定，電量只夠電燈泡的使用，帶不起別的電器。當時的電費是按燈

泡個數來計算的，每個燈泡每月電費 2 元，再使用了 2、3 年後，由於水量的變化再也帶不起電，人們就改用橋頭鎮的發電站，這時候電量比較大，所以全村人開始慢慢的買起機器來了。一位村民買了一臺大型的粉碎機，供村民粉碎大米、包穀等，價格是 2 元每 100 斤，但是後來慢慢的小型的粉碎機進入了村民的家中，人們就再自己家中粉碎稻穀和包穀，這時候的電費是按使用量來計算了，每度電的價格是 0.2 元，但是由於當時的電器並不是太多，一般家庭只有電燈，個別家庭有個收音機，所以電量使用的還是比較少，每家也就是每月 2 至 3 元的電費。這種情況一直到 1998 年國家電網通到長沙村。再加上受惠於國家政策及村民慢慢的經濟條件改善，特別是外出務工人員的增多，各種家用電器出現在村民的家中，尤其是電視機和無線電接收器的使用，使人們更加方便、快捷的瞭解外面的資訊，改變了資訊閉塞的情況，人們的生活發生了很大的改變。

在雙堰組修瓦房的人家，大部分是年輕人出去打工賺錢回來修的，或者是寄錢回來讓老人修建的。生活水準上，家裡有人在外面打工的生活條件就要好一點，比如電冰箱的使用。在雙堰組有 7、8 戶家裡面有電冰箱，這些人家全部是家裡有人在外面打工掙錢的。沒有在外面打工的人家經濟條件就要差一點。

三、觀念篇

時代的變化，當地人的思想觀念也發生變化。村民告訴我們，在長沙村 50、60 歲的老人基本上沒有受教育。30 歲左右的年輕人，教育水準在初中甚至以下。文化水準的低下，對他們在外面打工帶來了很多不利的影響，有技術要求的工作做不來，只能從事一些勞動密集型的企業的工作，比如玩具生產流水線、製鞋廠、建築工地等等。這些經歷讓他們深有感觸，感受到了知識的重要性，於是他們就想讓自己的子女受到更好的教育，即使花錢多一點也沒有關係，於是他們回到家就會對自己的子女說要好好學習，甚至有人為了子女能更好的學習，放棄在外打工回來照顧、管教子女。

家庭關係也慢慢地發生了變化。在人們未出去打工之前，人們結婚一年左右便開始分家，分家主要是由老人說了算，一般情況下並不找別人來證明。分家主要是分房子、田地和一些生產資料，女兒不分家產，分家後兒子和老人分開居住，但是住的一般是比較近的，兒子也要負責贍養老人，女兒沒有義務贍養老人，但是出於道義也要贍養。但是現在因為很多人在結婚前就出去打工，結婚後又出去打工，所以分家也就簡單了很多，也可以說是不分家，因為即使是分家，兒子出去打工，田地還是要老人來種。即使是有兄弟幾個，但是都在外打工，分家也就不重要了，如果有人在外面打工，有人在家裡面，那麼在家的兒子在平常生活中就要多照顧老人一些，在外面打工的就多拿一點錢來照顧老人，這樣就達到了一個平衡。

| 22 | 2011.08.17 | 羅 JL | 長沙村聯方寺（已於解放後被毀，現在只餘下地基）。

聯方寺始建於一百多年前，具體時間無法考證，裡面有幾十座佛像。興盛時聯方寺內有一百多個和尚，早晚都有和尚拿著大木棒敲三次鐘，然後上一炷香。但是在建國以後，聯方寺被毀，裡面的和尚也只剩下一個和尚苦苦支撐，幾代過來，聯方寺周邊的土堆堆全是那時和尚的墳墓。

聯方寺位於橋頭鎮長沙村聯方組，這也是合村並組後聯方組名字的來源，它坐落於公路邊往山上走大約5分鐘的路程的空地上，在解放後聯方寺被毀以後，政府將聯方寺的土地劃分給當地的貧農作為民居使用，所以在現在看來，整個聯方寺被民居所占據，只剩下幾座殘存的神像和遺跡。

聯方寺內的正中間的是坐著比一個人還高的釋迦佛，他的兩邊分坐著十八羅漢，在寺廟裡還坐落著觀音菩薩、山王菩薩、土地菩薩、二郎神、菜婆、牛王菩薩、太陽神、月亮神、星星神等。在解放前香火鼎盛，人來人往的，大家都喜歡到寺裡面去燒香拜佛，祈求家庭和順、出行平安等。

聯方寺的來源傳說是在很久很久以前，釋迦佛從天上逃下來，在人間到處遊歷，最後找到了這麼一個地方，就定居了下來，但是玉皇大帝不願意讓他一直在人間，覺得這是違反了天規，所以就派了觀音菩薩下來捉他回去，所以觀音就來到這裡給釋迦佛說：「你快點跟我回去。」結果釋迦佛看見後就說：「你坐會兒嘛，等會我們慢慢談。」等觀音菩薩坐下來以後，釋迦佛就一直在給觀音說這裡怎麼怎麼好，結果觀音也不回去了，就在這裡住下來了。結果玉皇大帝看觀音也不回去了很生氣，又派下十八羅漢來把釋迦佛逮回去，結果釋迦佛也用對待觀音的同樣的方法把十八羅漢也留在了這裡，而十八羅漢還分坐在釋迦佛的兩側。後面玉皇大帝又派下了土地菩薩、二郎神等等，都被釋迦佛留在了聯方寺內不回去了，漸漸的，聯方寺內神仙的陣營漸漸壯大了起來，就形成了一個聯方寺。

聯方寺內各種神仙的來源也有很多傳說故事，但是由於知道的人很少，筆者也並沒有收集完全，只有部分的內容。

山王菩薩的來歷：山王菩薩以前是個人，在世為人的時候很神通廣大，什麼都知道什麼都敢做，他其實是個強盜，是在山裡面當大王，大家就都叫他山王。在他死了以後，大家都覺得他很好很厲害，所以就把他的像塑成了菩薩，然後把他當成了神來拜，有什麼事情都去找他。（講訴人：ZQH）

太陽神和月亮神的來歷：山王菩薩以前是一個強盜，他的名字叫做山王，是一個壓寨大王，他到處搶東西，有一次走到一個地方，看見那個窄縫裡的人都在黑漆漆的地方生活著，他覺得不忍心，所以就跑去偷了一個太陽來，但是太陽會落土（下山），落土以後那個地方還是漆黑一片，所以他又去偷了一個月亮安上面，雖然沒有太陽那麼亮，但還是能夠給漆黑的地方增添一點亮光。（講訴人：ZQH）

由於聯方寺早已被毀，時間已經過去了幾十年，很多現在 60 歲左右的人都沒有看見過聯方寺，所以對於寺廟中各個神的外形，筆者確實無法做到準確的描述，只是通過筆者的訪談以及實際的現存神像可以稍微的推斷出一些神像的特徵。

　　釋迦佛是聯方寺中最大的一尊佛像，盤踞在聯方寺的正中間，管著所有的神，它是坐著的，但是都有一人多高。十八羅漢則是分成兩列分列於釋迦佛的左右，而這邊的觀音菩薩和大多數地方的觀音菩薩的形象一樣，下面的坐榻是蓮花，端正的坐在坐榻上面。山王菩薩則是一個有三面的神，它有三個臉，下面騎著一個大貓，所以也經常聽見説山王菩薩管大貓和蛇。土地菩薩有些只有一個圓形的石頭代替，但是能夠在上面隱隱約約的看見眼睛嘴巴的輪廓，但是大部分還是一個具有人的形象的感覺看起來憨態可掬的形象。而二郎神則是和神話形象中的一樣，腦門上有第三只眼睛。聯方寺有幾十座的菩薩塑像，但是能夠具體描述出他們的特徵或實體形象的數量確實很少。

　　在聯方寺內有那麼多個神，大家都有自己分司的不同職能，同時這也是一個神在群眾心中階層的劃分，以及屬性的劃分。

　　像釋迦佛，他就是主管聯方寺中的各個神，因為從傳説中來看，就知道是釋迦佛最先來到聯方寺，再從他塑像的位置來看，坐立於聯方寺最中心的位置，從而更確定了他的中心位置，再是從老人的嘴裡得到了印證，釋迦佛是什麼都要管，而且連寺裡的神都歸他管。

　　其實很多神的職能都有交叉，並不是説每個神就只是管自己的那一塊，譬如説在求平安的時候都可以求求十八羅漢，也可以去求觀音菩薩，沒有特別的劃分説必須去求這個，或者必須去求那個。而十八羅漢和觀音菩薩都是分管一些日常生活中的職能，譬如説身體不好了，又或者是説家裡有什麼不順利的事情都可以去求。

| 23 | 2011.08.10 ~ 08.18 | 袁L |

在此以長沙村雙堰組的曾家為例,來展示一下橋頭鎮各村子裡的宗族情況。

一、關於曾家

曾姓家族原來在長沙也是大戶人家。當然長沙的曾姓也是從外地遷入的。最早發生於「湖廣填四川」的時候。曾族原籍在湖南的孝感一帶。入四川的第一批首先落戶於忠州,即今天的忠縣。曾族上曾有人任過忠州知府,後來被農民起義推翻統治,子孫開始四處流散,其中一支便來到了橋頭鎮。

長沙原來有一個退官員,名叫曾永道。曾在省裡面主管考試工作。告老還鄉後為曾姓修篡了族譜,立下了族規,並組織曾姓族人修建了宗族的祠堂(聯方寺的前身)。按族規,長沙村的曾姓子孫每年六月九日都要在曾族祠堂裡擺席,開宗族大會,祭祀祖先,同時也在族長的主持下商量決定族內的大小事務。這一宗族活動在解放後被禁止了。

曾永道為長沙的曾姓立下了字輩排行。是一首五言律詩:

世尚永承宗,人文啟化洪。
正大光興德,和平紹祖功。
友能宜作國,安本應還忠。
克書良家訓,昌明而吉逢。

村中的馬姓、譚姓也有自己的字輩排行。如馬姓的是:應亭丹榜鬥,千里萬宏宗,光召明德,茲培世澤,勤學茂修。如譚姓的是:從先啟後,玉代長傳春,萬世光宗德。從這幾姓人所擬的排行中,我們可以看出濃厚的宗族味道。(以上字輩是根據老人的口述擬成的,沒有找到對應的文字資料,個別的字可能有誤。)

曾永道就屬於「永」字輩了,在他之前還有「世」字輩和「尚」字輩。而最先入籍石柱縣橋頭鎮長沙村的曾氏祖先是「世」字輩的。現在雙堰組姓曾的最老的時「化」字輩的(曾化成68歲),最小的輩分已到了「大」字輩,按每一輩人25年的週期計算,從永字輩到現在的化字輩約有200多年的歷程了。

據曾茂林的回憶，曾姓氏族是從湖北的麻城、孝感一帶遷徙過來的，最先到達橋頭鎮的曾氏祖先的確切名字叫「曾宜洪」，按曾永道所創立的輩分排序來看，這個曾宜洪比「世」字輩還高一輩。他是長沙曾姓的一世祖。按我的推算，他應是從康熙或者雍正年間就遷來了。

二、關於曾姓宗族的遷徙，這裡還有一個傳說

話說曾宜洪早年家貧，四處流浪，步入中年後有了四個兒子，即曾世榮、曾世華、曾世富、曾世貴四兄弟。曾宜洪初入長沙村時用一個籮筐挑著自己的四個兒子，非常的窮困潦倒。有意思的是，曾宜洪隨身帶著一個神奇的水瓢，據說這個水瓢是用猴子的頭蓋骨做成的，它能夠檢測出一個地方水質的好壞。曾宜洪帶著這個水瓢流浪，用它檢測自己所到過的每一個地方的水質情況，本意是想只要發現哪裡的水質較好自己就打算在哪裡定居。當他來到長沙村時，用自己的水瓢試了一下這裡的水，可是發現這個村子的水一般，不是很好也不是太壞。於是他決定繼續到其他的地方去看看，他又挑著自己的四個兒子遠離了長沙村。走了很長時間後，他又發現了一處水源，自己覺得很好，就準備用那個神奇的水瓢測試一下水質，可這時他才發覺自己把水瓢落在了長沙村喝水的地方。逼不得以，他又挑著四個兒子返回了長沙村，再回長沙村之後，他看了看長沙村的地形發現還不錯，就勉強接受了這裡的水質，最終在這裡定居下來。

現在的曾姓的老人說到這個傳說的時候總認為這是上天的旨意，是上天讓姓曾的在長沙村繁衍生息，才故意讓曾宜洪的水瓢掉在了長沙村。

三、曾家祠堂

據曾茂林回憶，曾氏宗族原來有一個公共的祠堂，這個祠堂是在曾永道的主持下修建的。在曾永道時代，曾姓中有一房人家沒有兒子，只生了兩個女兒，這一家人有很大的一塊地，這些地若是租出去，每年可收 40 石糧食的租金。這兩個女兒長大後都嫁到了其他的村子，她們的父

母親去世後，自己家的田產就引起了宗族成員的爭奪，為此還鬧出了很多的矛盾。於是這兩個女兒便出面表態，願意將自家的田地出讓，修建長沙曾姓宗族的祠堂。後來果然在族長曾永道的主持下修建了曾氏祠堂。據說這個祠堂修得很宏偉很漂亮，只可惜這個祠堂在解放以前因一些變故被改建成了寺廟——聯方寺。解放後，國家大力掃除地方迷信活動，聯方寺也在文革中被毀壞殆盡，現在我們除了能看到原來的曾氏祠堂大門前的兩個石獅子以外，什麼也看不到了。荒草中掩藏著的兩個石獅子，是長沙曾氏宗族百年興衰的一個縮影和象徵。

四、曾族譜系圖

很遺憾，我一直沒有找到曾家的族譜，只能從曾家金單簿上查到的長沙曾氏的各代人（不全）：一世祖：曾宜洪。世字輩：曾世榮、曾世華、曾世富、曾世貴。尚字輩：曾尚義、曾尚秩、曾尚碧、曾尚琳、曾尚珩。永字輩：曾永觀、曾永春、曾永吉、曾永通、曾永達、曾永適、曾永惠。承字輩：曾承會、曾承東、曾承柱、曾承惠、曾承發、曾承海。宗字輩：曾宗發、曾宗璉、曾宗啟、曾宗德、曾宗富、曾宗貴、曾宗支、曾宗文、曾宗華、曾宗瑚。人字輩：曾人斌、曾人林、曾人安、曾人壽、曾人貴、曾人明、曾人福、曾人欽、曾人友、曾人興、曾人卯。文字輩：曾文春、曾文福、曾文吉、曾文祥。啟字輩：曾啟發。化字輩：曾茂林，曾化富、曾化然、曾化成、曾雲從。

五、曾茂林一家的譜系簡圖

曾宜洪。曾世華。曾尚義。曾永達。曾承會。曾宗德。曾人明。曾文春。曾啟發。曾化成、曾化樹、曾化富、曾茂林。

曾宜洪有四個兒子，以下就分為四房，也就是我們所說的四大家支，曾茂林這一房是曾世華的後裔，屬於第二房。

曾姓從永字輩就開始產生了小地主，到宗字輩的時候以有了幾個較大點的地主，只是由於資料缺乏，我們很難再準確地說出曾姓各房曾出現過的地主的名字。

幸運的是，曾茂林作為第二房的後裔，還能回憶起本房的發展歷史。據他說，從他曾祖曾人明那一輩起，就已經是本地很有名的地主了，到了祖父曾文春的時候，家裡每年可以收 30 石（一石約 500 斤）租子了，後來成為長沙村另一位地主的譚萬雲此時也只是曾文春家裡的一個長工。曾家祖上富有時，不僅田產多，還有人三妻四妾。下面是我在曾家留下的金單簿上找的一段祭文：「自生巨族，適配寒門，夙勤婦道，素穩閨儀。事翁姑孝養克盡，相夫君溫柔恒存。本期琴瑟長調，得償齊眉之願。誰知命途多舛，忽作鼓盆之歌？金鏡再圓而再破，愁腸彌結而彌深。不伸一忱之追修，有負數載之恩愛……」。

　　祭文中所提到的王氏、李氏便是曾承海的小妾，從中可見曾家之盛。

　　曾家的富足一直沿續到了曾啟發這一代，後來是因為曾啟發大抽鴉片，和橋頭鎮的大地主打官司才讓家庭敗落下去。所以到了曾茂林這一輩的時候，曾家其實上已經與一般的貧農差不多了。解放後，地主世家遭到了長期的鬥爭，曾啟發及其兒孫們都吃了很多的苦。

六、關於曾啟發

　　曾啟發是曾文春之子，是曾茂林的父親。原是長沙村有名的地主，中年以前家裡還很富裕，他活得也算瀟脫，20 歲之後，他患上足疾，從此以後便成了跛腳，行走不太方便。但是他憑藉著祖上傳下來的家業，依然是本村的有名地主。他揮金如土，飛揚跋扈，好吃鴉片，愛吃喝玩樂。又常不惜代價和當時橋頭的最大的地主楊家相對抗，所以逐漸把家業敗光。用本地人的話說他是「相當的拽」。在解放前，曾啟發一家就已經徹底的敗落了。解放後，曾啟發被評為「幹惡霸地主」，受盡了各種鬥爭，自己的家人也大受牽連，他於 1977 年在貧病交加中死去，結束了自己複雜的一生。

七、曾家祖墳

曾家祖上曾修建有祖墳。據曾茂林講，他們曾家的祖墳曾是長沙村氣派的，老族長曾永道的墳墓更是宏偉，墳墓前方還立得有高大的石幡。修墳的石塊要幾十個人才能抬得起。曾族的很多祖墳一直保留到了文革以前。在文革中，曾家的所有祖墳都被拆掉了，拆下來的石頭用來為生產隊修豬圈了。當時，譚啟貴是石匠，他也參與了拆墳，曾家後人認為曾譚兩家的關係一直不錯，譚參與拆墳只是受時代所迫，所以沒有必要責怪於他。也有人認為譚啟貴之所以積極的同意拆掉曾家的祖墳，是因為想要保住自己家的祖墳。直到現在，譚啟貴的父親、祖父的墳墓依完好。而與譚家祖墳相鄰的曾氏祖墳卻蹤跡難尋。

曾家本有自己的族譜、宗祠、族規、族產、祖墳。可是解放以後，這些東西都被毀壞，現在都不復存在了。好在曾家子孫興旺，他們祖原有的一些非物質的東西仍在保留著。我看到，曾家依然提倡尊老愛幼，依然每年都去祭祀祖先，曾家的男姓在家裡的地位還是高於女性，曾家男姓老人依然是實質上的家長，曾家依然注視每個人的排輩，曾家甚至還保留著祖上傳下來的勤勞、好學的傳統（子孫中出了幾個大學生）。雖然這些表現遠不及解放以前了，但是它在精神上同樣還是傳統宗族觀念的那一套。

八、宗族關係

（一）曾譚兩家關係

雖然長沙村現在並沒有明顯的宗族，村中有好幾個大姓，比如馬、譚、楊、向、陳、曾等。這幾個大姓占了長沙村人口的絕大部分。

其中楊姓、譚姓、曾姓都曾出過地主家庭。三姓之中又以楊姓為盛，楊家本是橋頭國的土皇帝，其實力遍及石柱、豐都一帶，甚至在整個西南地區都小有名氣。橋頭鎮是楊家的大本營，據老人們說原來長沙村的很多土地都是楊家的。除了最有實力的楊家以外還有其他一些中小地主，曾姓和譚姓便是長沙村的有名的地主。關於曾姓地主我們已經說過了，現在咱們來說說譚家的故事，說完譚家的故事我再說曾譚兩家的關係。

說起來，姓譚的在長沙村也是貧苦的農民。之所以會出一個地主，完全是勤勞致富。長沙村的第一個譚姓地主叫譚萬雲，以前是一個本分的農民，沒有上過學，用當地的話是「鬥大的字認不得一籮筐」。可就是這樣一個人卻偏偏成了富有的地主。他的發家是靠兩件法寶；一是勤勞，二是能把握機遇。說他勤勞是因為譚萬在 30 歲以都還在為曾家做工，他一邊自己家的活，一邊還到地主家打工，漸漸的有了一點小積累。後來在國民黨的統治下，他又把握住了機遇，那時種鴉片是不違法的，譚就大面積的種植鴉片，從中賺了不少錢，後來他買地置產，靠買賣大米賺錢，終成了地主。

　　譚萬雲的後代沒有什麼特別的建樹（那時正是解放後到文革期間），沒有對家庭帶來更多的貢獻，但是他們卻憑藉自己的勤勞和堅毅保持了家庭的富裕。從譚萬雲到其曾孫譚佳鳳這一輩，他們這一家都是長沙村最富裕的家庭。雖然在解放後譚家做為地主也受到了鬥爭，但是譚萬雲、譚嚴科父子卻將家產保存了下下，以致於在改革開放以後譚家又迅速的振興。

　　在村民的記憶中，譚啟貴（譚萬雲的孫子）是第一個修磚房的人。而現在的譚佳鳳的家境也算不錯（他有自己麵包車、是村上的文書、房子也是磚房），很多村民都羨慕他。可以說，雖然譚萬雲這一家談不上大富大貴，但是按照村中的標準，卻也算得上是打破了「富不過三代的」定律。

　　近百年來，以曾啟發、譚萬雲為代表的曾譚兩家算得上是長沙村的兩個大戶了，他們也成了曾譚兩姓的代表人物。要想瞭解村中的家族關係，這兩家人的關係不得不說。從我的調查中，可以描述出曾譚兩家人的關係概況：

1. 曾家在曾永道時代便已經是大地主了，發家時間上要早譚家五六十年。譚萬雲和曾啟發時同時代的人，譚萬雲幫曾家做工一直持續到三十多歲。據曾家的後人說，譚萬雲和曾啟發的關係一直都不錯。

2. 譚萬雲成為地主後，曾家已經敗落。據曾家後人說，曾啟發把為自己修墳的石料賣給了譚嚴科。後來的譚萬雲的墳就是用這些石頭修築的，我去看過，的確十分宏偉。
3. 在解放後，曾譚兩家作為地主有過相似的遭遇，實際上曾家被定性為「地主」，譚家只是「富農」，譚嚴科在文革中曾參與拆除曾家的祖墳，但是曾家人認為那時特殊時代下的不得以的行為，也沒有太放在心上，所以兩家關係還不錯。
4. 在現在，曾譚兩家已不再是這個村子中最富裕人家。兩家的後人並沒有直接的聯繫。只是大家都喜歡談論兩家人過去的一些事情。

（二）曾楊兩家的關係

曾啟發與橋頭的大地主楊家的「吆少爺」有著很深的矛盾，兩個人年紀相當，相互鬥爭了幾十年。

說起來，兩家人的矛盾是起源於一件小事：曾啟發二十歲之後便是一個跛子，起路很不方便，為了便於行走，他花錢買了匹好馬，經常騎著自己的駿馬去橋頭的街上趕集。恰好這楊家的吆少爺也是個紈絝子弟，特別喜歡跨馬遊街，當他得知曾啟發有一匹好馬後，便一心想據為己有。他想了很多的辦法，可曾啟發偏偏軟硬不吃。久而久之兩個人之間便產生了介蒂，後來又不斷鬥爭，矛盾不斷升級。

曾啟發一生與楊家打了幾十場官司，楊家也曾派人暗殺過曾啟發三次。但由於曾啟發隨身配有手槍，並雇傭了三四個貼身保鏢，因此楊家的暗殺才沒能成功。同時，當時的橋頭鎮還屬於豐都縣管轄，而當時的豐都縣長又恰恰姓曾，與曾啟發有一定的宗族淵源關係，曾啟發當時的實力遠不及楊家，只是靠著一個縣老爺撐腰才有膽和楊家鬥爭。也正因為有這層關係，曾啟發總是勝多敗少。

雖然曾楊兩家有過很激烈的對抗，但是這種對抗並沒有發展成為「世仇」，他們的子孫後代沒有介懷於前輩人的矛盾衝突。曾啟發與「吆少爺」的糾葛也沒有波及到兩姓人之間。在曾啟發死後，兩家便再沒有產生過矛盾。

（三）曾姓可查的通婚情況

世字輩：曾世榮——佚名、曾世華——佚名、曾世富——佚名、曾世貴——佚名。尚字輩：曾尚義——楊氏、曾尚秋——鄧氏、曾尚碧——佚名、曾尚琳——彭氏、曾尚珩——譚氏。永字輩：曾永觀——彭氏、曾永春——譚氏、曾永吉——簡氏、曾永惠——楊氏、曾永達——佚名、曾永適——佚名。承字輩：曾承會——、曾承東——向氏、曾承柱——馬氏、曾承惠、曾承發——馬氏、曾承海——劉氏、李氏、王氏。宗字輩：曾宗發——佚名、曾宗璉——佚名、曾宗啟——劉氏、曾宗德——馬氏、曾宗富、曾宗貴。人字輩：曾人斌——譚氏、曾人林——譚氏、曾人安——向氏、曾人壽、曾人貴、曾人明、曾人福、曾人欽——譚、曾人友、曾人興、曾人卯。文字輩：曾文春、曾文福、曾文吉、曾文祥。啟字輩：曾茂林——陳氏、謝氏，曾化富——譚氏、曾化然——向氏、曾化成——劉氏、曾雲從——楊氏。洪字輩：曾沙清——楊氏、曾田平——馬氏、曾洪勳——楊氏、曾洪軍——馬氏、曾支軍——孫氏。

個別姓氏統計：

譚氏共 6 位；馬氏共 6 位；楊氏共 5 位；劉氏共 4 位；彭氏共 4 位；向氏共 3 位；陳氏共 1 位；鄧氏共 1 位；熊氏共 1 位；謝氏共 1 位；孫氏共 1 位；簡氏共 1 位；李氏共 1 位；王氏共 1 位。

曾家的通婚網路只是一個代表，據調查馬、楊、劉、彭、譚、向是長沙村的主要姓氏。在村中我們發現這幾姓之間相互通婚的情況比較多。我在調查中也的確發現，村中這幾姓之間總是有著親戚關係。A 姓與 B 姓是姻親，C 姓與 B 姓是姻親，D 姓與 C 姓是姻親，最後發現 D 姓與 A 姓又有姻親關係。像這樣的情況在村中是普遍的。

| 24 | 2011.08.02～08.20 | 屈 J | 第二天趕場，繼續前往場鎮街道上，混臉熟。YQY 是 TBF 的妻子，趕集的這一天，他們一家人會起來很早，然後將要擺來賣的貨物放好。平時的店面是服裝店，所賣的衣服、褲子、襪子等貨物都是去萬州、重慶進貨，因為交通順暢所帶來的便利性，如今大家幾個做服裝生意的人都是合夥包車去進貨，直接從橋頭出發，並不經過石柱縣城，並且可以做到「當天去當天回」。很少留宿在外，這也省了一筆食宿的費用。TBF 告訴我，畢竟他們做的也只是小本生意和城市的大店面不能比。差不多也就是一個季度去進一次貨，冬天進貨的次數較多。當時我還很費解，後來漸漸地我才明白，老百姓冬天穿得多，消耗的也就多了，夏天的衣物可以一家人換著穿，老的傳給少的，大的傳給小的。

TBF 的服裝門面平時賣服裝到了趕集時，就在自己門面外的過道上擺上一個攤子，賣一些種子（花菜、大白菜、紅蘿蔔、紅菜苔種子等等），同時也賣香料（花椒、胡椒、茴香、桂皮、香葉等等）。坐在攤位旁邊，我和 TBF 聊到了怎樣製作「鹵水」的方法。他告訴我，通常情況下老百姓都是用：白口、八角、茴香、香果、砂仁、草果、胡椒、丁香、三柰、用紗布把這些香料包在一起和水一起熬，丟入需要鹵制的食物，其他所需要的鹽、醬油等等也還是要準備的，熬的次數越多越好。

TBF 門面的隔壁是一個鐵匠鋪，YCC 是這間店鋪的主人，也是名副其實的鐵匠。玩笑中大家把話匣子打開了，YCC 很客氣的邀請我坐在裡屋，順便我也觀摩了一下這間鐵匠鋪，雖然不是完全傳統意義上的鐵匠鋪。但這是與現代完美結合的店鋪，機械化的器材以及半機械化的鍛造工藝。YCC 也告訴我，以前的手藝還是有的，傳統的火爐子都還在，如果有需要的，還是會打造一些刀具，所用鋼材現在也是從石柱縣城進貨。YCC 告訴我，他從小就跟著家裡人學著打鐵，自己都已經有了 30 多年的手藝了，全家已經是六輩人的打鐵手藝。同時我也只歎可惜了 |

YCC 家沒有家譜、族譜一類的東西。關於打鐵 YCC 也只挑涼快的時候打造，他說：「『六月間不打，臘月間不打』。現在打造的品種沒有以前那麼豐富了，平時以農具為主，打造點火鉗、鋤頭、釘耙、斧頭，小孩子玩的鐵圈兒，生活上用的一些鐵器，牛脖子上用的鈴鐺等等也會多少打造一些賣出去」。聊到高興處，YCC 還把家裡收藏到得一件清朝末年煮酒的器皿給我搬了出來，這件玩意兒是一口錫鍋，雙層，用來煮酒。大概有 100 多年的歷史之久。他告訴我，「圓頭灌水，尖頭出酒」就是這件器皿的正確使用方法。

站在場鎮的街道入口，看著陸陸續續的人群往來於各個店鋪和小攤位之間，這樣的場景不禁讓我想到，在早期的社會裡，人們會不會也就是通過這樣的方式來進行溝通、交流，以此完成資訊的傳遞。而不是如現在的城市那樣，人們坐在家裡可以完成購物、交流但是卻沒有了那種人情味，沒有了走親訪友的真實感。

通過趕場時的訪談和觀察發現，走路到場鎮的老百姓居多，大家三五相邀一早起來吃了早飯以後就來趕場了，隨便買點小貨物就行了。大的物件（比如化肥、飼料等等）都是做生意的老闆開車送到村子裡面去的。最近幾年因為道路的暢通和修築，不少的村子裡已經通了公路，也有一部分人是坐車去趕場，趕完後也坐著班車回家，這樣就方便的多，省時省力（建立在相對富裕一些的家庭）。整個橋頭鎮有一家電信公司、一家聯通公司、兩家移動公司的話費充值處，其中一家移動公司的營業人員告訴我，周圍的各個鄉村都沒有代理點，只有橋頭鎮上才有。很少有人代交話費，到了趕場的時候，交話費的人就特別多，一般來說，大家交了錢都差不多是管一個月的，有個什麼變數的話，趕場的時候就可以交了，要不就是找人代交一下。通過瞭解，對兩家移動公司的客戶數來看，神州行的用戶相比動感地帶來說占得份額要大的多。平日裡（除了趕場），一天頂多也只有 100～200 元的充入值，

到了趕場的時候，大家就要排隊繳費了，一次充入 100、200 元的用戶也有，因為便於管理所採取的實名制，要求老百姓攜帶身分證辦卡，很多方面也對文化水準不高的村民帶來了許多便利。月底和月初的幾個趕場時間也是充值的「高峰期」，一天下來的業務要比平時多了許多。

每個鄉村、社區都有自己獨特的地方，它與城市有著極大的反差，至今保留著的趕集（當地方言：趕場），在橋頭鎮上的時間為每個月農曆的初二、五、八。每當遇上趕集，鎮上的街道擺滿了貨物，雖然相比城市來說在農村社區的貨物品種會很少，但是有些貨物是我們在城市所不能見到的。每到趕集的那天，場鎮的街道上人頭攢動，家家戶戶背著背簍，人們會一邊聊天一邊挑選好自己所需的生活用品。在這種趕集的活動中，已經有很多的消息在不斷的傳播，只是大家不曾感覺到而已。國家政策、家長里短等等都是大家聚集在一起交流的內容，一個村的資訊通過在趕場的活動中傳播到另外一個村的某戶人家，這就是傳統的小範圍人際傳播，在大部分的情況下，這種傳播比網路、電視在當地的社區環境中更加有效、快速。例如，我們本次田野調查工作的一行人剛剛到達目的地的之後 6 小時，場鎮街道旁及周邊地區的村民就已經知道了。第二天一早開始，因為趕場，社區內的人就已經完全知道了。

每進入一個田野點，努力讓自己在第一時間去瞭解該社區的特色、熟悉這個社區，並且這也是讓社區中的人群熟悉自己的一個過程，兩者相互進行著。THC 先生是最早吸引我的，我看見他的時候，他正坐在一樓門面的長條凳上，手裡拿著一件小玩意兒來回的在凳子的另一頭摩擦著，走近才發現 THC 手拿著的是一件銀色小鋁器，這件鋁器其本身就是普通雨傘的鋁制骨架。THC 先生告訴我，他將「骨架」一頭在磨子上磨尖，用錘子錘彎了用來作魚鉤用的，這是可以用來釣大魚的，實則相當於通常所謂的「海鉤」。THC 和鎮上大部分人一樣是喜歡釣魚的，並沒

有將其作為生計方式，而是自己的一種興趣和愛好，因為騰子溝庫區的修建，以前的小河溝全都被淹沒了，之前用的小魚鉤現在是很難用得著，庫區裡面大部分的魚都是較大的，類似10來斤的野生草魚普通的魚鉤是很難釣起來的。THC說自己沒有怎麼花錢買魚鉤，都是自己做，因為只是興趣愛好而已，就沒必要去花錢。釣魚只是自己打發時間的一項活動而已，能夠釣著魚就帶回家吃，從不拿去賣，釣不著也不會覺得有什麼遺憾。

　　為了發現老人家是否為釣魚愛好者，趁此機會到他家一樓的內屋到處轉轉，順便瞭解了一下房屋的構造，THC先生家的一樓為廳堂、廚房、廁所，二樓為起居臥室，三樓也同二樓一樣。在交談過程中，他說之前自己的一樓用來開過餐館，不是酒樓那種。同時也說到，因為他們同屬庫區移民，從原來的「老街上」搬上來後，大部分人的房屋構造基本一樣，類似有規劃的修建，我們也不難發現在靠場鎮北邊的新房子都是這樣的構造。

　　THC就是當地人，1976年至1997年曾在橋頭鄉政府財政所工作，後來調到三益鄉政府基層辦公室工作，2001年退休。現有一妻一女，原本還有一個兒子，去年不幸因為車禍去世。退休後一直都有退休工作，生活上能夠過得去，因此也才有閒暇的釣魚時間。女兒如今在悅來鎮開了個門診，和女婿一起，兩夫妻有一個兒子。女兒和女婿所辦的門診為村級合作醫療藥店，女兒也是衛校畢業，女婿原本在三益鄉醫院工作，因為醫院的體制改革，自願出來單幹由衛生局組織辦起了現今的門診部。女婿是有固定工資，每月有1,000多元，如今的門診點也不是個體經營，而是屬於合作醫療，服務一個片區，周邊三個鄉的人都去那兒看診。

　　2010年人口普查時，橋頭鎮共有村民2萬多人，現在是住的新城區，住在橋頭街上的大部分都是2004年時搬上來的庫區移民，當時是橋頭鄉政府徵用馬鹿村土地用來安置庫區移民。交

談中，不少的人也參與到我們的談話中，大家互相「擺龍門陣」（聊天的意思），我發現這居住在街上的幾個人都是姓譚的，並且和我的受訪者沒有任何親戚關係，只是認識，耍的好而已。通過交談，當地人告訴我，他們這地方一直有句俗話，說的是關於姓氏的多少、家族的大小的問題，內容為：「譚三千，麻八百，姓向的，了不得」。

路遇 XCF 老人對同行的另一組同門說起白塔、巫塔、三多橋的事情，引起我的好奇。這村鎮取名為橋頭，卻不怎麼見到有特色的一座橋樑，這使得我不得不尋找是否有過什麼樣的歷史記憶和傳說？老人家說，這橋頭沒有修建庫區以前，在老橋頭壩（原橋頭場鎮）兩側各有一座橋，取名為三多橋和鐵索橋。當時都是為了方便橋頭村的人通行，如今橋已被淹沒，原先村裡面距離老橋頭壩近的那一部分人出門趕集得繞兩個多小時的圈子才能到達。冬天時，小孩子們上學也極為不便。通過觀察，已經有不少的渡口修建起來，學生上課期間大部分也是住在學校。

TBF 先生是我在場鎮上遇到的第三個受訪者，他告訴我一部分關於三多橋的記憶。他也是小時候從老一輩那裡得知，三多橋原先有三層木結構的吊頂造型，後來不知原因就拆掉了兩層。橋拱中間的平行線位置有一米的距離，當時吊著一把用純鐵鍛造的大刀，用粗鐵鍊懸吊空中，兩邊則垂直吊有兩條鐵鍊，下雨天時整個三多橋呈現出四面流水的壯麗景觀。懸吊的大刀被當地人稱為「斬龍劍」。當時造橋的石碑至今仍然存在，只是因為修建庫區，水漲起來後把它淹沒了而已，水位下降的時候人們還是能夠看見那座石碑依然矗立在三多橋旁邊。

橋頭鄉當時有位大地主，在其府下有白塔、巫塔兩座。當地人也流傳著「巫塔對白塔，發財不過楊鎧甲」的俗語。解放後，巫塔拆掉時，楊府也垮掉了。拆掉白塔後，就修了電影院。楊府的棄宅就用來修區公所、小學、中學和醫院。在解放前，楊家仍有宰殺大權，統管三益、中益、橋頭各村。

從 2011 年 8 月 3 日開始至 23 日結束，馬鹿村莊屋組是我開展工作的田野點，共有 62 戶人家，201 個常住人口。

　　與報告人 RMH 先生一家的訪談中得知，R 先生四兄妹是 X 老人的養子、養女。R 先生 10 歲時生父去世，死前交待過後將兄妹幾人過繼給 X 老人養大成人。當時 X、R 兩家關係相當要好。R 先生生母不知去向。

　　L 與 R 是組合的家庭。L 與前夫生有一子（即 XC），XC 的生父在其 3 歲時就跑出門，不管不問也不再撫養兒子，XC 就一直由母親帶大，9 歲時 L 出門打工也把孩子一起帶著，XC11 歲時 L 帶其回到中益鄉大坪村娘家人屋裡。L 是在 XC13 歲時改嫁到 R 先生屋裡，XC 也就一起過來了。

　　L 與 R 現生有一女，10 歲，在橋頭小學讀四年級，名叫 RM。

　　R 先生早前因為眼睛高度近視，因此失去了當兵的機會，一直在家裡務農，農閒時還出門打短工，幫別人做活路。在家務農時，一次不小心把自己的手指讓切菜機絞斷了，因此留下了殘疾。現在家裡常住人口 4 人（X 老人、R 先生、L 女士、RM），家裡有田地，平時也就靠 R 先生出門打散工和種莊稼賺錢養活一家人，弟弟 XKY 每年也會從雲南思茅寄錢回來給父親。田裡就只種水稻（麥子），地裡種玉米、辣椒、紅薯（都是一年一熟），同時家裡還喂了兩頭豬。2008 年以前還養過肉兔，種種原因導致後來沒辦法養殖下去，最多時達到 50 多隻。

　　二弟 XKY，18 歲時前往雲南思茅當兵，後來就在當地安家落戶，現如今在當地教育局工作，自己也開了一個不小的餐館，有 20 多個員工。每三年回老家一次，大部分情況下是在過年時回來，家裡有個啥子事情也會回來，今年母親去世時就已經回來過了。

與 M 老爺子（72 歲）交談是機緣巧合下都在同一個地方「歇氣」時聊上的，鄉土村民的淳樸的風格就從他身上體現了出來，老爺子主動找我開了口。

　　據瞭解，M 老先生一共用了兩個名字，字不同而已，發音還是一樣的。早前是重慶市忠縣磨子鄉人，1983 年才搬到拱壩組。M 老爺子有個哥哥，哥嫂是拱壩組人，因為一次前往大舅子 TDK 屋裡吃酒的機會來到拱壩組，隨後不知明的原因下，M 老爺子的哥哥就留到了拱壩組，從忠縣組織部轉了戶就住在拱壩組了。

　　LXF，現任橋頭鎮馬鹿村村支書 LBF 的父親。當時任現在拱壩組的組長，但是 LXF 是殘疾軍人，行動上不太方便。M 的哥哥留在拱壩組以後，LXF 得知 M 在忠縣磨子鄉也任隊長，因此請老鄉 HYL 代寫申請書交給公社請求把 M 調過來任隊長替換自己。得到組織上的批復後，M 從忠縣組織部取得檔案資料（戶頭）帶著全家搬到了拱壩組。

　　1983 年搬過來後就一直當隊長，這一干也就是 15 年。當年過來的時候只有 70 多人。M 老爺子說到一件讓他自豪的事情，當年全鄉要搞地圖測繪時，要在地圖上標清地名。M 老爺子見拱壩蓄水來造福山上的農民，就說到：「乾脆就叫拱壩組，造福嘛！」。從這以後，村上的人都知道這是拱壩組了。

　　莊屋組的組長也是村委裡的文書，因此就出現了一名老黨員出任好心傳話的那個人，他就是 LXQ 老爺子。LXQ 老爺子已經有 70 歲了，入黨 38 年，家裡有兩個兒子、一個女兒，老伴兒在 6 年前就去世了。女兒嫁到莊屋組 LWK 的屋裡，兩個兒子也已經結婚生子，但是現在都在外打工。LXQ 在 1965 年左右當過民兵排長，文化大革命以後就當了民兵連長，1969 年的時候就是現在莊屋組「中院子」位置這個範圍的一隊隊長，上世紀 80 年代退下來，1998 年左右當時沒人願意去當隊長就把 LXQ 又推出來繼續搞了幾年工作。LXQ 老爺子告訴我，政策檔發到隊

裡，紅白喜事的傳播是提前幾天趕場的時候互相轉告，或者喊別人帶個口信。現在有了手機、座機也方便點，隨時通知到位。在 LXQ 的記憶中打工出去的最早一部分人差不多是在 15 年前。當時有個「知青」在長沙村下鄉，後來知青下鄉活動完了後回到重慶開了個襪子廠，不久後回橋頭因為都熟悉所以準備招一部分老鄉過去打工，在工廠學習用機器做襪子，後來一傳十、十傳百就把資訊傳開了，年輕的人就慢慢的出門打工賺錢了。大部分的消息都是大家通過趕場就互相轉告，得知大量資訊。

　　類似 R 先生屋裡一樣的情況，很多人家裡都將之前有過的信件給燒了。那個時候還只是老橋壩街上有個「郵局」——郵政代辦所，信件的往來都需要去郵局寄和收。很多村民也不識字就叫人幫忙看了說一下，知道了信件內容後，帶回去給家裡人看看來信了，轉告一下後就沒怎麼留著，大部分情況下作為火引子給燒了，要不就拿去茅房用了。在我所調查的這個社區（小組）裡面，能夠留下來的，也僅僅只有一戶人家，而且也只是一小部分。

| 25 | 2011.08.21 | 金 YF | 當地另外一種普遍的家畜是長毛兔，以前有很多家庭都有養長毛兔，養長毛兔的成本主要就是買兔子，餵養的飼料一般都是自家從田地裡割的草和自家種的農作物，不會從外面買其他的飼料，不需要太多的投入，據當地人介紹，一個小的長毛兔價格在 100 元左右，6 個月就能夠長大，小兔一天要吃兩頓飯，大約 3 兩飼料，大的要 4、5 兩；除了草之外，他們還會用包穀、洋芋和紅薯做飼料來餵養，一斤原料可以打出一斤左右的飼料；養長毛兔的收入就是賣兔毛，兔子長大後就可以剪毛，一般是兩個月剪一次，一年就能夠剪六次毛，一個兔子每次能夠剪 2 兩毛，好一點的可以剪 3 兩，現在兔毛的價格是每斤 100 多元，這樣每只長毛兔每年能夠為家庭帶來 200 多元的收入，之前勞動力充足的時候，每家都能養 20～30 隻；但現在當地養長毛兔的已經非常少了，即使有規模也很小，就幾隻，據當 |

地人介紹，有的家庭不再養長毛兔主要是許多年輕人都外出打工了，家裡只有老人和小孩，光農業就要占用家庭的大部分勞動力，無力再飼養長毛兔了，另外一個原因就是現在長毛兔的價格比原來高，而兔毛的價格卻沒有提高，經濟效益沒有以前好；正是基於這兩個原因，現在很多農戶已經在不養長毛兔了。據他們介紹，當地政府對養兔子有一定的政策鼓勵和支援，對達到一定規模的會給予一定的補助，但對於一般的家庭養殖戶來說，很難達到政策的要求，沒有條件享受當地政策的優惠。

當地連方組的有一家大規模發展養殖業的，家裡飼養了三千多隻肉兔，在當地有很大的影響，是當地發展養殖業的典範；我對這家養殖戶進行了專訪，全面的瞭解了他們的整個養殖過程和經濟效益。

個案分析：養肉兔的經濟效益

8月21號，我對長沙村連方組的YZR、LXN夫婦進行了專訪，這家是當地有名的養殖戶，他們家裡一共養了三千多隻肉兔；這家一共有五口人，上頭父親還健在，有兩個孩子，一個女兒和一個兒子，女兒28歲，畢業于重慶的一個專科學校，現在在鄰鎮的一中學教學，已經結婚，並在石柱縣城買了房子；兒子今年21歲，在重慶的一家制門場打工，還未結婚。這對夫婦從1991年開始外出打工，2005年結束打工生涯開始發展養殖業，據他們介紹，當初他們準備養豬，但由於家庭和政府的宣傳，認識到養兔是個好產業、產品好、成本低、潛力大，他們才決定養肉兔。決定後就開始做前期的準備工作，他們還介紹，前期準備工作主要有三個方面；由於當地自然條件不佳，地形崎嶇，場地一直是發展養殖業得瓶頸；他們的解決辦法是和自己的親戚合作，利用親戚的房舍和場地；他們出資金和勞動力，反正和他們合作的親戚常年在外地打工，並在石柱縣城買了房子，村裡的房屋對他們的作用不大，但具體的報酬他們並沒告訴我，只是偶爾給他們幾千塊錢。另一個因素是資金，雖然他

們在外地打工達到十四年，但大部分用於子女的教育上。滿足不了養兔的投入，他們的採取向銀行貸款和向親友借錢的措施，因為養兔是當地政府積極鼓勵的一項產業，政府出臺了許多扶持政策，他們向銀行貸款有政府的擔保，再者養兔是一個潛力大的產業，所以資金不是一個難以解決的問題。最後一個因素就是確定種兔的來源，因為種兔的品質直接決定了後面兔子的生產、銷售和最終的效益，所以他們在選種兔上花費了較多的時間，他們說這也是必須的。據他們介紹，有的人為了圖方便，只看供應種兔的是不是大型的兔業公司，自己並不知道什麼樣的兔子才是合格的兔子，沒有因地制宜的選擇適宜當地自然環境的種兔；最後生產出來的兔子品質很差，體型小、病害多，銷售肯定也會受挫，虧本是無疑的。他們還介紹，當地就有一家養兔的由於品質問題虧本而不得不放棄養殖業；所以他們在選種兔這一環節非常的謹慎，在親戚的介紹和自己外出的瞭解以及政府的引導，他們選擇了石柱縣的綠家園公司，這家公司在當地有較好的口碑，關鍵是有政府的擔保，保證客戶引種的品質，對每位元客戶所選的種兔有嚴格的檔案紀錄，並與公司簽訂品質合同。

　　前期準備工作耗費了三年多，有了資金、場地和種兔的保障；他們在2009年開始了前期投入，買材料，建兔舍，出於通風換氣的考慮，不能直接在房屋裡養，他們決定將許多房屋毀掉重新修成四面通風的棚狀兔舍，重新將地面鋪成水泥地。另外就是購買兔籠，他們前期一共買了三千多個兔籠；據他們介紹，買這麼多兔籠不會買相應數量的種兔，主要是考慮到政府的政策要求，當地養兔的政策規定，如果購買的兔籠達到三千個，可一次性得到政府25,000元的場地補助，這還是2009年得補助金額，但籠子必須達到政府在規格、材料和結構的要求；他們說今年補助已經達到了30,000多元，具體他們也不知道。有了一定的場地基礎，接下來就是安裝兔籠，他們介紹，安裝兔籠也是養兔重要的一個環節，直接影響後面的管理工作。他們說，兔籠是

兔子生存的場所，製作一個好的兔籠，不僅有利於兔子的健康生長，而且可以降低飼料成本和節省人工。安裝兔籠要考慮的因素主要有高度、飲水器和料盒；高度不能太高，過高不僅會浪費材料，而且不利於觀察、餵料和清理。通過我的觀察，他們的飲水器是自動的，水準管統一平行安裝在籠子外，水龍頭朝著兔籠裡面，兔子只需咬住水龍頭就可以飲水，這樣兔子既抓、咬不到水管，也有利於兔子的飲水，也節省了大量的人力。他們購買兔籠一共花費30,000多元，還不算人工費用，人工成本到後面統一計算。他們並不是把各種基礎設施建好後才開始飼養，而是建好一部分就就開始具體的飼養工作。2009年6月6號，他們從石柱綠家園公司購買了100多隻種兔，每只兔子都在4斤以上，當時種兔的價格是每隻12塊多，第一期的種兔成本是7,000多元。據他們介紹，種兔飼養了兩個月就可以配種，配種後一個月就可以生產。每只兔子生的數量不一，有的兔子一次只生幾個，有的能生十幾個；一隻種兔的生產週期一般是三年。一百多隻種兔每天要吃120斤左右的飼料，飼料的價格是每噸2,900元，飼養三個月的飼料成本在20,520元左右。他們還介紹，飼料是養好兔子的重要條件，如果飼料的原料來源不能保證、技術不達標，將會嚴重影響兔子的生長繁育，他們用的一直是三力飼料，是一種專門養肉兔的飼料。他們說青草是一種非常好的飼料，但餵青草飼料費工費時，家裡只有他們兩個勞動力，根本忙不過來，只是偶爾給母兔餵些青草，有利於繁殖和哺育幼兔。到2009年9月底，他們基本上完成了基礎設施的建設工作，開始大規模的養殖，當月他們又買了200多隻種兔，第二期的種兔成本是20,000多元；到了十月份，他們基本上完成了前期投入。據他們介紹，前期的投入的成本包括：建基礎設施總共130,000多元，其中有材料50,000多元和人工70,000多元；種兔成本30,000多元；前期三個月的飼料成本20,000多元；還有防疫成本和其他的費用；總共是200,000元左右，扣除政府補助的25,000元，他們的前期投入總共是170,000多元。

據他們介紹，技術也是養好兔子的重要因素，剛開始的時候，他們也不懂養兔的相關技術，通過自己的學習才逐漸瞭解到；他們學習的養兔技術的途徑包括：自己去外地學習，妻子在 2009 年去過重慶的一家種兔公司學習養兔技術，培訓是免費的；當地畜牧局會定期派專家給予指導，給他們講解相關的技術；另一個就是通過書本和網路學習，種兔公司和飼料廠會發給養殖戶一些技術材料和光碟供他們學習，並免費提供諮詢服務；但他們說最關鍵的還是經驗，技術和經驗應該同步，必須把書本的知識與實際的生產相結合，實踐經驗必須在養兔生產中去摸索，如果僅僅依靠書本上的知識，會存在技術上的隱患。他們還介紹，防疫和配種是養兔的兩大關鍵技術，配種一定要把握好時間，一般母兔食欲不佳但也沒有其他的病狀或母兔一直安靜不動是配種的最佳時間，但還要注意當天的溫度，高溫天氣一般安排在晚上；我去調查的那天及前幾天都是高溫天氣，他們說這幾天不敢給兔子配種，害怕成活率低。另一個就是防疫，他們說肉兔的常見病非常多，最嚴重的是兔瘟、球蟲病和大腸桿菌等，一般使用疫苗，他們四個月打一次。防疫要以預防為主，春夏是兔瘟的高發季節，他們每天都會查兔子的食欲狀況和有無異常舉動；到了防疫季節，當地畜牧局會有相關專家進行指導。他們預防的措施包括：保證兔舍通風，在兔舍安裝電扇；勤消毒，他們在夏天一般一星期就要消毒一次，冬天一般是半個月一次；定期清理糞便汙物，一般是一星期一次，他們還專門修了兩個沼氣池用於糞便的發酵，以殺滅各種寄生蟲；夏天還要保證飲水的供應，餵養的青草飼料要保證品質，不能餵黴爛變質、夾泥帶水的飼料。一次清理的糞便有 20 多袋，有的甚至 40 多袋，清理的糞便可以作肥料，他們以 5 元一袋的價格賣給種地的村民。他們還介紹，養兔的風險主要是防疫和銷售，他們現在每月用於防疫的成本就達到了 1,000 多元，這兩者直接影響了養兔的經濟效益。

據他們介紹，一隻種兔的生育期一般是 3 年，種兔過了生育期就會賣掉，但價格要比一般的兔子低很多，一般是 5～6 元每斤，而正常肉兔的價格是 8.5～9.5 元每斤。母兔配種後一個月就可以生育，兔子從出生到可以銷售一般需要 60 天，如果飼料充足、天氣狀況好，50 天就可以賣，他們說市場對兔子的體重有一定的要求，一般是 4～5 斤，這個體重的兔子品質是最好的，體重太高的價格要低些；銷售也是養兔的一個關鍵環節，他們現在一個月平均賣兩次兔子，800～1,000 隻，銷售市場一般是重慶石橋鋪和璧山，當地有固定的收購點，一般是屠宰場，收購的肉兔主要用於零售；他們只需將兔子運到銷售點即可，零售工作由屠宰場或其他的收購者負責，銷售市場和管道相對固定。璧山的收購價格要比石橋鋪貴些，原因一是璧山距養殖點較遠，運費較高；另一個就是璧山對兔子的品質要求較嚴格，要滿足市場的要求需花費較大的成本；養殖戶的經濟效益最終要通過銷售來實現，並受市場價格變動的影響；據他們介紹，肉兔的價格有一定的變動規律，一般是春節過後開始下降，到 7、8 月分開始上升，一直到年底價格都不會下降。我去採訪的前天他們又賣了六百多隻兔子，價格是 9.2 元／斤，較上半年有所上升；在銷售的過程中政府要收稅，一隻兔子 0.6 元，這相對於其他的投入並不算太大的開支；只是體現政府對養兔過程的干預。他們說價格的變化主要是由於市場需求量和供給量的變化；春節過後，各地的養殖戶紛紛給兔子配種，供給量上升，但市場的需求量並沒相應的上升，甚至有多下降，價格下降也是正常的；到 7、8 月分，由於天氣炎熱，病害盛行，各地的養殖戶紛紛減少配種，一些管理不善的養殖戶會死去很多兔子，他們有一次由於病害和天氣就死去了 8 隻種兔；這給他們在管理上很大的教訓和經驗。進年來，山東的許多養殖戶紛紛進入重慶市場，對兔子的價格有一定的影響；但他們說價格的變化只會影響他們盈利的多少，不會虧本，因為他們的兔子品質好，銷售情況好；許多收購者爭著收購他們的兔子；

所以他們對市場價格的變化並不太擔心。他們養的兔子較其他地方的兔子有一定的優勢，他們說主要體現在管理和飼料上，養兔是勞動密集型產業，必須要有足夠勞動力投入，他們從開始養兔就把其他的事情放掉，全身心的投入到飼養兔子上，每天的工作就是照看兔子，管理不單單是養兔過程中的管理，而是兔場各方面的管理，這些必須需要投入足夠的勞動力才能完成，他們覺得他們比其他的養殖戶投入更多的勞力；另一個就是飼料，他們餵養兔子的飼料在品質和數量上都由於其他的養殖戶，他們說他們所用的飼料比其他的飼料價格要貴些；在數量上，每天給兔子餵兩頓，根據兔子的食欲特點和天氣的變化來調整每頓的數量，這樣非常有利於兔子的生長，每天餵養兔子的飼料在 450 斤左右。但他們還介紹，他們養兔也有一定的劣勢，就是地形崎嶇，交通不便，所有的工作都要靠人工完成；儘管價格的變化並不會使他們虧本，但他們還是對市場的價格給予足夠的關注，他們說他們經常會與市場上的收購者保持聯繫，來瞭解肉兔的行情，進而也會相應的調整配種的數量，並選擇恰當的時間銷售。據他們介紹，從完成前期投入，現在一個月平均能賣兩次兔子，每月可以得到 40,000—45,000 元的收入；成本主要包括：飼料每月需要 13,500 斤左右，每斤 1.9 元，飼料成本大約需要 25,000 元；防疫成本每月需要 1,000 元左右；再加上場地費、政府的稅收和其他的零星費用。扣除上面所列的成本，他們平均每月至少有 10,000 元的淨收入，他們說用兩年的時間就可以完全把前期投入的成本收回，也就是到 2011 年低，從明年開始就可以完全進入盈利階段。

他們現在對養兔的經濟效益還是比較滿意的，他們率先發展養殖業在村裡有較強的示範效應；從去年開始，他們村裡已經有另外兩家也開始養兔，還有一家養豬的，他們都是從外面打工回來的。而另外兩家養兔的可以說是由他們親手帶起來的，給他們傳授相關的養殖經驗，為他們挑選種兔，再聯繫銷售市場；從最初的觀念傳播，到之後經濟效益的影響，都滲透著鄉土社會

獨特的關係網，它包含著當地村民各種層次的社會關係，他們的生存發展在很大程度上都受益於這個關係網。他們用自己的實踐來證明發展養殖業是一個很好的經濟收入來源，我著重瞭解了當初他們為什麼要放棄外出打工回家發展養殖業，剛開始他們也不知道怎麼回答，他們只是說家裡老人年齡大了，想回來照顧他，這雖不是最終的原因，但也算是他們觀念轉變的一個起因。他們的回答與我之前瞭解的情況不太一樣，我先前瞭解到很多中年人常年在外打工，把自己的父母留在家中，他們在觀念上就沒有回家照顧父母的想法，雖然這其中有物質條件的差異，但通過我的訪談和觀察，我覺得在鄉土社會中特別是在交通資訊比較閉塞的山區農村中，人們觀念的轉變比物質資源的獲得更困難，因為物質資源獲得的途徑較多，觀念的差異在人們的生活中也能夠得到充分的體現；我調查的村裡很多人，特別是老一輩的人，他們就一直有一種觀念就是只有打工才是最好的生存生活方式，在這種觀念的影響下就不太注重對孩子的教育進而就形成了一種惡性循環；通過我更深入的瞭解，他妻子給我說了一句話：「甯做一分錢的老闆，不願做一百元的打工仔」，通過她的回答，我可以得出，當有一定物質基礎的時候，他們已經不單單是為了追求一種生存的狀態，而是有了更高層次的精神需求，他們在生活中想追求更多的自由，在社區中想擁有更高的地位，能夠被更多的人尊重，不想再把打工當成自己的生存方式，這就是觀念上的轉變和進步。他們回家發展養殖業更多的是思想觀念上的轉變，而另外幾個家庭發展養殖業也是觀念上的一種傳遞；因為與打工相比，他們說發展養殖業在經濟收入上並不會有太大的提高，況且還要投入更多的勞力，只是在生活中有更多的自由，沒有太多的約束；以及上面所提到的在精神層面的成就感。他們發展養殖業以及村裡其他家庭的效仿除了有觀念上的轉變，當然要有一定的物質基礎，據我的瞭解，村裡發展養殖業的家庭都是在外打工多年，積攢了一定的經濟收入；另外還有一個因素就是政府的鼓勵和政策支持，前面已經提到過的，養兔是當地政府積極鼓勵的一個產業，有很好的政策支援和服務。

從上世紀八十年代以來，當地家庭的經濟收入結構中打工收入所占的比重最大，另外就是農業和規模較小的副業，這也是他們山區農村傳統的家庭經濟收入結構，而家庭發展專門的養殖業，傳統的家庭收入結構發生了較大的變化，由於養殖業是勞動密集型產業，需要較多的勞動了，所以，家庭不得不減少其他經濟收入來源，有的甚至是廢棄某些產業部門；養殖收入成為家庭的主要收入，而農業和其他的一些副業則占的比重較少。變化前後的收入結構在當地都普遍的存在，只是隨著當地的發展，程度有所不同；但變化後的經濟收入結構明顯優於之前的結構，不僅在經濟收入上有所提高，而且有許多打工所不能替代的東西。根據我之前的訪談和瞭解，他們當地的經濟形態具有很強自給自足的特徵，幾乎所有家庭日常的生活用具都是自己利用自然資源製作而成，自己田地裡中的莊稼也主要是供自己食用，僅僅從市場上買一些自己無法製作的生活必需品，長期以來與市場的關係較為鬆弛，市場經濟的各種因素對他們日常生活和經濟收入的影響和衝擊都較小。但一旦家庭經濟結構發生變化，當地家庭與市場的關係就會發生較大的變化，由於勞動力分工的變化，農業以及其他的副業在家庭中所占的比重較小，人們已經不在依靠田地和自然資源生存生活，更多的來依靠市場，從市場上購買他們生活資料，市場也變成家庭取得經濟收入的主要來源。傳統的經濟形態得到改變，人們與市場的關係更為緊密，傳統的鄉土村落與現代市場經濟有了更進一步的接軌。

以上就是我對當地一養殖戶所做的全部訪談，通過對他們養兔的經濟效益的分析，我看到當地的許多村民在思想觀念上所發生的變化，以及發展養殖業對當地傳統的家庭經濟結構和經濟形態的影響和衝擊，最後是市場經濟對他們生活由淺到深的影響。

後記

　　且歌且行，一路向前

太陽出來（羅兒）喜洋洋哦（朗羅），
挑起扁擔（朗朗扯光扯）上山崗吆；
手裡拿把（羅兒）開山斧（羅朗羅），
不怕虎豹（朗朗扯光扯）和豺狼吆；
懸岩陡坎（羅兒）不稀罕（羅朗羅），
唱起歌兒（朗朗扯光扯）忙砍柴吆……

　　這首膾炙人口的非物質文化遺產民歌《太陽出來喜洋洋》把我們帶到了武陵山區，讓我們聽到鹽幫挑夫嘹亮的歌聲，看到他們肩挑扁擔、手拿開山斧在蜿蜒盤旋的巴鹽古道且歌且行的畫面。山路崎嶇，卻阻擋不了挑夫們的腳步；雲霧繚繞，也阻隔不了陽光的沐浴；樹影婆娑，交織著清脆的歌聲，溫暖著靜靜的山區，浸入每一個人的心田。歌聲傳情，土家兒女的生活畫卷徐徐展開。

　　跨越北緯30°這條神奇的緯線，多樣的生物與多彩的文化驚喜不斷。沿著北緯27°10'—31°28'，東經106°56'—

111°49' 的武陵山區繼續前行，奇妙的自然景觀與大量的文化遺存躍然眼前。地域上，武陵山區西通巴蜀，北連關中，南達兩廣，東臨兩湖；歷史上，武陵山區融合了巴人和蜀人數以千年的繁衍遷徙、物質交換，彙聚了龍河、烏江、沅江、澧水等多流域生活世界的悠長歲月，文化與文明交織於此。作為國家土家族苗族文化生態保護區的武陵山區，是土家、苗、瑤、侗等少數民族人群繁衍生息之地，至今仍延續著多元的民族文化和多彩的地域特色，這無疑為田野實踐和文化研究提供了無限廣闊的空間。

自 2008 年從中山大學畢業進入西南大學從事教學科研工作以來，我將促進教學實踐與田野工作結合作為工作使命，不斷思考與探索如何將自己所積累的人類學訓練運用於教育與科研實踐，如何通過田野調查，在課堂內外提升人類學本科生的專業素質和綜合素養，如何能將田野調查的基地建設與教書育人的教學方法改革相結合，並不斷開拓創新。縱觀學術史的發展歷程，人類學、民族學學科的發展以深入的田野調查為基礎，一方面能夠開拓新的學術研究領地、構建更加多元化的、體系化的、開放性的研究領域；另一方面也能更好地踐行實踐育人、文化育人的教學理念。武陵山區特有的魅力承載了我的教學思路和理念，讓我在這片山水之間的田野實踐中真正體會到教書育人的快樂，親眼見證學生成長成才的歷程。武陵山區，開啟了我新的人生與學術之旅，也帶領師生們走進共用的田野之夢，這裡承載著太多教與學的、集體與個人的汗水與青春的記憶。

在對經典田野調查方法的理解上，馬林諾夫斯基式的「孤身英雄」的人類學家形象或許早已定格在我們的田野生活裡。在我過往的田野調查經歷中，無論是在珠三角的深圳，還是在湖南省攸縣，更多的是在都市與鄉村享受著一個人的田野生活。當然在有幸成為一名人類學博士候選人之後，我先後參與了當時剛從日本東京大學回來的王建新教授所帶領的本科為主，碩士、博士團隊在雲南省廣南阿科鄉（現壩美鎮）的田野實習；周大鳴教授統籌的珠江三角洲鄉村都市化的整體性田野調查；麻國慶教授組織的在廣東雲浮開展的農村社會經濟發展的全面田野調查。這些無論是基於教學實踐的田野調查，還是以科研引領教學和人才培養的田野調查，深深地吸引著我，感染著我，讓我體會到田野調查工作本身的魅力和張力。

走上教師崗位的我，開始感受到肩上沉甸甸的責任，田野調查的實踐課程和方法課程如何教，如何帶，如何導？在這樣的思考之中，我通過教學不斷嘗試著將對田野的理解傳遞給學生。在這些年裡，我堅持每年帶領以本科生為主的團隊親歷田野，在「授之以漁」的過程中，滿懷激情地與青年學生們一起分享、體驗和認知田野調查實踐的個中滋味。行走在武陵山水之間，逐步建立了面向農村和民族研究的教學與科研田野基地，武陵山區已然成為我們田野縱歌開始的地方，集體的田野調查教學方式開始了年復一年的延續。

而今天，「集體田野」已經成為了一項重要的學術記

憶與經驗，展現出中國大陸田野調查工作的一種新樣態。首先，從研究方法上看，集體田野可以大大拓展研究的寬度，是對深度的個人田野調查的極好補充，也進一步豐富和充實了田野調查的廣度；其次，從人才培養模式上看，在學科發展如此迅猛的今天，為適應本專業人才培養的需求，集體田野已然成為實踐育人不可或缺的方式方法和必然的發展趨勢，為本科、碩士、博士各階段的田野調查研究提供了現實有效的實踐模式；第三，從教學本身來看，將「課堂」搬到了「田野」，學生們經歷不一樣的學習環境與成長空間，開啟了與眾不同的學生生涯與青春篇章。他們從各自的研究點出發，利用所學的專業知識，發揮個人的能力與所長，面對特定的研究物件，進行有針對性的研究，再經過集體討論和分享，將個案研究與綜合研討相結合，使個人的能力在集體的力量與智慧中不斷得以提升；最後，對教師來說，教學相長，是機遇，也是挑戰，是鍛煉，更是成長。在集體田野這種模式中，教師不僅需要具備全面統籌的能力，還應具備運用 PRA（參與式農村快速評估法）快速收集村莊資源狀況和發展現狀的能力，能讓每個成員在不同的文化事象與社會問題的選擇上達到理想的調查效果，還能對學生提供的大量資訊進行快速甄別，並進行有效回饋與指導。因此，站在人類學研究不斷發展和完善的角度，集體田野為青年學子和研究人員進行獨立的田野研究打下了堅實的學科基礎，也為團隊和學科的整體構建提供了充分的專業訓練與鋪墊。

　　這本書出版的初衷是希望能夠給即將進入田野的教研

團隊和人類學子提供一種方向性和指導性的參考。首先，它能夠讓青年學員在進行田野調查之前對社區、民族、民俗生活調查以及定性研究有更加感性直觀的瞭解；其次，本書編寫的每篇田野筆記都有著學員個性化的思考與學科訓練的綜合成效，對於第一次開展田野工作的青年學員來說，或許更能從多維的文化與社會事項的記錄中找到田野的興趣與契合點，讓他們能從說東道西的人情世界裡找到自己有可能參與的研究話題與方向，或是自己獨自完成田野，亦或在協同集體完成田野的基礎上積累自己的豐富經驗。總體上，本書的編寫力求對村落、社區與文化研究有整體性的把握，能夠為個體的讀者獲取要「做什麼」的內容，也為未來青年學員獨立地開展田野調查形塑立體的調查實錄。

「集體田野」的體驗認知是本書記錄與敘述的總體性基礎，這與我於2016年在人民出版社出版的《培德植基：實踐育人與社會調查》從田野調查的方法呈現上有著共美的呼應。《培德植基：實踐育人與社會調查》一書主要針對非人類學專業的學生在進行社會調查時，通過實踐育人的角度來讓青年學子獲得社會倫理、參與觀察、問卷調查、深描歷史與撰寫報告的具體指引，積極引導和推動青年學生團隊集體參與社會實踐和田野調查。而此書則是想從「集體田野」的全景式呈現為開展田野調查的青年學員提供素材、範例和路徑，望能激發其自身對田野的認知與活力，亦能引領青年學員體察社會生活的學科張力。

正因為是「集體的」田野，也彙聚和融合了多學科的參與。人類學、民族學、社會學、新聞學、音樂學、民俗學、教育學與馬克思主義理論等多學科專業都在田野縱歌中交流、碰撞與交融。在武陵山區集體田野方式的教研中更離不開學者與同道的關心、幫助和支援。感謝廣州大學廣州研究院的楊宇斌博士、中央民族大學莫曉波碩士、中央民族大學世界民族研究中心的劉東旭博士、雲南大學民族學與社會學學院的張振偉博士、西南大學音樂學院白雪博士、長江師範學院王劍博士、三峽學院王志清教授、比利時魯汶大學博士候選人石甜博士，深圳大學新聞與傳播學院丁未教授也先後安排了兩位碩士研究生參與我的田野調查實習教研團隊。更感謝時任臺灣暨南國際大學人類學所的潘英海所長，在 2014 年的夏天與我一道帶領學生、駐紮田野，並在每天田野工作之餘，對集體田野的概念和方式等與我做了富有啟發意義的交流，增加了我對本書的意義與價值的多維度思考。

　　感謝西南大學教務處、研究生院給予我在人類學專業教育教學改革與學生培養工作方面的支持。這些信任與支援為田野調查實習與教研提供了經費與物質保障，也為我能帶領本科生、研究生不同層次同學以及多學科領域的老師和研究同行提供了平臺支撐，從而為構建更富有人類學學科特色的教學體系發揮著更為重要的作用。

　　通過集體田野的教研實踐與嘗試，我希望每一個參與

者都能深受學術與生活之益，通過田野中集體的分享與探討，構建一種新的學術生命歷程。對於田野中的集體教育，我也希望這絕不是坎坷的記憶與傷痛，即便過程有過千難萬險，但結果卻是能夠留在心底的記憶和苦盡甘來的收穫，也是內心成長和勇往直前的堅定信念。

學術研究與實踐育人的理念如同前行路上頭頂那片璀璨的星空，為我們的專業成長之路指明了方向，使我們在深邃的夜空中且行且遠，去追尋那顆明亮的星星。我將堅實的步伐邁進了武陵山區，在這片秀美的山水之中已然走過了八年，我堅信一定會有下一個八年。在那個美麗迷人的地方，沿著太陽升起的方向，伴著挑夫嘹亮的歌聲，我們帶著共同的追求與夢想，且歌且行，一路向前。

特別致謝

　　本書稿的完成先後獲得了 2010 年度西南大學教育教學改革研究項目《民族學田野調查教學實踐的改革與創新》；2011 年度重慶市高等教育教學改革研究專案《民族學田野調查教學實踐的創新與完善研究》；2011 年度西南大學校級人才培養模式創新實驗區專案《西南大學武陵民族走廊文化產業實踐人才培養模式創新實驗區》；2013 年度西南大學碩士學位授權點學科專業主文獻資源庫建設專案；2013 年重慶市研究生教育教學改革研究項目《基於社會科學實驗的人文社科專業研究生協同創新能力培養與實踐研究——以人類學為例》；2015 年度重慶市高等教育教學改革研究專案《基於社會科學實驗的哲學社科類本科生協同創新能力培養研究——以應用人類學為例》；2015 年度西南大學研究生教育品質提升專案《應用人類學》；2015 年度重慶市研究生教育優質課程專案《應用人類學》的支持。

國家圖書館出版品預行編目（CIP）資料

武陵縱歌：人類學田野筆記／田阡著. -- 初版. --
新北市：華藝學術出版：華藝數位發行，2017.12
　面；　公分
ISBN 978-986-437-113-6（平裝）

1.人類學　2.田野工作　3.中國
　　　　390.92　　　　　　　　　　105013858

武陵縱歌：人類學田野筆記

作　　者／田阡
責任編輯／鍾曉彤、蔡旻真
執行編輯／彭雅立
封面設計／張大業
版面編排／李雅玲

發 行 人／常效宇
總 編 輯／張慧銖
業　　務／林書宇
出　　版／華藝學術出版社（Airiti Press Inc.）
　　　　　地　　址：234新北市永和區成功路一段80號18樓
　　　　　電　　話：(02)2926-6006　傳真：(02)2923-5151
　　　　　服務信箱：press@airiti.com
發　　行／華藝數位股份有限公司
　　　　　戶名（郵政／銀行）：華藝數位股份有限公司
　　　　　郵政劃撥帳號：50027465
　　　　　銀行匯款帳號：0174440019696（玉山商業銀行 埔墘分行）
法律顧問／立暘法律事務所　歐宇倫律師
ISBN　／978-986-437-113-6
DOI　 ／10.6140/AP.9789864371136
出版日期／2017年12月初版
定　價／新台幣500元

版權所有・翻印必究　　Printed in Taiwan
（如有缺頁或破損，請寄回本社更換，謝謝）